철도안전개론

철도안전개론

초판 1쇄 발행 2022년 8월 22일

지은이 박재홍, 곽상록
펴낸이 장길수
펴낸곳 지식과감성#
출판등록 제2012-000081호

교정 양수진
디자인 정윤솔
편집 정윤솔
검수 김우연, 이현
마케팅 고은빛, 정연우

주소 서울시 금천구 벚꽃로298 대륭포스트타워6차 1212호
전화 070-4651-3730~4
팩스 070-4325-7006
이메일 ksbookup@naver.com
홈페이지 www.knsbookup.com

ISBN 979-11-392-0608-1(93530)
값 38,000원

- 이 책의 판권은 지은이에게 있습니다.
- 이 책 내용의 전부 또는 일부를 재사용하려면 반드시 지은이의 서면 동의를 받아야 합니다.
- 잘못된 책은 구입하신 곳에서 바꾸어 드립니다.

지식과감성#
홈페이지 바로가기

철도안전개론

박재흥 · 곽상록 공저

우리나라의 경부고속철도 건설은
전 세계적으로 유례를 찾아보기 힘든 매우 성공적인 공사 사례이다.
왜냐하면 아무것도 없는 곳에 고속철도 노선을 건설한 것이 아니라
기존선을 운행하면서 거기에 새로 고속철도 노선을 추가하는
어려운 공사를 완벽하게 완수한 것이기 때문이다.

前 국토교통부 차관 김세호

서 평

　이 책은 우리나라 철도안전에 대하여 정부정책의 흐름을 이해하면서 저자의 실무경험이 녹아 들어간 자습서이며, 철도업무에 종사하는 사람들의 실무 교습서라고 볼 수 있을 만하다. 그리고 철도안전에 대한 이론과 실무의 필요성을 강조하고 철도안전을 이해시키고자 한 점은 매우 의미 있다고 할 수 있다.

　특히, 안전사고에 대한 다른 분야 및 국·내외 사고 사례를 비교하고, 철도사고의 발생 원인을 차량, 시설, 전기, 시스템, 철도운영, 인적오류까지 포괄적으로 분석하여 철도사고가 발생하는 메커니즘을 자세히 설명하는 등 철도안전을 완결해야 한다는 철도를 사랑하는 저자의 간절한 마음과 안전업무에 종사하는 사람들에게 다가가고 싶은 마음을 책 속에서 읽을 수 있었다.

　철도 탈선사고를 철도 노반, 궤도, 인력, 차량, 시스템이 모여 만들어 낸 종합적인 시스템의 산물로 피력하면서, 철도환경의 변화, 건설, 운영, 유지관리를 위한 「철도안전법」의 역할을 설명하였고, 정부의 철도안전 규제와 안전기준의 강화, 종사자의 안전역량 강화와 철도차량 관리의 체계화, 철도시설 및 안전설비의 확충과 개량, 이를 위한 철도안전의 미래를 위한 국제협력과 연구개발의 필요성을 안전대책 중심으로 기술했다.

　저자의 현장 경험과 실증적 자료를 통해 책 속에서 현장의 목소리를 들을 수 있으며, 현재 한국 철도의 안전수준을 이해할 수 있는 생동감 있는 안전대책 교과서로 일독하시길 권한다.

국토교통부 철도안전정책관 임종일

머 리 말

우리나라의 철도는 사회기반 시설로써 국내 산업발전의 견인차 역할을 수행하였고 110년 이상 대표적인 대중 교통수단으로의 역할을 충실히 해 왔다. 그리고 2004년 4월 1일에는 세계에서 5번째로 고속철도를 성공적으로 개통하여 명실공히 철도 선진국들과 어깨를 나란히 하게 되었다. 이후 국가 R&D를 통해 KTX-산천, HEMU-430 등 고속열차 국산화에 성공하였으며 수도권 고속철도와 호남고속철도를 개통하는 등 고속철도 노선도 꾸준히 늘려 가고 있다.

이러한 성과는 정부의 주도하에 철도운영기관, 철도시설관리기관, 한국철도기술연구원, 한국교통안전공단, 철도건설사 및 설계회사, 철도차량 제작사 및 부품사, 철도안전 전문기관 등 유관기관의 땀과 노력이 있었기 때문이다. 특히 2003년 대구지하철 화재 참사 이후 우리나라의 철도안전지표는 매우 혁신적인 수준으로 향상되어 현재는 유럽 선진국 수준으로 관리가 되고 있다. 이것은 우리나라의 철도가 철도기술 발전과 철도안전 향상이라는 두 마리 토끼를 잡은 것으로 평가할 수 있으며 해외에서도 유례를 찾아보기 힘든 사례이다.

그럼에도 불구하고 우리나라 철도는 최근까지도 열차 탈선이나 충돌사고가 꾸준히 발생하고 있으며, 1억 km당 철도사고율 등 안전지표도 2018년 이후 정체되고 있다. 정부에서는 2018년 이후 노후시설물 개량 등을 위한 철도안전 예산을 꾸준히 늘리고 있는데 반해 사고는 줄지 않고 있다. 바꾸어 말하면 지금이야말로 우리나라 철도안전 실태를 정확하게 진단하고 분석하여 철도안전을 고도화시키기 위해 도약할 수 있는 좋은 기회인 것이다.

철도안전 분야는 그동안 수없이 발생했던 철도사고에 대해 단기적인 대책을 중심으로 대응해 왔기 때문에 한국철도의 안전관리가 어떻게 중장기적인 호흡으로 흘러왔는지 찾아보기 어렵다. 다행인 것은 정부에 철도안전 관련 전담조직이 생기고 「철도안전법」이 제정되면서 제1차 철도안전종합계획을 통해 철도안전에 대한 밑그림이 그려졌다. 그리고 현재 제3차 철도안전종합계획(수정계획)까지 이어져 우리나라 철도안전의 역사가 어떻게 흘러왔는지 점차 정리되고 있다고 느낀다.

이 책은 필자가 철도안전과 관련된 업무를 수행하다가 이와 관련된 이론이나 현황자료가 부족한 것을 깨닫고 그간의 업무 경험을 바탕으로 우리나라 철도 현황과 안전 관련 이론을 학습하는 데 도움을 주기 위해 집필하였다. 그리고 철도안전과 관련된 정부의 정책과 흐름을 큰 틀에서 정리하고 우리나라의 철도안전 정책이 나아갈 방향에 대하여 짧은 지식이지만 보탬이 되었으면 하는 바람에서 작성한 작은 고민이라고 할 수 있다. 이 책은 다음과 같은 원칙을 가지고 작성하였다.

1. 철도 현황 자료는 국토교통부의 철도통계자료, 해외 정부기관(ERA) 등 공신력 있는 데이터를 사용하였으며, 10년 이내의 최근 데이터를 사용하였다.
2. 철도 및 철도안전에 대한 경험이 없는 일반인도 이해하기 쉽도록 작성하였으며, 가급적 사진 등의 시각적 자료를 많이 활용하였다.
3. 「철도안전법」을 쉽게 설명하고자 하였으며 법령의 조문이 새로 생기거나 개정된 배경 등을 충분히 설명하고자 하였다.
4. 10년 동안의 철도사고를 분석하여 철도사고가 발생하는 원인과 해결책을 제시하고자 하였다.

우리나라에서 「철도안전법」에 대해 공부하는 사람은 철도차량 운전면허를 취득하기 위한 사람이 대부분이라 철도안전에 대한 서적도 수험서 위주로 출판되어 왔다. 그러나 이 책은 그동안의 수험서에서 벗어나 철도안전에 대한 기본적인 이론과 실무적으로 실행해야 하는 것 등에 대해 집중적으로 다룬다. 이 책은 다음과 같은 사람에게 도움이 될 것으로 생각된다.

1. 대학에서 철도안전개론을 수강하는 학생 또는 철도 관련 학과 학생
2. 철도운영기관에서 철도안전 업무를 수행하는 직원
3. 철도운행안전관리자, 철도안전전문인력, 철도차량 정비사 등 철도종사자
4. 철도에 대해 관심이 있는 일반인

철도 운영기관에서 철도안전 분야는 누구나 필요성은 인식하지만 직접 업무를 하기 싫어하는 분야이다. 철도안전 담당자는 수시로 발생하는 다양한 사고나 장애에 직접 대응해야 하며 관련 법령에 따른 수많은 요구사항을 이해하고 실행해야 하기 때문에 업무가 많고 공부해야 할 것도 많기 때문이다. 그럼에도 불구하고 지금도 철도안전을 위해 현장에서 맡은 바 임무를 훌륭히 수행하고 있는 철도안전 담당자들에게 지면을 빌어 큰 박수를 보내며, 이 책이 우리나라 철도안전을 조금이나마 향상시키는 데 도움이 되길 바란다.

목차

서평   6
머리말   7

제1장
안전이란 무엇인가?

1. 안전(Safety)의 정의   18
2. 산업안전과 철도안전   21
   2.1 산업안전   21
   2.2 철도안전   28
   2.3 시스템 산업의 안전관리   30
3. 사고 발생의 이론적 배경   36
   3.1 도미노 이론   36
   3.2 스위스 치즈 이론   38
   3.3 ESM(Engineering Safety Management)   40
   3.4 복원공학(Resilience Engineering)   41

제2장
왜 철도사고가 일어나는가?

1. 철도의 특징   52
   1.1 철도의 정의   52
   1.2 철도의 특징   55
   1.3 철도시스템   57
   1.4 철도 소프트웨어   65
2. 철도사고의 정의   68

2.1 철도사고의 정의	68
2.2 철도사고의 보고	69
3. 철도사고 발생 현황 및 사고분석	72
3.1 철도사고 발생 현황	72
3.2 철도사고 발생 원인분석	75
4. 왜 철도사고가 일어나는가?	86
4.1 고장이 사고로 이어지는 경우	87
4.2 고장조치나 유지보수를 부실하게 수행해 사고로 이어지는 경우	88
4.3 안전정보가 제대로 전달되지 않아 사고로 발생하는 경우	89
4.4 인적오류에 의해 사고가 발생한 경우	91
4.5 철도 자체에서 사고가 발생하는 경우	94
4.6 외부요인에 의해 사고가 발생하는 경우	95

제3장
대한민국 철도는 얼마나 안전한가?

1. 대한민국 철도 현황	98
1.1 대한민국 철도 현황	98
1.2 철도건설	104
1.3 철도시설물 관리	111
1.4 대한민국 철도 환경의 변화	113
1.5 철도안전관리 강화	115
1.6 민자철도의 안전관리	116
1.7 무인운전 철도의 안전관리	119

2. 해외 철도사고 현황 128
   2.1 ERA 통계 129
   2.2 UIC 통계 136
3. 대한민국 철도는 얼마나 안전한가? 145
   3.1 대한민국 철도안전 수준 145
   3.2 철도안전 수준 고도화를 위한 개선 필요사항 146

제4장
어떻게 철도사고를 예방할 것인가?

1. 철도안전관리 개요 152
2. 철도안전관리 수단 154
   2.1. 제도 155
   2.2 조직 174
   2.3 예산 183
   2.4 계획 192
3. 철도안전관리체계 196
   3.1 철도안전관리체계 정의 196
   3.2 철도안전관리체계 구성 198
   3.3 철도안전관리체계와 철도운영기관 등의 내부 규정과의 관계 205
   3.4 제도 위반에 대한 제재기준 206
4. 어떻게 철도사고를 예방할 것인가? 209
   4.1 안전문화(Safety Culture) 209
   4.2 부품조달 및 품질관리 211
   4.3 의사전달 방법 체계화 214

제5장
인적오류란 무엇인가?

1. 인적오류(Human Error)의 정의 ... 218
    1.1 인적오류(Human Error) 개요 ... 218
    1.2 인적요인(Human Factors) ... 220
    1.3 인적오류의 구분 ... 221
2. 타 분야의 인적오류 관리 현황 ... 222
    2.1 원자력 분야 ... 222
    2.2 항공 분야 ... 224
3. 인적오류로 인한 사고 사례 ... 228
    3.1 개요 ... 228
    3.2 인적오류 발생 원인 ... 229
    3.3 인적오류 발생 사례 ... 237
4. 인적오류 저감 방법 ... 239
    4.1 인적오류 방지를 위한 시스템 설계 ... 239
    4.2 종사자 교육 강화 ... 245
    4.3 인적오류에 대한 투자 ... 247
    4.4 비기술적 역량(NTS: Non Technical Skills) 관리 ... 249
5. 인적오류 분석 방법론 ... 253
    5.1 SHELL 모델 ... 253
    5.2 항공정비 페어 모델(The Pear Model) ... 254
    5.3 인적오류 분석 및 저감 기법(HEAR) ... 256

제6장
위기관리란 무엇인가?

1. 위기(Crisis)의 정의 ... 260
2. 위기관리(Crisis Management) ... 262

  2.1 위기관리의 발전배경   263

  2.2 위기관리의 필요성   265

  2.3. 위기관리의 기본이론   266

3. 해외 사례 및 타 분야 현황   272

  3.1 해외 사례   272

  3.2 비즈니스 연속성 관리(Business Continuity Management)   275

4. 철도 위기관리 체계   282

5. 철도 위기관리 매뉴얼의 구성   285

  5.1 위기관리 표준매뉴얼   285

  5.2 위기대응 실무매뉴얼   286

  5.3 현장조치 행동매뉴얼   287

  5.4 주요상황 대응매뉴얼   288

6. 국내 철도 위기대응 훈련의 성과 및 개선방안   289

  6.1 위기대응 훈련   289

  6.2 철도 위기대응 역량 강화를 위한 개선 필요사항   291

7. 철도사고를 통해 살펴본 위기관리의 중요성   297

부록
대한민국의 철도안전대책

1. 정부의 철도안전 규제와 안전기준의 강화   301

2. 철도종사자의 안전역량 강화   306

3. 철도차량 관리 체계화   308

4. 철도시설 및 안전설비의 확충과 개량   311

5. 철도안전 국제협력 및 연구개발   313

6. 국내에서 추진되는 안전대책에 대한 요약   314

참고문헌   315

제1장
안전이란 무엇인가?

1. 안전(Safety)의 정의

2. 산업안전과 철도안전

3. 사고 발생의 이론적 배경

제1장 안전이란 무엇인가?

1. 안전(Safety)의 정의

[그림 1-1] KTX-원강(출처: 국가철도공단)

안전(Safety)이란 '위험이 생기거나 사고가 날 염려가 없는 상태'라고 정의한다. 안전의 정의는 각 산업분야에서 필요에 따라 여러 가지로 정의하고 있는데 대표적인 내용은 다음과 같다.

> ◆ 사고 또는 재해가 없는 상태, 사고 또는 재해를 유발할 수 있는 위험(Hazard)이 없는 상태, 위험도가 허용 가능한 수준으로 제어된 상태(Freedom from those conditions that can cause death, injury, occupational illness, or damage toor loss of equipment or property) – 미국 육군표준(MIL-STD-882B)
> ◆ 재해의 발생에 노출되지 않는 것 – System Safety Analysis Handbook
> ◆ 정의된 상황에서 시스템이 사람의 생명이 위험하게 되는 상황으로 유도하지 않게끔 하는 기대 – DEF STAN[1] 00-56
> ◆ 위험 식별과 위기관리의 계속되는 과정을 통하여 사람에게 미치는 손해 또는 재산상 피해를 감당할 수 있는, 또는 더 낮은 수준으로 감소시키고 유지하는 상태 – ICAO

위의 내용을 정리해 보면 안전을 위해 가장 중요한 사항은 '위험한 상황을 통제'하는 것이라고 볼 수 있다. 어떤 시스템이 그 기능을 수행하는 데 있어 위험한 상황으로 이어질 수 있는 불확실성이 계속된다는 것과 만약 그로 인한 위험(Hazard)이 그 시스템이나 주위 환경에 어느 정도의 나쁜 영향력을 미칠 수 있는지 알지 못하는 것은 가장 우려스러운 상황이다. 그렇기 때문에 안전하기 위해서는 위험을 허용 가능한 수준으로 통제할 수 있는지 여부가 어떤 시스템이 안전한지 아닌지의 판단기준이 된다.

인간은 근본적으로 '안전한 상태'를 추구한다. 누구나 위험(Hazard)이 있는 상황을 바라지 않는다. 그래서 인간은 스스로 안전하기 위해 많은 기준과 요구사항을 만들어 냈다. 우주시대를 살아가는 요즘의 우리들 주변에는 많은 안전과 관련된 요구사항이 가득하다. 우리의 식료품은 우리에게 안전하게 영양분을 공급하기 위해 식품안전기준을 충족해야 한다. 자동차는 제 성능에 맞게 주행해야 하며, 만약 사고가 발생했을 때 운전자 및 동승자를 보호하기 위해 충돌안전기준과 에어백의 안전기준을 충족해야 한다.

결국 '위험이 최소화되도록 상황을 통제'할 수 있어야 '안전'한 것이 된다. 그렇다면 위험이 최소화되는 것은 무엇일까? 이것은 반대로 우리가 얼마만큼 위험한가 알고 있어야 한다는 것이다. 무엇이 얼마만큼 위험한지 알고 있어야 위험을 줄일 수 있을 게 아닌가? 이처럼 우리 주변에 어떠한 위험요인이 있는지 살피고 그 위험이 얼마나 치명적인지 평

---

1 British Defense Standards 영국 국방 규격

가하고 관리하는 것이 '위험도 평가'기법이다. 이 평가기법은 1970년대 개발되어 이제는 산업안전 현장에서 산업안전관리자에 의해 수행되고 있으며, 철도 분야에서도 철도안전 관리체계 기술기준 등에 포함되어 활용되고 있다. 그렇다면 상황을 통제하기 위해서는 어떻게 해야 할까? 사실 이 '통제'라고 하는 단어의 의미는 '일정한 방침이나 목적에 따라 행위를 제한하거나 제약하는 것'이라고 정의하지만 내가 안전하기 위해서 '내가 통제하지 못하는 것'들이 너무 많다는 것이 문제다. 우리는 안전한 생활을 하고 싶지만 우리를 안전하게 '통제'하는 것은 우리가 할 수 있는 일이 아니게 된다. 그래서 우리는 스스로 안전하기 위해서 법을 만들었다. 이것이 바로 '규제'다.

안전과 규제는 떼어 놓을 수 없는 관계다. 우리나라는 자본주의 체제를 따르고, 정부는 세금과 규제를 통해 시장에 개입한다.[2] 세금은 국가를 부강하게 하고 규제는 국민을 안전하게 한다. 국민의 안전 요구사항이 높아짐에 따라 규제는 더욱 복잡해졌다. 쉬운 예로, 철도를 운영하기 위해서는 「철도안전법」뿐만 아니라 「철도의 건설 및 철도시설 유지관리에 관한 법률」, 「산업안전보건법」, 「재난 및 안전관리 기본법」, 「화재예방, 소방시설 설치·유지 및 안전관리에 관한 법률」, 「국가표준기본법」 등 여러 가지 법률의 적용을 받으며, 법적 요구사항을 준수해야 한다. 그리고 이 법들은 사회가 발전함에 따라 법적 미비점을 보완해 가면서 발전해 간다. 이렇듯 규제가 강력해지면 안전은 강화된다.

인류의 산업이 고도화되고 발전함에 따라 많은 사고가 발생했으며, 아이러니하게도 이런 사고가 발생할 때마다 안전 관련 규정과 기법도 점점 고도화되었다.[3] 인류의 산업안전 기술이 발전한 것은 사고 덕분이라고 해도 과언이 아니다. 전기가 발명된 이후 현재 우리가 안전하게 전기를 사용하는 것은 전기를 쉽고 편하게 사용하기 위해 전기 관련 장치를 개발하고 설치, 운영하면서 발생한 수많은 전기 사고가 있었기 때문이다. 따라서 우리는 사고가 발생하면 그 사고가 왜 발생했는지를 살펴보아야 한다. 사고가 발생했을 때 사

---

2 『지적 대화를 위한 넓고 얕은 지식(역사, 경제, 정치, 사회, 윤리 편)』, 채사장, 한빛 비즈, 2017
3 일본 야마 노우치 슈우이치로는 『철도사고 왜 일어나는가?』라는 책에서 '대형사고의 경험과 교훈이 교통기업의 안전시스템에 대한 문제의식을 높이고, 안전시스템의 진보를 촉진시킨다는 것은 너무나 당연하다'고 밝히고 있다.

고가 발생한 원인이 무엇인지 정확하게 짚고 넘어가지 않으면 향후 사고 재발을 위한 올바른 대책을 마련하지 못하게 된다. 그래서 정부에서는 사고조사 기관을 정부 산하 기관으로 두고 사고가 왜 발생했는지, 그 원인은 무엇이고 그 원인의 배경이 무엇인지 조사를 하는 것이다.

2. 산업안전과 철도안전

2.1 산업안전

2.1.1 산업안전 일반

산업안전이란 '일반 산업 사업장에서 건설물, 장치, 기계, 재료 따위의 손상이나 파괴로 생길 수 있는 산업재해의 잠재위험성을 배제하여 안전성을 확보하는 일'이다.[4] 산업안전은 우리나라에서 「산업안전보건법」을 통해 지속적으로 관리되어 왔다. 이 법은 산업안전 및 보건에 관한 기준을 확립하고 그 책임의 소재를 명확하게 하여 산업재해를 예방하고 쾌적한 산업 환경을 조성함으로써 근로자의 안전과 보건을 유지, 증진하는 것을 목적으로 하고 있다.[5] 이 법의 목적에서처럼 책임의 소재를 명확하게 한다는 것은 규제의 대상이 정해져 있고 그 규제 대상의 행위를 제한함으로써 법의 목적을 달성하겠다는 것이다.

산업안전관리란 '작업자가 직장에서 설비, 재료, 작업행동 등이 원인이 되어 일어나는 사고에 의해서 부상당하거나 질병에 걸리는 산업재해를 막는 것'이라고 정의하고 있으며, '재해로부터 인간의 생명과 재산을 보호하기 위한 계획적이고 체계적인 제반 활동'이

---

4 네이버 국어사전
5 「산업안전보건법」 제1조 목적

라고도 정의하고 있다.

안전한 산업현장을 만드는 것은 여러 가지 장점이 있다. 대표적으로 인도주의(人道主義)에 바탕을 둔 인간존중이 달성되며, 인적인 피해와 물적인 피해 예방을 통해 기업에게는 경제적 손실을 예방하게 된다. 그리고 작업자는 작업의욕이 고취되어 생산활동이 증대되고 이것은 생산성 향상 및 품질 향상으로 이어진다. 또한 노사 간 협력이 강화되며 회사의 대내외 이미지 개선, 개인의 삶의 질 향상 등 많은 이점이 있다.

산업안전 관련 법령은 산업혁명으로 인한 기술과 자본주의의 발전 속도에 못 미치던 인권, 즉 '인간으로서의 존엄과 가치를 가지며 행복을 추구할 권리'를 신장시킨 매우 중요한 역할을 해 왔다. 산업안전 관련 법령의 기본정신은 산업재해로부터 노동자를 보호하는 것이다. 이를 위해서 국가는 사업주에게 노동자를 보호할 수 있는 책임을 부과하고 산업안전관리시스템을 지속적으로 보완해 왔다.

선진국일수록 산업안전과 관련된 법이 일찍 제정되었으며 강력한 규제를 자랑한다. 산업혁명이 시작된 나라 영국은 1974년 「사업장 보건안전법」(HSWA: Health and Safety at Work etc. Act)을 제정하면서 산업안전위원회(HSC: Health and Safety Committee)를 설치하고, 집행기구로서 산업보건안전청(HSE: Health and Safety Executie)을 설립하였다. 미국은 세계 최초로 종합적이며 체계적인 산업안전보건법령을 제정하였다. 미국은 1970년에 정부기관인 직업안전위생국(OSHA: Occupational Safety Health Administration)을 설립하고 「직업안전위생법」(OSHA: Occupational Safety and Health Act)을 제정하였다. OSHA는 10개의 지부(regional offices), 85개의 지역사무소(area offices), 자체 교육원 및 연구소를 갖고 있고, 이 10개의 지부는 미국 50개 지역을 4~8개 지역씩 관할하고 있다.[6]

우리나라는 1971년 서울 대연각 호텔에서 LPG 가스 폭발사고로 165명의 사망자가 발생하였다. 이 사고는 우리나라 방화 및 소방설비의 근대화에 큰 자극을 주었으며 1973년 대한산업안전협회가 발족하는 계기가 되었다. 이후 1981년 노동부에 산업안전과를

---

6 「건설 산업 재해 발생 감소를 위한 정부 정책 개선방안-미국과의 비교를 중심으로」, 박재일, 박사학위 논문

두어 산업안전과 보건을 담당하게 하였으며, 1982년 7월 1일 「산업안전보건법」이 시행되었다.[7]

사실 우리나라는 산업재해가 무척이나 많은 나라 중 하나였다. 60~70년대 급격한 산업 부흥기에는 안전을 중시하기보다 '빨리빨리'가 더 중요한 덕목으로 간주되었다. 그러다 보니 산업현장에서 근로자가 다치거나 죽는 것에 둔감했으며, 이것은 높은 산업재해율 등 나쁜 안전지표의 상승으로 나타나게 되었다. 그러나 우리나라도 OECD에 가입하고 관련 법령 정비 등에 따른 안전관리가 본격적으로 강화되면서 산업재해가 줄어들고 있으나, 아직은 OECD 국가들 중 산업재해율이 높은 편에 속한다.[8]

우리나라는 1981년 「산업안전보건법」이 제정된 이후 법의 실효성을 높이기 위해 책임주체를 계속 확장해 왔으나, 보호대상은 「근로기준법」의 '근로자'로 한정해 왔다. 그러나 하도급의 확대, 플랫폼 노동자 등 새로운 노무제공 방식의 등장으로 기존의 체계로는 다양한 형태의 노무제공자를 보호하기 어려워졌다.[9]

그에 따라 「산업안전보건법」은 2019년에 전면 개정되어 법의 보호 대상을 '근로자'에서 '노무를 제공하는 자'로 확대하고, 특수형태 근로종사자와 배달종사자를 새롭게 반영하였다. 특히, 우리 산업이 고도화되고 전문화됨에 따라 최근 사회적인 이슈가 되고 있는 감정노동자에 대한 정신적 고통을 유발하는 행위 제한 등도 포함하는 등 산업 발전과 함께 그 역할을 충실하게 시행하고 있다.

---

[7] 『핵심 안전공학』, 권영국 외 2명, 형설출판사, 2015, pp.27-28
[8] OECD의 32개 국가 중 우리나라는 산업재해율이 가장 높아 경쟁력이 29위로 평가된다. 그 결과 세계 8위권의 경제국에 오르고 있으나, 국가경쟁력의 평가에서는 순위가 상당히 낮은 편이다.
[9] 「산업안전보건법의 보호대상과 책임주체에 관한 연구」, 나민오, 박사학위 논문

2.1.2 안전보건경영시스템(OHSMS : Occupational Health and Safety Management System)

안전보건경영시스템이란 산업재해를 예방하고 최적의 작업환경을 조성·유지할 수 있도록 모든 직원과 이해관계자가 참여하여 기업 내 물적, 인적 자원을 효율적으로 배분하여 조직적으로 관리하는 경영시스템을 말한다.[10] 쉽게 말하면 기업이 근로자의 안전과 보건 증진을 목적으로 이를 달성하기 위한 조직, 책임, 절차 등을 규정한 것으로, 기업 내 물적, 인적 자원을 효율적으로 배분하고 조직적으로 관리하는 경영시스템이라고 할 수 있다. 안전보건경영시스템은 최고경영자가 안전보건방침에 안전보건정책을 선언하고 이에 대한 실행계획을 수립(Plan), 그에 필요한 자원을 지원하여 실행 및 운영(Do), 점검 및 시정조치(Check)하며 그 결과를 최고경영자가 검토(Action)하는 P-D-C-A 순환과정을 거친다. 이 책의 4장에서는 안전관리 수단으로 철도안전관리체계를 소개하고 있는데 그전에 산업안전과 관련된 안전관리시스템의 구성, 주요 내용 등을 미리 살펴보고자 한다.

안전보건경영시스템은 기업의 품질관리를 위해 국제표준화기구(ISO : International Organization for Standardization)[11]에서 1987년 제정한 ISO 9000 시리즈로부터 출발했다고 보는 것이 일반적인 견해이다. ISO 9000 시리즈는 품질경영 시스템 인증으로, 표준 요구사항에 따른 심사를 통해 기업의 품질 시스템이 적합하게 운영되고 있

---

10   네이버 지식백과
11   ISO는 국제표준화기구의 약자이며, 이는 지적 활동이나 과학·기술·경제활동 분야에서 세계 상호 간의 협력을 위해 1946년에 설립한 국제기구를 말한다.

다는 것을 인증받는 것이다.[12] 이후 국제표준화기구(ISO)는 기업의 환경활동을 관리하기 위한 표준인 ISO 14000 시리즈를 1996년 제정하면서 생산 과정에서 오염물질의 생성과 배출을 최소화하는 활동을 제3자에 의해 인증받도록 하였다. 이 ISO 14000 시리즈는 기업이나 조직의 환경 활동을 관리하기 위해 마련되어야 할 조직, 구조, 책임, 절차, 공정, 경영 자원과 같은 체제 모형을 제시하는 것으로, ISO 9000 시리즈의 환경판이라고 할 수 있다. ISO 14000의 주요 내용은 다음 [표 1-1]과 같다.

[표 1-1] ISO 14000의 주요 내용

항목	주요 내용
환경경영 system (EMS : environmental management system)	· 생산활동을 환경과 관련하여 운영하는 system 요건을 규정
환경감사 (EA : environmental audit)	· 환경감사의 종류에 따라 원칙과 절차 등을 규정, 주로 EMS의 요구사항 감사
환경라벨링 (EL : environmental labelling)	· 환경마크제에 통일성을 부여하는 작업으로 상품의 환경적합성을 객관적으로 평가
환경성과평가 (EPE : environmental performance evaluation)	· 현재의 환경성과와 기대하는 환경성과를 평가할 수 있는 평가 방법 규정
전 과정 분석 (LCA : life cycle assessment)	· 전 과정에 걸쳐 환경에 미치는 영향 및 개선사항을 평가하는 규격

---

12 국제품질보증제도 ISO 9000시리즈는 제품의 생산 및 유통과정 전반에 걸쳐 국제규격을 제정한 소비자 중심의 품질보증제도이다. 1976년 영국의 품질인증기관인 영국표준협회(BSI)의 발의로 1987년 모든 산업에서 인정받았다. 국내제품의 해외 수출 시 ISO 9000의 인증을 요구하는 사례가 늘고 있어 공업진흥청은 ISO 9000시리즈를 KS규격에 채택하고 인증기관을 지정해 1993년부터 시행하고 있다. ISO 9000은 단순히 제품의 품질규격 합격여부만을 확인하는 일반품질인증과는 달리 해당 제품이나 서비스의 설계에서부터 생산시설, 시험검사, 애프터서비스 등 전반에 걸쳐 규격준수 여부를 확인해 인증해 주는 제도이다. ISO 9000 규격은 4개 규격으로 구성되어 있는데 ① 9001은 제품의 디자인 및 개발과 생산, 서비스 등을 내용으로 하는 가장 광범한 적용범위를 가진 규격이다. ② 9002는 디자인 개발 또는 서비스에 대해 공급자의 책임이 없는 경우에, ③ 9003은 디자인·설치 등이 문제가 되지 않는 극히 단순한 제품의 경우에 적용되고, ④ 9004는 품질관리시스템을 개발하고 실행하기 위한 일반지침이다. 그리고 9000은 이들 4개 규격의 안내서다. [네이버 지식백과]

항목	주요 내용
용어 및 정의 (T&D : terms and definitions)	· 각 분야별 용어통일 및 용어정의를 분명히 하여 표준화작업 추진
환경적 측면 (EAPS : environmental aspects in product standards)	· 제품표준의 환경적 적합성 확인절차 및 요건에 관한 표준규격을 제정하는 작업

안전보건경영시스템(OHSMS)은 앞에서 설명한 ISO 시리즈와는 달리 국제노동기구(ILO: International Labour Organization)에서 제정한 OHSAS 18001에 그 기초를 두고 있다. OHSAS 18001(Occupational Health and Safety Assessment Series)는 사업장 활동에서 발생할 수 있는 위험을 사전 예측하고 예방하여 재해로 인한 경제적 손실을 방지하고 직원들의 생산성 증대를 위해 조직, 책임, 절차를 규정하여 조직 내 물적, 인적 자원을 효율적으로 배분하고 조직적으로 관리하는 경영시스템이다. OHSAS 18001은 작업장 내의 위험성을 관리, 예방하여 재해 사고율을 감소시키고, 근로자의 안전보건 위험성의 개선을 통한 생산성 향상 등을 목표로 한다.

ISO에서도 안전보건경영시스템(OHSMS)을 국제표준화하려는 움직임이 있었으나, OHSAS 18001를 관리하던 국제노동기구의 반대와 규격의 중복 등의 이유로 규격화가 보류되다가 2013년 안전보건경영시스템(OHSMS: Occupational Health and Safety Management System) ISO 45001이 제정되었다.

안전보건경영시스템(OHSMS) ISO 45001는 산업안전보건의 요건을 사업시스템과 통합되도록 하고 사업목적과 보조를 맞추게 할 수 있으며, 산업안전보건의 기준을 품질 또는 환경 관련 기준 등 다른 기준과 조화시킬 수 있는 장점이 있다. 또한 안전문화 형성에 도움을 주는 환경을 구축하고 산업안전보건의 책임을 조직의 구성원으로 분배하는 기능을 할 수 있다.

안전보건경영시스템(OHSMS) ISO 45001의 전체적인 구조는 다음 [표 1-2]와 같다. 안전보건경영시스템(OHSMS) ISO 45001은 OHSAS 18001에 비해 안전관리를 위해 담당자와 최고 경영진의 역할을 강화하였으며 잠재적 위험을 식별하고 평가, 해결하는 위험도 평가기법이 도입된 것 등의 특징이 있다. 다시 말해 그동안 기업이 생산해 내는 제품의 품질을 향상시키기 위한 노력을 평가하고 인증하는 시스템에서 안전관리를 강화하는 시스템을 구축하는 것에 중점을 두고 있다.

[표 1-2] ISO 45001의 구조(Framework)

항목	주요 내용
1. 적용범위	1. 적용범위 정의
2. 인용규격	2. 인용규격 정의
3. 용어의 정의	3. 용어 정의
4. 조직의 상황	4.1 조직 및 그 상황의 이해 4.2 근로자 및 기타 이해관계자의 수요 및 기대의 이해 4.3 OHSMS 적용범위의 결정 4.4 OHSMS 프로세스
5. 리더십, 근로자 참가 및 협의	5.1 리더십 및 관여(commitment) 5.2 방침 5.3 조직의 역할, 사전·사후 책임 및 권한 5.4 참가, 협의 및 대표
6. 계획	6.1 리스크 및 기회에의 대응조치 6.2 안전보건 목표 및 달성계획
7. 지원	7.1 자원 7.2 역량 7.3 인식 7.4 정보 및 커뮤니케이션 7.5 문서화된 정보
8. 운영	8.1 운영 계획 및 관리 8.2 변경관리 8.3 아웃소싱 8.4 구매 8.5 수급인 8.6 긴급사태 준비태세 및 대응
9. 성과평가	9.1 감시, 측정, 분석 및 평가 9.2 내부감사 9.3 경영진 검토
10. 개선	10.1 사고, 부적합 및 시정조치 10.2 계속적 개선

우리나라에서도 국제표준 ISO 45001을 참고하여 안전보건경영 인증제도를 도입하였는데 이것을 KOSHA-MS라 한다. 안전보건경영시스템(KOSHA-MS)이란 안전보건공단에서 「산업안전보건법」의 요구조건과 국제표준(ISO 45001) 기준체계 및 국제노동기구(ILO)의 안전보건 경영시스템 구축에 관한 권고를 반영하여 독자적으로 개발한 안전보건경영 인증제도이다. 이 인증은 사업장으로부터 자율적으로 인증신청을 받아 이를 심사하여 일정 수준 이상인 사업장에 인증서를 수여함으로써 자율적인 재해예방 활동을 촉진시키는 역할을 한다.

앞에서 살펴본 것처럼 산업안전 관련 국제표준의 흐름은 품질경영 → 환경경영 → 안전경영의 순서대로 흘러왔음을 알 수 있다. 결국 산업이 고도화될수록 품질과 환경을 거쳐 안전관리가 사업관리의 수단이자 최종적인 관리목표가 되는 것을 알 수 있다.

2.2 철도안전

철도는 일반 산업의 한 종류이며, 당연히 산업안전관리 범위에 포함된다. 다만 산업안전과 다른 점은 앞의 산업안전관리가 '인간의 생명과 재산을 보호'하기 위한다는 측면에서 개인의 안전관리에 치중되어 있다면 철도안전은 철도에서 근무하는 작업자뿐만 아니라 철도를 이용하는 승객을 안전하게 목적지까지 이동시키는 데 좀 더 관심이 있다고 할 수 있다. 철도산업의 특성상 철도사고가 발생할 경우 여객은 물론 기관사 및 작업자 역시 피해를 당하는 경우가 많고, 현재 국내의 「철도안전법」에서는 철도 운행 특성을 고려하여 작업자의 사고도 포함하고 있기 때문이다.

'안전관리'의 사전적 의미는 '기업이 「근로기준법」에 의하여 재해나 사고를 방지하여 종업원의 안전을 꾀하려고 취하는 조치나 대책'이라고 정의한다. 위에서 말한 산업안전 관련 법령이 보호해야 하는 대상, 즉 근로를 제공하는 자에 국한하여 안전관리를 정의하고 있다. 반면 철도안전관리는 좀 더 포괄적인 의미를 부여하고 있다. 철도안전관리란 '철도사고가 발생하기 전에 철도사고를 유발하는 위험요인(Hazard)을 찾아내서 제거하는 활동과 사고 발생 시 피해를 최소화하는 다양한 활동이며, 이러한 활동에는 차량·시설의 유지관리 및 개량과 같은 물리적인 대책 외에 종사자 관리, 사고조사, 제도의 개선, 예산 확보 등과 같은 정책적인 활동도 포함된다.[13]

철도안전을 한마디로 정의하면 '철도를 안전하게 운영하기 위한 제반 활동'이라고 말할 수 있으며, '철도사고를 예방하는 것과 사고 발생 시 피해를 최소화할 수 있도록 적극적인 관심과 주의를 기울이는 경영방침'이라고도 할 수 있다. 산업안전이 노무를 제공하는 사람을 보호하기 위해 정부가 사업주에게 안전관리의 의무를 부과하고 감독하는 성격이 강한 반면, 철도안전은 철도 사업주라고 할 수 있는 철도운영기관뿐만 아니라 정부도 안전관리의 책임을 일정부분 지고 철도안전종합계획 등을 통해 예산을 투입하고 안전을 직접 관리하는 특징을 보인다. 즉 철도안전은 해당 노선을 운영하는 철도운영기관의 CEO와 임직원뿐만 아니라 정부와 산하기관 등이 함께 참여하는 전사적인 관리체계를 이루어야 한다.

철도안전의 또 다른 특징 중 하나로 시스템 수명주기 단계별로 안전관리가 이루어진다는 것을 들 수 있다.[14] 정부와 철도운영기관에서 철도사고 원인을 조사해 본 결과 철도시스템이 설치되면서 잘못된 시공이나 불량한 부품도 사고의 주요한 원인으로 작용한다는 사실을 알아냈고 사고 재발방지를 위해 시스템의 건설과 시험운행 등에 대해서도 안전관리의 필요성이 대두되게 되었다.[15] 그래서 철도는 시스템 수명주기의 중요 단계인 설계나 시운전 단계에서 정부가 정한 기준에 따라 적합하게 설계되고 설치가 되었는지 검증받도록 하고 있다. 대표적으로 철도차량의 경우 내장재에 대한 화재안전기준 등 설계 단계의 법적 요구사항이 매우 까다로우며 철도 건설 단계에서 철도종합시험운행 등에 대한 규

---

13 『대한민국의 철도안전관리』, 곽상록, 지식과감성, 2015
14 시스템의 수명주기는 일반적으로 요구사항 정의(개념 설계) → 설계 및 개발 → 생산 → 시운전 → 운영 및 유지보수 → 폐기의 단계를 거치며 철도차량의 경우 설계단계부터 철도차량 형식승인을 받아야 하며, 철도시설의 경우 시운전 단계에서 철도종합 시험운행을 시행해야 한다.
15 대표적인 사고 사례로 2018년 강릉역 KTX 탈선사고를 들 수 있다. 이 사고는 신호기 납품업체가 시공을 잘못했지만 철도시설공단은 점검을 하지 않았고 철도종합시험운행에서도 오류가 발견되지 않아 발생했다.

제도 강화되고 있는 추세이다. 그리고 철도차량은 일정 한도까지 철도차량을 사용할 수 있는 기대수명 제도에 따라 기대수명이 지난 차량은 정밀안전진단을 받아야 운행할 수 있다.

참고로 영국 등 유럽에서는 안전관리를 엔지니어링 측면에서 접근하며, 안전관리는 모든 엔지니어링 활동의 집합체라고 정의하고 있다.[16] 철도시스템의 안전관리는 철도 작업과 관련된 위험이 허용 수준으로 관리·제어되는지 확인하는 절차라고도 정의하며, 우선적으로 시스템의 범위를 선정하고 조직적인 안전 목표를 세우도록 권고하고 있다.[17] 유럽에서 정의하고 있는 세부적인 안전관리의 절차는 다음과 같다.

〈 시스템 안전관리 절차 〉

◆ 안전에 관련된 시스템이나 제품에 영향을 미치는 활동에 대한 범위와 내용을 정의해야 한다.
◆ 적용할 시스템이나 제품의 안전 관련 의무를 명확히 설정해야 한다.
◆ 조직의 의무와 일관성이 있는 안전에 대한 목적과 목표를 설정해야 한다.
◆ 안전 목적과 목표를 달성하기 위한 안전관리 활동 계획을 세워야 한다.
◆ 안전에 영향을 주는 모든 활동을 공인된 우수사례를 사용하는 체계적인 절차에 따라 수행해야 한다. 이 절차는 사전에 문서로 작성되고 주기적으로 검토해야 한다.

2.3 시스템 산업의 안전관리

2.3.1 시스템 안전관리 일반

시스템 산업은 안전관리의 실패에 따른 피해가 노무를 제공하는 작업자에게 한정되는 것이 아니라 그 시스템을 이용하거나 인근에 거주하는 불특정 다수에게도 미치기 때문에

---

16 철도 엔지니어링 안전 관리(International Engineering Safety Management), 한국철도안전교육원, 구미서관
17 시스템이란 어떤 기능을 수행하기 위해 함께 작동하는 장비, 사람, 절차의 집합체로 정의한다. 철도의 예를 들면 전체 철도는 하나의 시스템이고 터널, 역, 차량 및 신호도 하나의 시스템이다.

목표한 기능을 오류 없이 동작하도록 하는 여러 가지 관리기법들이 발전되기 시작했다.[18] 시스템 산업의 안전관리는 크게 시스템 자체가 보유한 위험을 예측하고 평가하는 기법과 시스템을 운영하는 기관의 안전 관련 제반 활동을 정의하고 세부 내용을 명문화한 안전관리시스템으로 구분이 가능하다. 시스템의 위험을 예측하고 평가하는 기법에는 대표적으로 위험도 분석(Risk Analysis), 고장모드 영향분석(FMECA: Failure Modes Effects and Criticality Analysis), 결함나무 분석(FTA: Fault Tree Analysis) 등이 있다.[19] [20] 안전관리시스템은 대표적으로 항공이나 철도 분야의 안전관리시스템(SMS: Safety Management System)을 들 수 있다.

항공, 원자력, 철도 등 대부분의 시스템 산업들은 산업안전관리뿐만 아니라 자체적인 안전관리시스템을 추가로 보유하고 있다. 이런 산업에서는 사고가 발생할 경우 회사차원의 대응이 불가능한 수준 혹은 회사가 파산하는 수준의 막대한 피해가 발생하기 때문에 자발적으로 안전관리를 수행해 왔으며, 안전관리가 발달하였다. 다음 [표 1-3]은 철도안전관리와 산업안전관리를 간단하게 비교한 것이다.[21]

---

18 2022. 1. 27. 시행된 「중대재해 처벌 등에 관한 법률」에는 근로자들이 노무를 제공하는 과정에서의 산업안전에 관련된 재해를 중대산업재해로 구분하고 있으며 일반 시민이 제조물을 사용하거나 고층건물, 지하 역사, 교량 등의 공중 이용시설 또는 항공기, 기차, 시외버스 등의 공중 교통수단을 이용하는 과정에서 일어난 재해를 중대시민재해로 규정하고 있다.

19 FMECA: 설계의 불완전이나 잠재적인 결점을 찾아내기 위해 구성요소의 고장모드와 그 상위 아이템에 대한 영향을 해석하는 기법(산업안전대사전)

20 FTA: 시스템에 발생하는 중대한 고장이 어떠한 원인에 의하여 발생하는가를 이론적으로 분석하고 세분화하여 최종적으로는 하나의 부품의 고장 원인까지 규명해 나가는 톱다운(top-down) 방식의 분석기법

21 『철도차량정비기술자 교육교재(철도안전법령 및 철도차량기술기준)』, 박재흥, (사)한국철도차량기술사회, 2020

[표 1-3] 철도안전관리와 산업안전관리 비교표

구분	철도안전관리	산업안전관리
특징	철도, 원자력, 항공 등 거대 시스템의 등장으로 위험요인이 급속히 증가	초기 산업현장에서는 개인의 산업재해 예방이 안전관리의 주목적
실패 시	철도시스템의 오류·고장·사고 유발 사회적 혼란이나 대형 피해로 확산될 우려가 높음	근로자의 부상이나 장애 발생 재산손실로 가정하여 비용 측면에서 관리됨
위기대응	오랜 경험을 통해 비상대응체계가 잘 갖추어짐	위기대응에 큰 염두를 두지 않음
관리	정부도 안전관리의 책임을 일정부분 지고 있으며, 예산을 투입하고 안전을 직업 관리	노무를 제공하는 사람(노동자)을 보호하기 위해 정부가 사업주에게 안전관리의 의무를 부과하는 성격이 강함

시스템 산업의 안전관리는 그 시스템이 가지고 있는 복잡성과 외부로 미치는 영향 때문에 좀 더 체계적인 관리가 필요하다. 항공이나 원자력, 철도 분야에서 자체적인 시스템 안전관리 기법이 발달해 온 이유이다.

2.3.2 항공 분야 안전관리

항공 분야는 국제적인 공통 규범이 각 나라의 법령을 제정하는 데 영향을 끼친다는 특징이 있다. 시카고 협약[22]에 따라 설립된 국제민간항공기구(ICAO: International Civil Aviation Organization)는 항공안전기준과 관련한 여러 가지 부속서(Annex)를 채택하고 있다. 이 부속서에는 모든 체약국들이 준수할 필요가 있는 '표준(standards)'과 준수하는 것이 바람직하다고 권고하는 '권고방식(recommended practices)'을 규정하

---

22 영공(領空)에 관한 국가의 주권, 영역 상공을 비행할 권리, 항공기의 국적, 항공기가 갖고 다녀야 할 서류 및 국제 민간 항공 기구의 조직 따위를 정한 조약. 민간 항공기에 적용하며, 1944년 시카고에서 열린 연합국 국제 민간 항공 회의에서 파리 조약을 대신하여 채택하였다. 우리나라는 1966년에 가입하였다.

고 있으며, 이에 따라 각 국가는 시카고 협약 및 동 협약 부속서에서 정한 '표준 및 권고 방식(SARPs: Standards and Recommended Practices)'에 따라 항공법규를 제정하여 운영한다.

대한민국은 「항공안전법」에 따라 항공운송사업자, 항공기정비업자, 항공교통관제기관, 공항운영자 및 항행안전시설의 설치자, 관리자 등 서비스제공자(Service Provider)가 항공안전관리시스템(SMS: Safety Management System)을 갖추도록 하고 있다. 이 SMS는 정부의 항공안전프로그램에 따라 자체적으로 안전관리를 하기 위하여 갖추어야 하는 조직, 책임과 의무, 안전 정책, 안전관리 절차 등을 포함하는 안전관리체계라고 정의한다. 국제민간항공기구(ICAO)에서는 SMS를 '정책과 절차, 책임 및 필요한 조직구조를 포함한 안전관리를 위한 체계적인 접근방법'이라 정의하며, 캐나다 교통성은 항공기 운영 및 정비 사업과 관련된 모든 활동에 대하여 재정 및 인적자원 관리를 기술적 시스템과 통합하여 위험을 관리하려는 시스템적이고 명확하며 포괄적인 절차로 SMS를 정의하고 있다.[23] 항공 SMS는 안전정책과 목표, 위험관리, 안전보증, 안전 증진의 4가지로 구성되어 있으며, 다시 하위에 각각 안전관리를 위한 요구사항을 정의하고 있다. 다음 [그림 1-2]은 항공 분야 SMS의 주요 내용을 정리한 것이다.

---

23 「항공사 안전관리시스템이 안전의식과 안전행동에 미치는 영향」, 김규형, 경기대학교 박사학위 논문, 2015

[그림 1-2] 항공 분야 SMS 체계

2.3.3 원자력 분야 안전관리

원자력 분야는 체르노빌이나 후쿠시마 사고에서 보듯이 사고가 발생하면 복구하는 데 최소 30년 이상이 소요되는 대단히 큰 위험성을 가지고 있다. 이로 인해 원자력 안전관리는 「원자력 안전법」과 「원자력 안전위원회의 설치 및 운영에 관한 법률」에 근거하여 원자력 안전위원회가 중심이 되어 법률상의 규제 권한을 발휘하도록 되어 있다. 원자력 발전소의 안전관리는 원자력 규제기관이 발전소의 설계, 제작, 건설, 운영 및 해체에 이르기까지 전 과정에 걸쳐 안전성을 확인, 관리한다.[24]

원자력 안전관리시스템은 정부의 규제를 중심으로 발전되어 왔으며 별도로 원자력 SMS라 불리는 안전관리시스템은 없다. 다만 원자력사업을 추진하는 원자력 사업자와

---

24 「한국과 일본의 원자력 안전관리시스템에 관한 실증적 비교 연구 : 후쿠시마 원전 사고 이후를 중심으로」, 박성하, 2019, 박사학위 논문

이를 규제하고 관리하는 정부 규제기관, 전문적으로 지원하는 안전규제 지원기관 등이 안전관리시스템을 구성하는 요소로 볼 수 있다. 원자력 분야의 안전관리시스템 체계는 일반적으로 안전정책 및 제도, 안전규제 기관, 시설안전 운영, 안전증진 활동의 네 가지 라고 정의할 수 있다.[25]

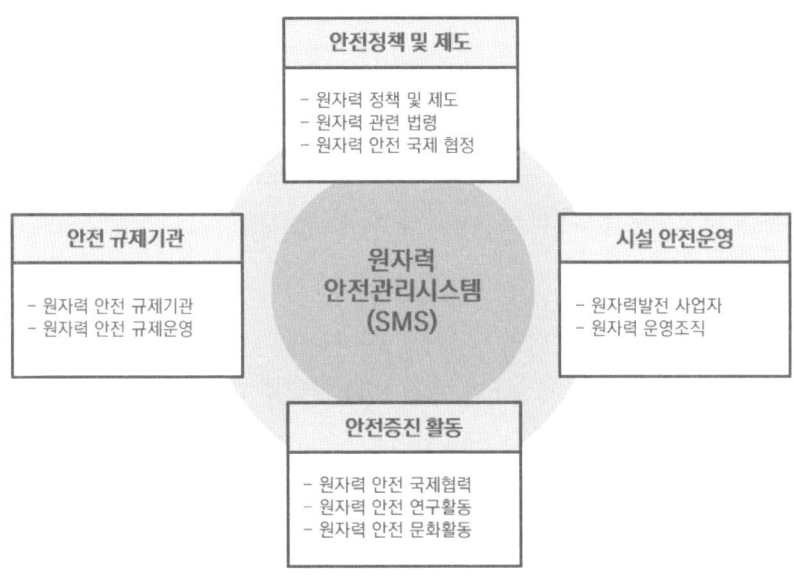

[그림 1-3] 원자력 분야 SMS 체계

---

25 2015년 원자력 안전연감 내용 정리

3. 사고 발생의 이론적 배경

3.1 도미노 이론

산업안전의 초창기 이론적 배경은 미국의 하인리히에 의해 정립되었다. 허버트 윌리엄 하인리히(Herbert William Heinrich)는 1886년 10월 6일 미국 버몬트 베닝턴에서 태어나 여행자 보험회사(Traveler Insurance Company)에서 관리자로 40여 년간 근무하면서 1931년 "Industrial Accident Prevention, A Scientific Approach"라는 제목의 책을 출간하였다.

이 책에서 하인리히는 산업재해 사례 분석을 통해 하나의 통계적 법칙을 발견하였다. 그것은 바로 산업재해가 발생하여 사망자가 1명 나오면 그 전에 같은 원인으로 발생한 경상자가 29명, 같은 원인으로 부상을 당할 뻔한 잠재적 부상자가 300명 있었다는 사실이다. 이것이 유명한 하인리히의 1:29:300의 법칙이다. 하인리히는 큰 사고는 우연히 발생하거나 어느 순간 갑작스럽게 발생하는 것이 아니라 그 이전에 반드시 경미한 사고들이 반복되는 과정 속에서 발생한다는 것을 실증적으로 밝힌 것으로, 큰 사고가 일어나기 전 일정 기간 동안 여러 번의 경고성 징후와 전조들이 있다는 사실을 주장하였다.[26]

또한 하인리히는 산업재해 발생과정을 설명하면서 도미노이론을 인용하였다. 즉 상호 밀접한 관계를 가지고 있는 5개의 도미노를 세워 놓았을 때, 그중 하나의 도미노가 넘어지면 이로 인하여 나머지 도미노가 연쇄적으로 넘어지면서 재해가 발생한다고 설명하였다. 이를 도미노(Domino)이론이라 한다.[27]

하인리히는 재해 발생 과정을 유전적이거나 사회환경적인 요소와 개인적인 결함 등이

---

[26] 곽상록은 저서 『철도 사고 Zero를 위한 철도 안전관리 시스템』을 통해 철도산업과 같이 안전관리가 진행되는 사업에서는 하인리히 법칙은 적용되지 않는다고 밝히고 있다.
[27] 『철도안전전문기술자 교육교재(철도안전법령 및 철도차량기술기준)』, 박재흥, (사)한국철도차량기술사회, 2020

간접요인으로 작용하며, 불안전한 행동이나 불안전 상태가 직접원인이라고 설명하였다. 그리하여 사고 예방을 위해 세 번째 요인인 불안전 행동과 불안전한 상태 제거에 안전관리의 중점을 두어야 한다고 강조했다. 재해는 ① 사회적 환경과 유전적 요소(선천적 결함) → ② 개인적인 결함 → ③ 불안전한 행동과 불안전한 상태 → ④ 사고 발생 → ⑤ 재해의 단계로 발생한다는 것이다.

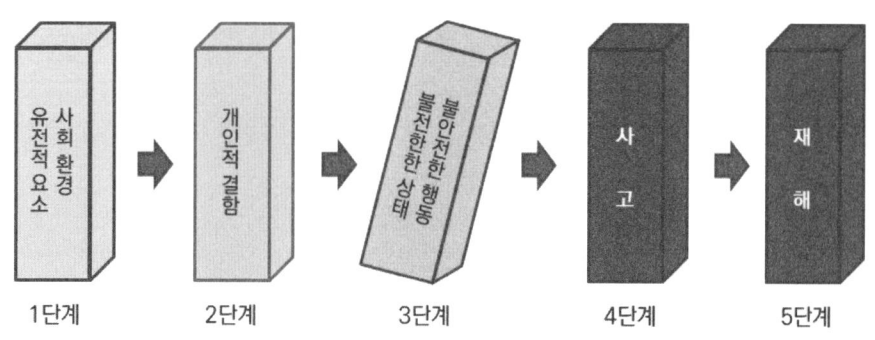

[그림 1-4] 하인리히의 도미노 이론

하인리히는 사고나 재해를 예방하기 위해 5단계의 활동을 제안하였다. 5단계의 활동이란 ① 안전관리 조직 ② 사실의 발견 ③ 분석 및 평가 ④ 시정방법의 선정 ⑤ 시정대책의 적용이다.

① 사고·재해 예방의 5단계 중 1단계에서 첫 번째로 경영진의 참여이다. 경영진의 안전에 대한 관심도가 높아야 안전사고 예방을 위한 시책과 예산 등이 적극적으로 투입될 수 있다. 둘째, 안전관리자의 임명 및 안전조직 구성이다. 안전관리자의 활발한 안전관리활동을 통하여 작업자의 안전사고를 예방할 수 있으며 안전과 관련된 사항들이 즉시 보고될 수 있고, 권한과 책임의 소재가 명확한 조직을 구성하여야 한다. 셋째, 안전활동 방침 및 안전계획 수립이다. 경영진과 작업자 모두가 안전하게 활동할 수 있고 작업할 수 있는 계획의 수립이 필요하다. 위 세 가지 조직 관련 사항 중 가장 중요한 것은 안전조직이다.

② 사실의 발견이란 각종 사고 및 안전 활동의 기록 및 검토, 작업분석, 안전점검 및 안전진단, 사고조사, 안전회의, 종업원의 건의 및 여론조사 등에 의하여 불완전 요소를 발견하는 것이다.

③ 분석 및 평가란 사고보고서 및 현장 조사, 사고 기록, 인적·물적 조건의 분석, 작업조건의 분석, 교육과 훈련의 분석 등을 통하여 사고의 직·간접 원인을 규명하는 것이다.

④ 시정방법의 선정이란 기술의 개선, 인사조정, 교육 및 훈련의 개선, 안전행정의 개선, 규정 및 수칙의 개선, 확인 및 통제 체제 개선 등 효과적인 개선 방법을 선정하는 것이다.

⑤ 시정대책의 적용이란 산업재해를 예방하기 위해 교육(Education), 공학적 개선(Engineering), 징계 및 보상(Enforcement)이 필요하며 이를 3E라고 명명했다.

3.2 스위스 치즈 이론

휴먼 에러(human error) 연구의 전문가인 영국 맨체스터 대학교의 제임스 리즌(James T. Reason) 교수는 사고 발생 과정을 치즈 숙성 과정에서 특수한 박테리아가 배출하는 기포에 의해 구멍이 숭숭 뚫려 있는 스위스(Swiss) 치즈를 가지고 설명하였는데, 이것을 사고 또는 재해 발생에 관한 '스위스 치즈 모델(The Swiss Cheese Model)'이라고 한다.[28] 스위스 치즈의 다른 이름인 에멘탈(Emmental) 치즈를 사용하여 에멘탈 치즈 모델로 불리기도 한다.

---

28 네이버 지식백과

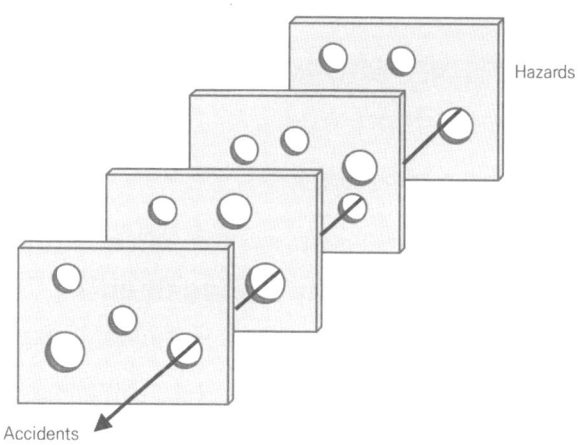

[그림 1-5] 스위스 치즈 모델의 사고 발생 과정 설명

이 이론에 의하면 보통 사고는 연속된 일련의 사고 방지체계가 동작하지 않아 발생하는 것이 일반적이고, 사고 이전에 오래전부터 사고 발생과 관련한 전조가 있다고 주장했다. 다행히 시간축상에서 사고방지를 위한 안전장치 등 방지체계가 잘 작동하면 사고는 방지될 수 있다. 그러나 방지체계는 완벽하지 않기에 결함(치즈의 구멍)이 있게 마련이고, 이러한 구멍들을 통해 일련의 사건이 전개된다면 그것이 최종적인 사고로 이어지게 된다는 것이다. 어느 누구도 모든 사고의 시나리오를 예상할 수 없기 때문에 방어체계의 구멍은 시스템이 완성된 시기 또는 시스템을 운영하는 도중에 눈에 띄지 않는 방식으로 형성된다.[29]

다시 말하면, 사고나 재난은 아무리 여러 단계의 중첩적인 안전요소를 갖추더라도 발생할 수 있으며, 이는 각 단계의 안전요소마다 내재된 결함이 있으며, 이러한 결함이 우연 또는 필연적으로 동시에 노출될 때 사고가 발생한다는 것이다. 만약 이러한 결함 중에 하나라도 제대로 예방되고 통제되었다면 사고를 막을 수 있다는 의미로도 해석될 수 있다.

이 모델은 1980년대 항공사고 조사 과정에서 인적오류라는 원인이 규명될 경우 그 이

---

[29] 「국내 헬리콥터 사고의 인적오류 분석 기법 및 예방에 관한 연구」, 유태정, 한국항공대학교 박사논문, 2020

상의 분석 작업을 행하지 않았던 항공사고 조사관행을 벗어나 조직적인 요인까지 확대해야 한다는 이론적 근거를 제시하였다. 즉 사고가 발생하는 원인에 대한 시스템적 접근방법을 제시한 모델이라고 할 수 있다.

3.3 ESM(Engineering Safety Management)

영국 철도에서는 1990년대부터 위험도 기반 안전관리를 시작하면서 'Yellow book'이라는 안전 관련 지침서를 제공하였다. 이 지침서는 철도사고 발생원리를 다음 [그림 1-6]과 같이 설명하고 있다.

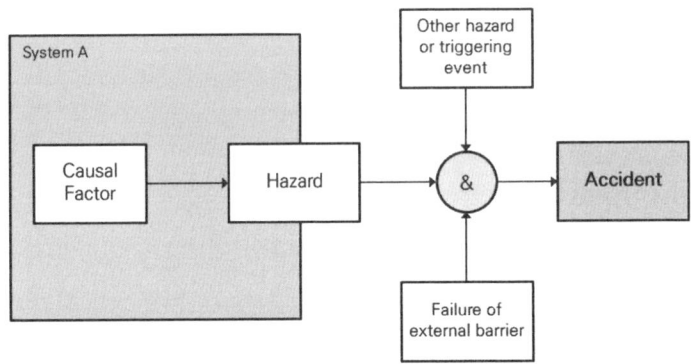

[그림 1-6] 사고원인, 위험요인, 사고결과, 사고 방지대책의 관계도

Yellow Book은 철도사고에 기여하는 인자(Causal Factor)와 사고를 초래할 수 있는 시스템 A의 위험(Hazard)이 다양한 조건과 결합하여 사고(Accident)라는 결과로 연결된다고 설명한다.[30] 사고결과는 인적 피해, 물적 피해, 환경피해, 시스템의 중단 등

---

30 위의 그림에서 System A는 어떤 하나의 시스템이 될 수도 있으며 어떤 시스템의 하부 시스템이 될 수도 있다. 즉 시스템이 복잡할수록 사고에 기여하는 인자를 많이 포함하고 있으며 이 사고에 기여하는 인자는 위험(Hazard)으로 발전할 수 있다.

다양한 결과를 포괄한다. 위의 그림에서는 시스템의 경계를 구분하여 위험원을 관리하는 개념이 도입되었다. 사고를 유발하는 다양한 인자가 있어도 모두 사고로 연결되지는 않으며, 이러한 사고를 막을 수 있는 안전대책 또는 방지대책(Barrier)이 작동되지 않고 사고를 유발하는 자극(Triggering event)이 조합되는 경우 사고의 결과로 연결되는 상황을 도식적으로 표현하였다.

이 ESM에 따르면 어떤 시스템이 위험(Hazard)을 내포하고 있어도 외부 차단막이 제 기능을 하거나 사고를 유발하는 자극이 조합되지 않으면 사고로 발생하지 않는다. 이 ESM은 위험이 내포되어 있고, 사고를 유발하는 자극과 외부 차단막이 실패해야 사고로 이어진다는 점에서 스위스 치즈 모델과 유사하다고 볼 수 있다.

3.4 복원공학(Resilience Engineering)

덴마크의 에릭 홀나겔(Erik Hollnagel) 교수는 『Safety-Ⅰ and Safety-Ⅱ: The Past and Future of Safety Management』라는 책에서 전통적인 안전의 개념을 안전-Ⅰ이라 명명하고, 전통적인 안전의 정의는 '허용할 수 없는 위험으로부터의 자유', '부정적인 결과의 수가 가능한 낮은 상태'로 정의하였다. 전통적인 안전의 개념은 잘못된 것, 잘못될 수 있는 것에 집중하고 여러 형태의 통제를 가하는 반응적, 방어적 성격이기 때문에 안전에 대한 관점의 변화를 주어야 한다고 주장하였다.

이에 반해 안전-Ⅱ는 같은 이유로 일이 잘될 수도 있고 잘못될 수도 있으며, 안전을 다양한 조건에서 성공할 수 있는 능력으로 정의하였다. 다음 [표 1-4]는 안전-1과 안전-2를 비교한 것이다.[31]

---

[31] Safety-Ⅰ and Safety-Ⅱ: The Past and Future of Safety Management, 에릭 홀나겔(Erik Hollnagel)

[표 1-4] 안전-1과 안전-2의 비교표

구분	안전-I	안전-II
안전의 정의	잘못되는 상황이 가능한 적다.	잘되는 상황이 가능한 많다.
사고의 설명	반응적, 무엇인가 일어날 때 반응, 또는 받아들일 수 없는 위험으로 분류한다.	예방적, 계속적으로 발전과 사건을 예상한다.
인적 요소에 대한 태도	사고의 원인은 실패와 고장, 조사의 목적은 원인과 기여 요소들을 확인하는 것이다.	결과에 상관없이 상황은 기본적으로 같은 방법으로 일어난다. 조사의 목적은 상황이 어떻게 가끔 잘못되어 가는지를 설명할 근거로 어떻게 보통 잘되어 가는지를 이해하는 것이다.
수행변동성의 역할	해로움. 가능한 방지되어야 한다.	필연적. 그러나 유용함. 모니터되고 관리되어야 한다.

홀나겔 교수는 안전-II를 복원공학(Resilience Engineering)을 활용하여 설명하였다. 복원공학은 군집이론(Community Theory)[32]을 바탕으로 시스템 안전을 다루는 새로운 안전관리 기법이라고 볼 수 있다.

---

32 군집이론은 생물군집의 구성에 관한 이론으로서 먹이나 서식장소가 경쟁관계에 있는 동일 영양(營養)단계의 종군(種群)을 대상으로 종별 생태적 지위 분화에 의한 군집의 구성패턴과 공존관계를 연구하는 이론이다. 이 이론의 대표적 전문가인 미국 플로리다 대학의 홀링(Crawford Holling) 교수는 '군집 내의 특정 개체군이 생존하기 위해서는 안정성(Stagility)과 복원성(Resilience)이 있어야 한다'고 주장하였다.

레질리언스(Resilience)[33]

레질리언스라는 용어는 이미 다른 분야에서 사용되어 오던 용어로 다음과 같은 여러 가지 의미를 가지고 있다.
- ◆ 생물생태학: 생태계는 기상변화, 다른 동식물의 침입, 오염물질의 유입 등 항상 외란에 노출되어 있다. 약한 생물종은 약간의 외란에도 멸종되거나 멸종하지 않더라도 큰 피해를 입고 본래의 상태로 돌아가기까지 장시간이 필요하다. 그러나 강한 생물종은 큰 외란을 받아도 받은 피해가 크지 않거나 본래의 상태로 빠르게 돌아가는 것이 가능할 것이다. 이러한 생물의 강함을 레질리언스라고 한다.
- ◆ 정신의학/발달심리학: 유소년기에 힘든 성장과정을 거쳤지만 그 후 유연하게 일어서는 경우나, 스트레스를 받아도 회복이 빠른 개인특성을 레질리언스라고 한다.
- ◆ 조직경영: 지진재해 등 조직에 대한 위협에 대하여 업무를 중단시키지 않고 기능이 저하되어도 조기에 회복하는 조직력과 같은 사업지속능력을 말한다.

이 기법에서는 사고(事故: Accident)의 정의부터 차별화된다. 즉 사고는 임의적 사건(Random Event)으로 언제 어디서나 발생할 수 있고, 복잡한 시스템에 적응하려는 정상적 행태의 과정에서 실패한 결과로 가정한다. 실패한 결과의 범위는 사소한 인간의 오류나 실수로부터 세월호 침몰사고와 같은 대형 재난사고까지 다양하다.

생태계(Ecosystem)의 균형상태는 시스템의 안정성과 복원성이라는 두 가지 특성에 의해 설명이 가능하다. 예를 들어 물 위에 떠 있는 빈 보트에 한 사람이 올라타면 보트는 순간적으로 상하로 출렁이다가 잠시 후 잠잠해지는데, 보트를 타는 사람이 많아지면 보트는 결국 가라앉게 된다. 즉 보트라는 시스템에 외부로부터 '사람의 무게'라는 교란(攪亂)이 있을 때 원래의 균형상태로 돌아가려는 시스템의 성질을 '안정성'이라고 한다. 안정성이 높은 시스템이란 출렁이는 변동의 폭이 적고 변동의 시간이 짧은 것을 의미한다. 이번에는 보트를 타고 있는 사람들이 보트 위를 이리저리 움직이고 있다고 한다면 한 사람이 차례로 보트의 같은 방향으로 이동하면 결국 보트는 뒤집어지는데, '사람의 이동'과 같

---

[33] 『안전인간 공학의 이론과 기술』, 고마츠바라 아키노리, 세진사, 2018

은 산란(散亂)이 있을 때 산란을 흡수(수용)하여 시스템 고유의 기능으로 되돌아가게 하는 적응력을 '복원성'이라고 한다. 복원성의 결과는 시스템 내 개체군과 지속적 상호관계의 유지와 개체군의 소멸확률로 나타나게 된다. 보트가 뒤집혀 시스템 고유의 기능을 상실하게 되는 것은 개체군 밀도가 보통 수준보다 현저히 높은 상태를 나타내는 대발생(Outbreak)으로 비유된다.[34]

홀나겔 교수는 '복원성이란 예상되거나 예상치 못한 상황에서도 시스템의 고유한 기능을 수행할 수 있도록 환경변화에 적응하려는 시스템의 내재된 능력'으로 정의하고 있다. 복원공학은 대발생과 같은 심각한 사고가 발생하기 전에 '예방적 안전관리 시행'의 중요성을 강조하고 있으며, 일정 범위의 시스템 안정성과 복원성을 유지할 수 있도록 시스템의 능력을 갖추는 기법을 연구한다. 복원공학의 목표는 '복원 가능한 시스템을 구축'하는 것이다. 복원 가능한 시스템이란 어떤 상황에서도 시스템이 환경 변화에 적응할 수 있도록 네 가지 기본적인 능력을 갖추는 시스템이다. 즉 시스템이 무엇을 할 것인가, 무엇을 살펴야 하는가, 무엇을 기대해야 하는가, 그리고 무엇이 일어났는가를 아는 능력을 말한다.

3.4.1 FRAM(The Functional Resonance Analysis Method)

홀나겔 교수는 안전-Ⅱ를 위한 시스템 안전관리 기법으로 FRAM(The Functional Resonance Analysis Method)을 제시하였다. FMEA, HAZAOP, FTA와 같은 고전적인 안전모델은 1960년대 개발이 되었으며, 기술적 위험이 확률론적 안전평가(Probabilistic Safety Assessment)에 의해 계산할 수 있다면 모든 것은 잘되는 것이라고 일반적으로 믿어졌었다. 그러나 이 신념은 1979년 Tree Mile 섬 원전사고로 바뀌게 되었다. 이 사고 이후 인적 요소를 고려하여야 할 필요성이 자연스럽게 받아들여졌다. 이러한 안전관리 기법들의 주요한 가정은 다음과 같다.

▲ 시스템은 의미 있는 요소로 분해할 수 있다.

---

34 네이버 블로그, https://blog.naver.com/yk60park/221615354704

▲ 부품은 사용 중 고장이 발생하는데 고장 확률은 부분이나 부품 개별적으로 분석되고 설명될 수 있다.
▲ 사건의 순서는 선택한 표현에 의한 설명에 따라 사전에 정의, 확정할 수 있다.
▲ 사건의 조합은 순서가 있고 선형이다. 표준적인 논리기호로 설명될 수 있고, 출력은 입력에 비례한다.

이러한 가정은 기술적 시스템에는 유효할지 모르나 사회 시스템이나 조직, 인간행동에 적용할 수 있을지는 확실하지 않다고 주장했다. 다시 말해, 단순한 선형적 사고이든 복잡한 선형적 사고이든 우리 주변의 세계는 충분히 서술할 수 없다는 것이다.

즉 기능이 단순하고 변화율이 작은 시스템은 이러한 전통적인 가정의 적용이 가능하나 복잡하고 거대한 시스템은 위의 가정이 맞지 않다는 것이다. 홀나겔 교수는 다음 [표 1-5]와 같이 시스템을 다루기 쉬운 시스템과 다루기 어려운 시스템으로 구분하였다.

[표 1-5] 다루기 쉬운 시스템과 다루기 어려운 시스템의 비교

구분	다루기 쉬운 시스템	다루기 어려운 시스템
세부사항의 수	소수의 세부사항과 간단한 설명	다수의 세부사항과 복잡한 설명
변화율	낮음: 설명하는 동안 시스템은 변하지 않음	높음: 설명이 끝나기 전 시스템이 변화함
이해용이성	시스템 작동원리는 완전하게 이해됨	시스템 작동원리는 부분적으로 불명확함
프로세스의 특성	일정하고 규칙적	일정하지 않고 불규칙
예시	자동차 조립라인	병원의 응급실

FRAM은 시스템을 요소로 분해하지 않고, 또한 인과관계의 개념에 의존하지 않고, 어떻게 안전성 분석이 가능한가를 보여 주고 있다. FRAM은 다음 4가지 원리를 기반으로 한다.

▲ 실패와 성공은 같은 기원을 갖는다는 의미로 등가이다. 즉 같은 이유로 일이 잘될 수도 있고 잘못될 수도 있다.

▲ 개별적 사람 혹은 집단을 포함하는 사회-기술적 시스템의 수행은 외부 환경적 조건에 맞추어 조정된다.
▲ 알려진 많은 결과는 알려지지 않은 결과와 마찬가지로, 결과적(Resultant)이기보다 발현적(Emergent)으로 설명되어야 한다.
▲ 시스템 기능 간의 관계나 의존성은 미리 정해진 인과관계 결합이기보다 특정 상황에서 발현하는 것으로써 설명되어야 한다. 이것은 기능공명(Functional Resonance)의 개념을 이용한다.

FRAM의 목적은 모델의 관점에서 무엇이 일어났는지 설명하는 것이 아닌, 일이 어떻게 일어났는가를 모델화하는 것에 있다. 다음 [표 1-6]은 전통적인 안전모델과 비선형 모델을 구분한 것이다.

[표 1-6] 사고 발생을 설명하는 모델의 비교

구분	기본원리	조사목적	주요 고려사항
단순 선형 모델 (도미노 모델)	인과 관계 (단일 또는 복수의 원인)	특정원인과 인과 관계의 발견	원인과 인과 관계 제거
복잡 선형 모델 (스위스 치즈 모델)	잠재적인 조건, 숨겨진 종속관계	불안전한 행동의 조합과 잠재적인 조건의 발견	장애물과 방어 강화
비선형(시스템적) 모델	동적결합, 기능공명	밀착결합과 복잡한 상호 관계의 발견	수행 변동성의 감시와 관리

위의 표에서 기능공명이란 일반적인 공명[35]의 의미와 달리 일상의 다수 신호의 변동이 의도하지 않은 상호작용을 함으로써 발현하는 검출 가능한 신호로 정의하고 있다.

---

35 고전적인 공명의 정의는 시스템이 어느 주파수대에서 보다 큰 진폭으로 진동하는 현상을 가리킨다. 그 주파수대는 시스템의 공진 주파수로 알려져 있다. 이러한 주파수대에서는 설령 작은 외부의 힘이라도 반복적으로 작용하는 것에 의해 큰 진폭의 진동이 생겨 시스템에 큰 피해를 초래하거나 심지어 파괴할 수도 있다. 예로는 1940년에 일어난 Tacoma Narrows 교와 같은 붕괴사고이다.

3.4.2 FRAM의 방법론

홀나겔 교수는 시스템 안전분석을 방법으로 FRAM을 제시하면서 FRAM에서의 기능분석을 위해 [그림 1-7]과 같이 원인분석을 위한 6가지 전제조건을 제시하였다. 전제조건은 하나의 행위에 대한 입력, 출력, 전제조건, 자원, 시간, 제어를 제시하였다.

▲ 입력(I): 기능을 진행하거나 변형하는 것 또는 시작하는 것

▲ 출력(O): 기능의 결과이며, 어떤 실체나 상태변화

▲ 전제조건(C): 기능이 실행되기 전에 존재해야 하는 조건

▲ 자원(R): 기능이 실행될 때 필요로 하는 것 또는 출력을 제공하기 위해 소모되는 것

▲ 시간(T): 기능에 영향을 주는 시간적 제약

▲ 제어(C): 기능이 어떻게 감시되거나 제어되는지에 대한 것

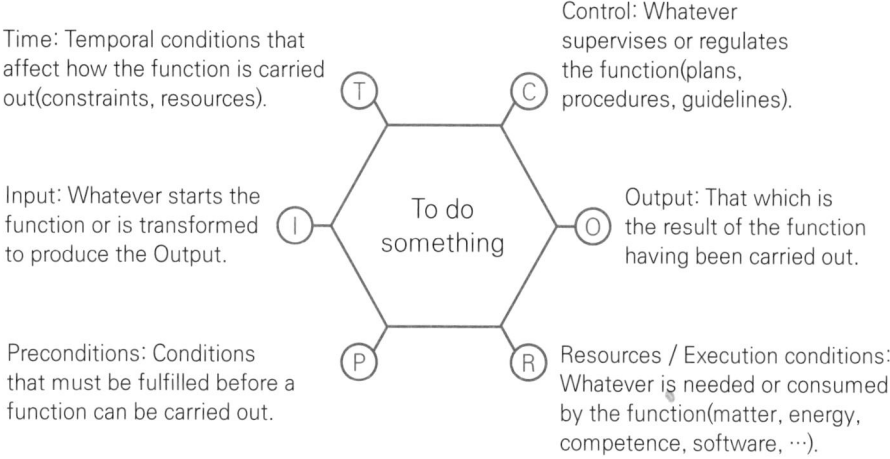

[그림 1-7] 기능특성에 활용되는 6가지 요소

FRAM의 시작단계는 일상의 작업을 성공시키기 위해 요구되는 기능을 확인하는 것이며, 그 기능을 일상의 활동으로써 무엇이 어떻게 행해지고 있는가를 자세히 서술하기 위해 필요하다고 하였다. 즉 [그림 1-7]과 같은 기능은 확실한 결과를 만들기 위해 요구되

는 활동이나 일련의 활동이라 정의하면서 여러 가지 기능들을 연결하여 기능들을 결합하였다.

다음 [그림 1-8]은 홀나겔 교수의 'A brief Guide on how to use the FRAM'에서 발췌한 '끓는 물로 덮은 국수'를 FRAM으로 분석한 사례이다. 자세한 내용은 https://www.erikhollnagel.com/을 참조하기 바란다.

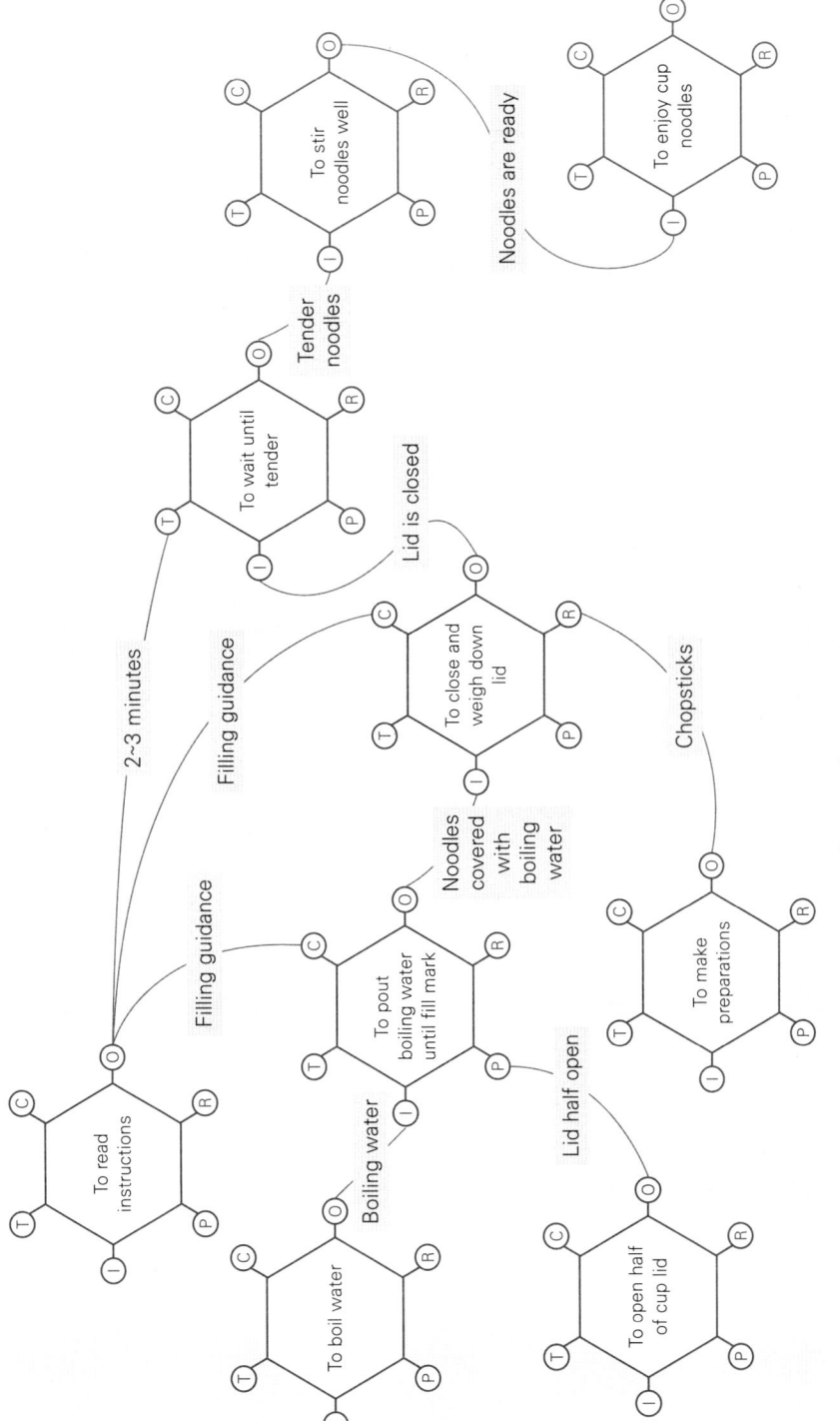

[그림 1-8] FRAM 분석사례

제1장 안전이란 무엇인가? **49**

제2장

왜 철도사고가 일어나는가?

1. 철도의 특징

2. 철도사고의 정의

3. 철도사고 발생 현황 및 사고분석

4. 왜 철도사고가 일어나는가?

제2장 왜 철도사고가 일어나는가?

1. 철도의 특징

1.1 철도의 정의

철도란 여객 또는 화물을 운송하는 데 필요한 철도시설과 철도차량 및 이와 관련된 운영·지원체계가 유기적으로 구성된 운송체계를 말한다.[36]

다른 의미로 철 궤도와 철 차륜의 마찰을 주행 방식으로 하는 광범위한 운송수단(A system of transportation using special vehicles whose wheels turn on metal bars fixed to the ground)을 의미하기도 한다. 원칙적으로는 평행하는 2개의 철제 레일 위를 조향기능[37]이 부가된 차륜을 이용하여 주행하는 운송수단을 의미하나, 법률이나 기타 용례에 따라서는 전용의 궤도 체계 위를 운행하는 운송수단의 통칭에 가깝게 쓰이기도 한다.[38]

---

36 「철도산업발전기본법」 제3조 제1호 정의
37 여기서 조향기능이란 곡선반경에 따라 차륜을 좌우로 돌려서 곡선을 통과하는 기능이 아니라 차륜 답면(Wheel Tread)의 기울기를 이용하여 외측 곡선은 큰 직경으로 주행하고 내측 곡선은 작은 직경으로 주행을 해서 주행한다는 의미이다.
38 위키피디아

[그림 2-1] 경강선 KTX-산천(출처: 국가철도공단)

「도시철도법」에는 도시철도를 도시교통의 원활한 소통을 위하여 도시교통 권역에서 건설·운영하는 철도·모노레일·노면전차·선형유도전동기·자기부상열차 등 궤도에 의한 교통시설 및 교통수단이라고 정의한다.

철도는 대한민국 국내 법령에서 크게 철도차량과 철도시설의 두 가지 요소로 구분한다. 철도차량이란 선로를 운행할 목적으로 제작된 동력차·객차·화차 및 특수차를 말하며, 철도시설은 철도 선로, 전철전력 설비, 신호설비 등 다음 각 목의 어느 하나에 해당하는 시설(부지를 포함한다)을 말한다.[39]

---

39 「철도산업발전기본법」 제3조 정의

1. 철도의 선로(선로에 부대되는 시설을 포함한다), 역 시설(물류시설·환승시설 및 편의시설 등을 포함한다) 및 철도운영을 위한 건축물·건축설비
2. 선로 및 철도차량을 보수·정비하기 위한 선로보수기지, 차량정비기지 및 차량유치시설
3. 철도의 전철전력설비, 정보통신설비, 신호 및 열차제어설비
4. 철도 노선 간 또는 다른 교통수단과의 연계운영에 필요한 시설
5. 철도기술의 개발·시험 및 연구를 위한 시설
6. 철도경영연수 및 철도전문인력의 교육훈련을 위한 시설
7. 철도의 건설 및 유지보수에 필요한 자재를 가공·조립·운반 또는 보관하기 위하여 당해 사업기간 중에 사용되는 시설
8. 철도의 건설 및 유지보수를 위한 공사에 사용되는 진입도로·주차장·야적장·토석채취장 및 사토장과 그 설치 또는 운영에 필요한 시설
9. 철도의 건설 및 유지보수를 위하여 당해 사업기간 중에 사용되는 장비와 그 정비·점검 또는 수리를 위한 시설
10. 그 밖에 철도안전 관련 시설·안내시설 등 철도의 건설·유지보수 및 운영을 위하여 필요한 시설로서 국토교통부장관이 정하는 시설

[그림 2-2] 철도시설(출처: 국가철도공단)

1.2 철도의 특징

철도는 산업혁명 이후 가장 보편적이며 널리 알려진 교통수단이다. 철도는 대량수송, 정시성 등의 특징으로 인해 교통수단으로서 산업발전에 매우 커다란 영향을 미쳤다. 그러다가 자동차와 항공기의 발전으로 1980년대까지 그 영향력이 쇠퇴하다가 고속철도 개통으로 다시 한번 제2의 전성기를 맞이하게 되었다. 고속철도의 300km/h에 달하는 영업 운행속도와 철도역사의 접근 편리성은 중·단거리 이동에서 대체불가의 교통수단으로 자리매김하게 되었다.

철도는 레일에 의해 차륜이 유도되어 주행하기 때문에 안전성이 높으며, 기상조건 및 교통 혼잡에 영향을 거의 받지 않아 정확성이 매우 높다. 그리고 대기오염이 적고 소음과 진동이 크지 않은 등 환경 친화적인 교통수단이다. 그 외에 효율성이 높고 장거리 운송에 적합하며, 편리성 등이 우수한 교통수단이다. 최근에는 고속철도의 발달로 항공기에 버금가는 신속성을 제공하고 있어 교통수단으로서 제2의 전성기를 누리고 있다.

반면 철도는 대형 운송수단이기 때문에 소량의 운송에 부적합하며, 출발지에서 목적지까지 한 번에 이동(Door to Door)하는 것이 곤란하다. 철도는 현대사회의 중요한 기반시설 중 하나지만 비용적인 측면에서는 건설비가 많이 들고 운영 및 유지보수에 많은 비용이 소요된다.[40]

철도가 다른 교통수단과 가장 큰 차이가 나는 것은 1개의 선로를 사용한다는 것이다. 철도는 1개의 선로를 사용하기 때문에 앞 열차와 적당한 거리를 지키지 않으면 충돌할 위험이 매우 크다. 더군다나 철 레일과 철 차륜을 사용하기 때문에 마찰력이 적어 쉽게 정지하기도 어렵다.[41] 철도차량의 입장에서는 레일의 조건이 완벽해야 정해진 성능을 발휘할 수 있으나, 선로는 지진, 폭우, 폭설 등 여러 가지 외부로부터의 영향을 받을 수밖에 없다. 이렇게 선로와 철도차량이 하나의 세트로 운행되는 특성 때문에 철도는 내부 또

---

40   최근에는 AGT(Automatic Guided Transit), LRT(light rail transit), 노면전차 등 건설비를 경량화하기 위해 다양한 철도시스템이 도입되기 시작했다.
41   철도는 110km/h의 속도에서 비상제동을 체결하는 경우 약 600m 이내에서 정지하여야 하며, 300km/h로 주행하는 고속철도의 경우 약 3.3km 이내에서 정지해야 한다. (철도차량 기술기준)

는 외부적인 요인에 의해 많은 사고에 노출되어 왔다. 특히 1개의 선로를 효율적으로 안전하게 사용하기 위해 '철도 신호시스템'을 발전시켜 왔으며, 최근의 고속 신호시스템은 300km/h를 주행하는 차량이 5분에 1대씩 운행될 만큼 안정적으로 운영되고 있다.

그리고 1개의 선로를 사용하기 때문에 만약 차량 고장이 발생해서 열차가 선로를 점유하고 있으면 후속 열차는 연속적으로 대기해야 하는 상황이 발생한다. 그래서 신속하게 선로를 점유하고 있는 차량을 이동시키기 위한 비상대응체계가 발달해 왔다.

철도는 안전 측면에서는 교통사고율이나 교통사고 사망자 수 등을 비교해 볼 때 다른 교통수단에 비해 상당히 안전한 수준이다. 한 가지 예를 들면 2017년 자살로 인한 사망자를 제외하면 철도사고 사망자는 18명이며, 동일한 거리를 도로를 이용해 이동하는 것보다 20배 이상 안전하다.[42] 다음 [표 2-1]은 2010년과 2015년에 발생한 각 교통수단별 사고 발생건수와 사망자를 비교한 것이다. 철도는 2010년 사고 285건에 사망자는 113명이 발생하였으며, 2015년 사고 138건에 사망자가 76명 발생하였다. 반면 자동차는 2010년 226,878건에 사망자는 5,505명이 발생하였으며 2015년 232,035건에 사망자는 4,621명이 발생하였다. 타 교통수단에 비해 사망자 비중은 2010년에 1.9%, 2015년에 1.6% 수준으로 높은 안전성을 확보하고 있다는 것을 알 수 있다.

[표 2-1] 교통수단별 사고 사망자 비교(출처: 국토교통부)

구분		2010	2020	증감(%)
철 도	사망(명)	113	22	-80.5%
	발생건수(건)	285	58	-79.6%
자동차	사망(명)	5,505	3,081	-44.0%
	발생건수(건)	226,878	209,654	-7.6%
선 박	사망(명)	69	126	+82.6%
	발생건수(건)	1,627	3,156	+94.0%
철도사고 사망자 비중	사망자 합계	5,687	3,229	-43.2%
	철도사고(%)	1.9%	0.6%	-68.4%

---

42 『철도 사고 Zero를 위한 철도 안전관리 시스템』, 곽상록, 지식과감성, 2018

위에서 본 것처럼 철도는 교통수단 중에서 가장 안전한 편에 속한다. 그러나 철도는 대량으로 승객을 수송하기 때문에 한번 사고가 발생하면 많은 피해가 발생한다. 이런 특징으로 인해 철도사고는 역사적으로 사회적인 이슈가 되곤 했다. 1895년 프랑스 파리 몽파르나스역에서 발생한 탈선사고는 대표적인 사례라고 할 수 있다.[43] 열차가 제대로 멈추지 못해 역사의 벽을 뚫고 바닥에 처박힌 사고로 다행히 승객이 많지 않아 사상자는 많지 않았지만 '철도차량이 벽을 뚫고 나와 떨어졌다'는 이유로 지금도 교통수단의 사고를 설명하는 대표적인 사진으로 회자되고 있다.

1.3 철도시스템

1.3.1 철도시스템 개요

철도는 철도차량의 차륜을 가이드하기 위한 선로뿐만 아니라 열차의 안전을 확보하기 위한 신호, 통신, 전철전력 등 다양한 분야의 조합으로 작동된다. 열차가 주행하기 위해서는 철도차량이 주행하는 선로가 필요하며, 열차의 간격을 조정하고 열차와 열차 사이에 충돌을 방지하기 위한 신호장치가 필요하다. 그리고 전기차량에 전기를 공급하기 위한 변전설비와 전차선 등이 필요하며 관제와 기관사 간 통신하기 위한 통신장치도 필요하다. 그리고 철도의 본질은 승객과 화물을 운송하기 위한 것이므로 이를 위한 역이 필요하다. 마지막으로 모든 철도 운행상황을 모니터링하고 통제하기 위한 관제실이 필요하다.

선로는 노반, 도상, 레일로 이루어진다. 노반은 철도의 궤도를 부설하기 위한 토대를 말한다. 도상이란 선로에서 노반과 침목 사이에 끼워진 부분으로 열차 하중을 넓게 노반에 전달한다. 또한 배수를 양호하게 하고 노반의 파괴 및 침목의 이동을 방지하며, 궤도

---

43 1895년 10월 22일 그랑빌(Granvile)역을 출발해 파리 몽파르나스(Montparnasse)로 향하던 특급열차가 지연된 시간을 만회하기 위해 과속하다가 몽파르나스역의 철도 종단점을 돌파하고 역 바깥으로 추락한 사고

에 탄성을 주어 열차의 진동을 흡수함과 동시에 궤도에 이상이 발생한 경우에 정정하기 편리한 기능을 가지고 있다.[44] 레일이란 침목 위에 철제의 궤도를 설치하고, 그 위로 차량을 운전하여 여객과 화물을 운송하는 시설이다.

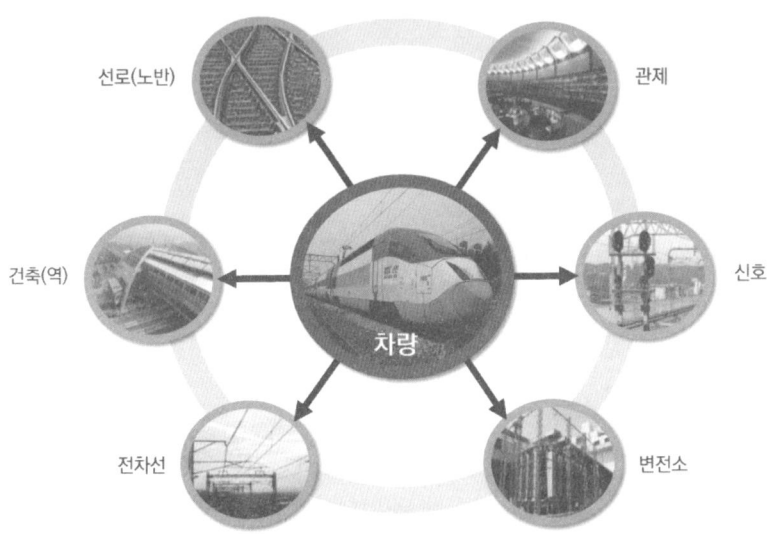

[그림 2-3] 철도시스템의 구성

철도신호란 운전에 종사하는 철도차량 기관사에게 열차의 진행·정지, 속도와 진로 등의 운전조건을 지시하는 장치의 총칭이다. 일반적으로 사용되고 있는 철도신호는 신호(Signal)·전호(Sign)·표지(Indicator)로 분류된다. 철도신호는 열차와 열차가 충돌하지 않도록 1개 구간에 1개의 열차만 운행할 수 있도록 해 주는 안전장치로 열차가 고속화됨에 따라 제한된 선로에서 열차의 운행 효율을 높여 주는 안전장치로 그 중요성이 더욱 높아지고 있다.

전철변전소는 외부로부터 전기를 받아서 적절한 전압과 전류로 변성한 뒤 전차선로 및 배전선에 전기를 공급해 주는 설비이다. 최근에는 환경문제의 대두 등으로 대부분의 철

---

44 토목용어사전, 1997. 2. 1., 토목관련 용어편찬위원회

도가 전기철도로 건설되고 있으며 급전방식에 따라 가공식과 제3궤조식 등 다양한 방법으로 열차에 전기를 공급하고 있다.

그 밖에 승객과 화물을 운송하기 위한 역 시설물이 있으며 열차를 제어하고 통제하기 위한 관제실 등으로 구성된다.

1.3.2 시스템으로서의 철도

철도는 철도차량이 선로를 안전하게 주행할 수 있도록 하나의 시스템으로써 동작한다. 최근에는 400km/h 이상의 고속철도가 개발됨에 따라 철도건설 시 가장 먼저 차량의 속도가 얼마인지가 우선적으로 고려되고 있다. 고속철도 이전의 시대에는 우선 선로를 건설하고 선로의 제한속도에 따라 철도차량을 투입하였으나 이제는 반대로 철도차량이 정해지면 거기에 맞는 선로, 신호 등의 시스템이 정해지게 된다. 왜냐하면 철도차량의 속도에 따라 선로, 전차선, 신호 등이 변경되어야 하며 이것들은 하나의 시스템으로 동작해야 하기 때문이다.

철도시스템은 철도차량을 중심으로 차량과 선로, 차량과 전차선, 차량과 신호, 차량과 통신, 차량과 건축 등으로 구분이 가능하며, 각 분야는 오랜 기간을 두고 안전하게 주행할 수 있는 최적의 요구조건을 만들어 왔다. 특히 철도차량은 철도시스템 속에서 안전하게 주행하기 위해 법적으로 지켜야 할 많은 기준이 있는데 이것을 '철도차량 기술기준'이라고 한다. 철도차량 기술기준에는 차량과 선로, 차량과 전차선 등과의 상호작용을 '인터페이스'라고 정의하고 있다.

(1) 철도차량 기술기준

철도차량은 선로를 주행하기 위해 차륜의 강도와 강성 등 재질이 정해져야 한다. 당연한 말이지만 철도차량의 차륜은 레일보다 교체가 용이하기 때문에 레일보다 물러야 한다. 그리고 선로의 궤간에 따라 안전하게 주행하기 위해 차륜의 내면거리, 차륜 플랜지의 높이와 두께 등이 관리되어야 한다. 특히 선로 및 노반에 무리를 주지 않기 위해 차량의 무게는 일정 수준 이하로 제한되어야 한다.

전기를 동력으로 하는 철도차량은 전차선을 통해 집전장치로 원활하게 전기를 받을 수 있도록 일정한 접촉력으로 전차선에 접촉되어야 한다. 이를 위해서 집전장치의 설치 위치는 차량한계 범위를 충족해야 한다. 그리고 전기를 공급할 수 없는 절연구간을 주행한 후에는 추진장치가 문제없이 동작해야 한다.

철도차량이 앞의 열차와 충돌하지 않고 안전하게 주행하기 위해서는 지상의 신호장치로부터 원활하게 신호를 수신해야 한다. 이를 위해서 차량에는 차상신호장치를 설치해야 하며 차상신호장치는 기능에 이상이 생기거나 신호에 문제가 발생하면 차량을 정지시키는 기능을 가져야 한다.

철도차량은 관제사의 지시 등에 응답할 수 있도록 통신장치가 설치되어 있으며 차내 승객에게 정보를 전달하기 위한 차내 방송장치도 설치되어야 한다. 이 통신장치는 쌍방향 음성통화가 가능해야 하며 비상시에도 동작해야 한다.

철도차량은 건축물 내에서 안전하게 주행하기 위해서 일정한 한계범위를 가지는데 이것을 차량한계라고 한다. 차량한계는 차량과 선로구조물과 간섭되지 않도록 일정한 한계를 벗어나지 않도록 하고 있으며, 철도차량이 움직이는 동적거동(Dynamic Behavior)도 고려해야 한다.

앞에서 설명한 철도시스템 인터페이스와 관련된 것 외에도 철도차량 기술기준은 철도차량의 부실한 설계로 인해 여객의 생명과 재산에 피해가 가지 않도록 화재안전기준, 충돌안전기준, 위험도분석, 전기안전기준 등을 정하고 있다.

(2) 차량과 선로 인터페이스

역과 역 사이를 철도 선로로 연결하기 위해서는 다양한 곡선과 기울기가 생길 수밖에 없다. 철도차량이 레일 내에서 안전하게 주행하기 위해서는 곡선과 기울기를 최소화해야 하지만 주위 여건을 고려할 때 쉽지 않은 일이다. 철도에서 곡선은 안전에 매우 취약한 요소이기 때문에 예로부터 열차가 안전하게 주행할 수 있도록 선로에 캔트나 완화곡선 등을 적용하여 철도차량의 주행안전성을 확보해 왔다. 이것이 차량과 선로의 대표적인 인터페이스다.

당연한 이야기지만 철도차량이 최소한의 진동으로 안전하게 주행하기 위해서는 선로가 관련 기준에 맞게 정확하게 건설되어야 한다. 이를 위해 철도의 건설 기준에 세부내용을 정한 것이 '철도건설규칙'이다. 이 규칙에는 선로, 정거장 및 기지, 전철전력, 신호 및 통신에 대한 기준을 정하고 있다.

선로는 차량의 하중을 지지하면서 차량이 안정적으로 주행하는 데 가장 중요한 요소이다. 우리나라는 1,435mm의 표준궤간을 적용하고 있으며 윤축이 곡선 등을 원활하게 주행하기 위해 차륜 간 내면거리, 플랜지 높이, 차륜의 두께 등을 정하고 있다. 다음 [그림 2-4]는 궤간과 차륜 간 내면거리 등을 나타낸다.[45]

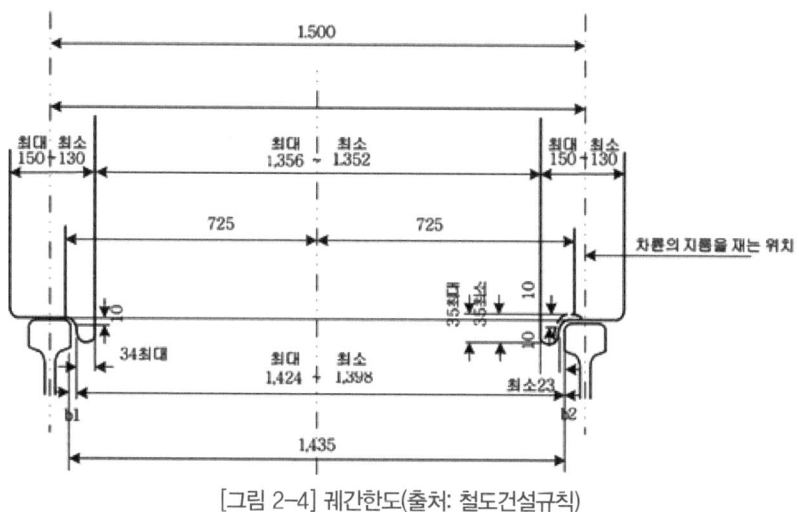

[그림 2-4] 궤간한도(출처: 철도건설규칙)

---

45 사실 이 그림에서 차륜과 레일의 접촉면 표시는 생략된 부분이 있다. 차륜과 레일의 접촉각은 이 그림의 사선처럼 직선이 아니다. 차륜은 답면 형상에 따라 답면 구배(경사)가 1/20 또는 1/40으로 되어 있으며, 레일은 차륜 답면에 발생하는 하중을 적절하게 분산시키기 위해 부설할 때 고속철도는 1/20, 일반철도는 1/40으로 안쪽으로 경사지게 부설하고 있다. 이 그림은 차륜과 레일의 정확한 수치를 나타내기 위해 수직으로 표현하고 있는 것이다.

(3) 차량과 전차선 인터페이스

철도차량이 물리적으로 접촉하면서 주행하기 때문에 상호작용에 문제가 생길 우려가 있는 곳은 선로와 전차선이 대표적이다. 전차선은 차량의 집전장치가 안정적으로 전기를 수전하기 위해 일정한 압력으로 전차선을 밀면서 주행하기 때문에 전차선에 파동이 생기며, 이선(離線, de-wiring)[46] 방지를 위해 이 파동전파속도가 열차속도보다 빠르지 않도록 전차선의 장력도 일정 이상으로 유지해야 한다. 또한 집전장치 한 부분이 집중적으로 닳지 않도록 전차선에 편위(偏位)[47]를 주어 집전장치의 주습판이 전체적으로 골고루 마모되도록 해야 한다. 이 편위는 열차 정지 및 운행 시 최악의 운영환경에도 차량의 동적거동을 고려하여 전차선이 집전장치 집전판의 집전 범위를 벗어나지 않도록 해야 한다.

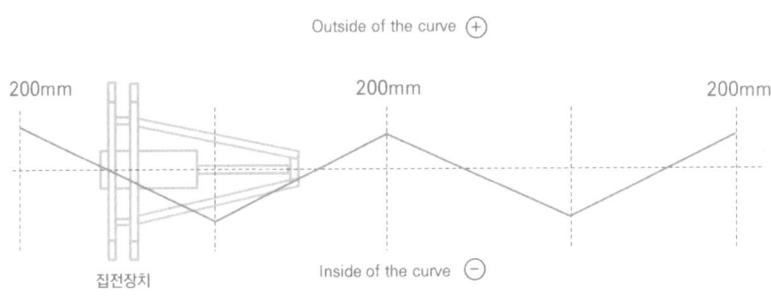

[그림 2-5] 전차선 편위

그리고 1990년대 사이리스터와 IGBT 등 스위칭 소자의 발달로 차량 제동 시 발생된 전기를 가선으로 돌려보내게 됨으로써 전력 공급 시스템 내의 변전소 제어 및 보호 장비

---

46 전기차량이 주행 중에 집전장치가 급전선으로부터 떨어지는 것을 이선이라고 하며, 이선 한 전체시간의 합을 전 주행시간으로 나눈 값을 이선율이라고 한다. 철도 건설 기준에 관한 규정에서는 전차선로의 동적 성능은 전차선로의 속도 등급의 설계 속도에서 이선율이 1% 이내이어야 한다고 규정하고 있다.

47 철도건설규칙에서는 편위를 '곡선당김금구 또는 지지물이 설치되는 지점의 레일 윗면에 수직인 궤도 중심으로부터 좌우로 벗어난 거리'라고 정의한다.

들은 회생제동을 허용할 수 있어야 하는 요구조건까지 추가되었다.

차량–선로 인터페이스도 마찬가지지만 차량–전차선 인터페이스 역시 이와 관련한 사고가 발생하면 사고 원인을 밝히기 상당히 까다롭다는 특징이 있다. 전차선 편위에 따른 위치 변화, 전차선 금구류 위치, 차량의 곡선 통과 시 차체의 움직임, 대차의 1차·2차 스프링의 강성 및 높이 변화, 판토그래프의 압상력 및 높이 변화(높이가 변하면 압상력도 변한다) 등 변수가 너무 많기 때문이다. 차량–전차선 인터페이스는 향후 꾸준한 연구가 필요한 분야임에는 틀림없다.

(4) 차량과 신호 인터페이스

철도신호는 형, 색 또는 음 등에 의하여 일정한 방호 역구내를 운전하는 열차 또는 차량에 대하여 운행의 조건을 지시하는 것이다.[48] 지상신호는 선로 변에 설치된 신호기를 통해 기관사에게 운행조건을 지시하며, 차내 신호방식 및 통신기반 열차제어시스템은 열차운행에 필요한 각종 신호정보를 기관사에 전달하는 설비를 차량 내에 설치해야 한다.

철도신호는 지상에 설치된 지상신호장치와 차량에 설치된 차상신호장치가 하나의 세트로 동작한다. 지상과 차상 신호장치 간 인터페이스 매체는 궤도회로[49], 무선통신, 유도루프, 발리스 등의 고정지상자가 있으며 차량에서는 이 신호를 정상적으로 수신할 수 있어야 한다.

차량과 철도신호의 원활한 인터페이스를 위해 차량의 최소 제동특성이 충분히 고려되

---

48 철도건설규칙, 국토교통부, 2017
49 궤도회로(Track Circuit)란 레일을 전기회로의 일부로 이용하여 회로를 구성하고 열차가 진입하게 되면 차량의 차축에 의해서 양쪽 레일의 전기적인 회로가 단락함에 따라 열차 또는 차량의 점유 유무를 검지하여 신호기, 선로전환기, 연동장치, 기타 신호기기를 직접 또는 간접으로 제어할 목적으로 설치된 궤도를 이용한 전기회로를 말한다.

어야 한다. 차량의 제동성능은 폐색[50]을 구분하고 신호설비를 설치하는 데 영향을 미치기 때문이다. 특히 열차 간 안전거리 확보를 위해서는 열차의 성능, 구배 및 곡선 데이터, 선로 제한속도 등을 고려하여 설계해야 한다. 그리고 차량 하부에 설치되는 신호기 수신부와 지상 발리스와의 적절한 통신이 이루어지는지 확인되어야 한다. 그리고 차량 내 전자기 간섭(EMI/EMC)에 대한 검증이 이루어져야 한다.[51]

(5) 차량과 통신 인터페이스

통신설비는 전기통신을 이행하기 위하여 계통적, 유기적으로 연결 구성된 전기통신설비의 집합체를 말한다. 통신설비는 열차운행 및 유지보수와 여객 취급 등을 위해 사용하는 설비로 통신선로설비, 전송설비, 열차무선설비, 역무용 통신설비, 역무자동화 설비, 전원 및 기타 부대설비를 말한다.

통신설비는 철도 운영을 효과적으로 지원하고 적절한 철도 서비스를 제공하기 위해 각종 데이터를 안정적으로 제공해야 한다. 통신설비는 그 용도에 맞도록 기관사, 승무원, 승객, 철도교통 관제시설 간 원활한 송수신이 이루어질 수 있는 기능을 가져야 한다. 특히 열차 내에 설치되어 있는 대승객 방송장치를 포함한 통신장치는 비상시에도 최소한 3시간 동안 통화대기 상태를 유지할 수 있어야 하며, 최소 30분 동안 연속 동작할 수 있는 법적 요구사항을 준수해야 한다.

---

50 열차의 충돌이나 추돌 등 절대 안전을 위하여 정거장과 정거장 사이 또는 일정 구간을 정하여 그 구간에는 1개 열차만을 운행할 수 있도록 한 구간을 폐색 구간이라 한다.

51 EMI(Electro Magnetic Interference)는 전자파 간섭, 전자파 장애를 의미하며, 전자기적인 간섭은 회로 기능을 약화시키고 동작을 불량하게 하여 전자기기의 고장을 일으키게 할 수 있는 필요 없는 신호로 장치가 동작되는 동안은 불가분하게 발생된다. 법규에 따르면 "방사 또는 전도되는 전자파가 다른 기기의 기능에 장애를 주는 것"이라 정의한다. EMC(Electro Magnetic Compatibility)는 전자파 환경의 양립성/적합성을 의미하며, "전자파를 주는 측과 받는 측의 양쪽에 적용하여 성능을 확보할 수 있는 기기의 능력"이라 정의한다.

(6) 차량과 건축 인터페이스

위의 차량한계에서 설명한 바와 같이 과거에는 차량한계를 수치로 정하였으나, 국내의 철도차량 기술기준이 제정되면서 철도차량의 차량한계 개념이 삭제되었다. 대신 차량이 운행 중 건축물과 간섭이 없도록 해야 하는 원칙이 적용 중이며, 국제기준을 적용한 결과이다. 이는 다양한 열차가 운행하는 선로별로 다양한 특징을 반영하여 철도차량과 건축물 간에 간섭이 없음을 차량제작자나 운영자가 증명하면 되는 개념이다. 동일한 차량이라도 구간에 따라 운행속도나 하중 조건이 변하여 다양한 동적거동이 발생하며, 이를 고려한 노선 설계의 융통성을 확대하기 위한 개념이다. 예로서 경부고속선에 적용된 터널 단면적과 호남고속선에 적용된 터널 단면적이 상이한 것과 같이 다양하게 노선상의 구조물을 설계할 수 있는 장점이 있다.

과거에는 국내의 철도차량의 종류나 운행조건이 다양하지 않아 차량종류별이나 노선별로 하나의 수치로 표준화가 가능하였다. 그러나 현재 다양한 차종과 운행조건으로 과거와 같이 하나의 수치로 정하기 어려운 경우가 많이 발생한다. 또한 새로운 철도차량이 도입되거나, 운행 환경이 변경될 때마다 수치를 변경하기 어려워 현재는 차량과 선로의 인터페이스 기준을 제시하고 있다. 기본 원칙은 다양한 운행조건과 최악의 조건에서도 차량과 선로의 간섭이 없이 안정적인 운행이 보장되도록 하기 위함이다. 기본 원칙에 철도차량의 정차 시나 사고나 구원운전과 같은 예외적인 상황을 허용하고 있다.

1.4 철도 소프트웨어

1.4.1 철도안전관리체계 프로그램

철도시스템은 앞에서 설명한 신호, 궤도, 통신 시스템 등의 물리적인 하위 시스템뿐만 아니라 철도를 운행하기 위한 열차 다이아(Train Diagram) 등의 운행체계와 철도안전관리체계 등의 소프트웨어 시스템도 필요하다. 우리나라는 2014년 철도안전 확보를 위해 「철도안전법」을 개정하여 철도안전관리체계를 도입하였다. 철도안전관리체계란 철도운영자 및 철도시설관리자가 철도를 운영하거나 철도시설을 관리하기 위하여 갖추어야 하는 인력, 시설, 차량, 장비, 운영절차, 교육훈련 및 비상대응계획 등 안전관리에 관한 유기적 체계를 말하며, 철도안전관리시스템(SMS), 열차운행체계 및 유지관리체계로 구성된다.[52] 철도운영기관은 철도안전관리체계 기술기준에 따라 관련 규정에서 요구하는 내용을 포함하는 해당 운영기관에 맞는 철도안전관리체계 프로그램을 마련해야 한다. 다음 [그림 2-6]은 한국철도공사 철도안전관리체계 프로그램이다.

[그림 2-6] 한국철도공사 안전관리체계 프로그램

---

52 철도안전관리체계 기술기준, 국토교통부 고시 제2014-132호, 2014. 5. 26. 제정

1.4.2 철도안전관리체계 하위 프로그램

철도안전관리체계는 그 하위에 소속 인력에 대한 교육, 자격관리 등을 위해 인적자원관리 프로그램을 작성하여 관리하도록 요구하고 있다. 인적자원관리 프로그램은 SMS 프로그램의 요구사항을 만족하고 안전업무를 수행하는 사람의 직무별·계층별 역량을 갖추도록 적정 자원을 제공하여 안전업무를 수행하는 사람의 역량을 보장하기 위한 것이다. 인적자원관리 프로그램의 적용범위는 해당 운영기관의 임직원, 계약자 및 이해관계자를 포함하며 그 외에 철도안전관리와 관련된 대외 기관을 포함한다.

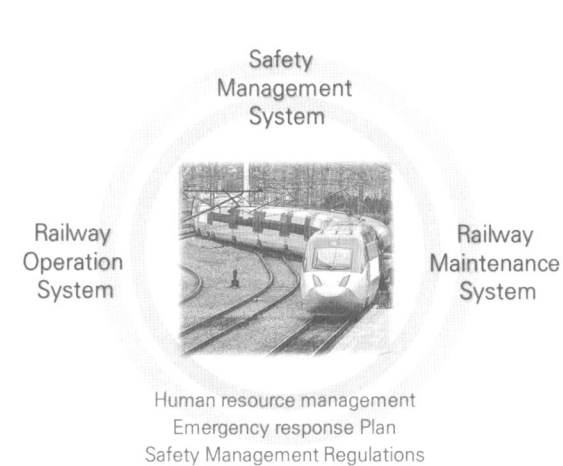

[그림 2-7] 철도를 운영하기 위해 필요한 소프트웨어

철도는 한 번에 최대 1,000~3,500명 정도를 운송하는 대형 시스템으로서 안전관리가 매우 중요하다.[53] 이러한 안전관리의 기본은 정부의 안전 관련 규제가 필수적이며, 철도운영기관은 법적 요구사항을 준수하기 위한 규정 및 절차 등을 문서화해서 지속적으로 유지해야 한다.

---

53 20칸 1편성으로 구성된 KTX는 정원이 935명이며, 지하철의 경우 230%를 1칸의 승차한계로 보고 있는데 이 경우 368명이 탑승 가능하다. 수도권 광역철도는 10칸이 1편성이므로 1개 열차에 최대 약 3,680명이 탑승한다. 지하철 혼잡도는 혼잡도 100%인 경우 1칸에 160명이 탑승한 것을 기준으로 하는데 한때 서울의 지옥철로 불렸던 9호선 염창–당산 구간은 출근 시간에 234%를 기록하곤 했다.

2. 철도사고의 정의

2.1 철도사고의 정의

사고(Accident)의 사전적인 정의는 '뜻밖에 일어난 불행한 일', '사람에게 해를 입혔거나 말썽을 일으킨 나쁜 짓'이다. 또는 어떤 목적한 일을 수행하는 과정에서 일의 수행을 방해하거나 능률을 떨어뜨리는 원치 않는 사건과 현상(Event)으로, 결과적으로 재해를 일으킬 가능성이 있는 것을 말한다.[54]

사전 정의를 자세히 살펴보면 피해를 야기하거나 야기할 수 있는 개념이 포함된 것을 알 수 있다. 이것과 약간은 다른 개념으로 사건(Incident)을 들 수 있다. 사건은 '우연한 사고의 잠재적인 결과, 사람과 기계와 환경요소들의 상호작용에서 기인한 기대하지 않은, 피할 수 없는, 고의가 아닌 행위(Act)'로 정의한다.

우리는 왜 사고가 일어나는지 살펴보기 위해 사고의 범위를 사전에 규정해야 할 필요가 있다. 왜냐하면 일반적으로 사고라고 하는 단어의 범주가 너무 크기 때문이다. 「철도안전법」 제2조에서는 철도사고란 '철도운영 또는 철도시설관리와 관련하여 사람이 죽거나 다치거나 물건이 파손되는 사고를 말한다'고 정의하고 있다. 「철도안전법」 하위 행정규칙인 '철도사고 · 장애, 철도차량 고장 등에 따른 의무보고 및 철도안전 자율보고에 관한 지침[55]'에는 철도사고를 철도사고, 철도준사고, 운행장애로 구분한다.

철도준사고는 철도안전에 중대한 위해를 끼쳐 철도사고로 이어질 수 있었던 것을 말한다. 철도준사고는 철도안전 강화를 위해 철도사고 재발방지대책 위주에서 사전 위험요일 관리의 예방적이고 선제적인 방식으로 전환하기 위해 철도사고가 아니더라도 철도운영

---

54 『핵심 안전공학』, 권영국 외 2명, 형설출판사, 2015
55 이 지침은 '철도사고등의 보고에 관한 지침'이 「철도안전법」 제정과 동시에 사용되어 오다가 2021. 3. 9. 철도준사고에 관한 내용을 포함하면서 개정되었다. 이 지침은 철도준사고가 없고 철도사고를 철도사고와 운행장애 두 가지로 구분하였다.

기관에서 위험을 스스로 관리하도록 하기 위해 도입하였다. 운행장애는 철도사고 및 철도준사고 외에 철도차량의 운행에 지장을 주는 것으로 정의한다.

[그림 2-8] 철도사고의 종류

철도사고는 다시 철도교통사고와 철도안전사고로 구분되며 철도교통사고는 철도차량과 관련하여 발생하는 충돌, 탈선 등의 사고를 말한다. 철도안전사고는 철도화재사고, 철도시설파손사고 등 철도차량과 관련 없이 발생하는 사고를 말한다. 위 지침에 따른 철도사고 종류를 도시하면 [그림 2-9]와 같다.

2.2 철도사고의 보고

「철도안전법」 제61조에 따르면 사상자가 많은 사고 등이 발생하였을 때는 국토교통부 장관에게 즉시 보고해야 한다. 같은 법 시행령에는 즉시 보고해야 하는 사고로 다음과 같은 것을 정하고 있다.

> 1. 열차의 충돌이나 탈선 사고
> 2. 철도차량이나 열차에서 화재가 발생하여 운행을 중지시킨 사고
> 3. 철도차량이나 열차의 운행과 관련하여 3명 이상 사상자가 발생한 사고
> 4. 철도차량이나 열차의 운행과 관련하여 5천만 원 이상의 재산피해가 발생한 사고

여기서 사상자란 사망자와 부상자로 구분하는데 '철도사고·장애, 철도차량 고장 등에 따른 의무보고 및 철도안전 자율보고에 관한 지침'에는 사망자는 사고로 즉시 사망하거나 30일 이내에 사망한 사람을 말하며, 부상자는 사고로 24시간 이상 입원 치료한 사람이라고 정의한다.[56]

'철도사고·장애, 철도차량 고장 등에 따른 의무보고 및 철도안전 자율보고에 관한 지침'에는 철도사고, 철도준사고, 운행장애를 의무보고와 자율보고로 구분하여 보고하도록 규정한다. 열차 충돌이나 탈선 등 중요한 사고는 즉시 보고계통에 따라 구두 등으로 보고하도록 하고 있으며, 철도차량 등에 발생한 고장도 의무보고의 대상이다.

국토교통부장관에게 보고해야 하는 운행장애의 범위는 「철도안전법 시행규칙」 제1조의4에서 정하고 있는데 관제의 사전승인 없는 정차역 통과 및 차종별 운행 지연이다. 고속열차 및 전동열차는 20분 이상, 일반 여객열차는 30분 이상, 화물열차 및 기타열차는 60분 이상 지연되면 보고해야 한다.[57]

철도준사고 등은 자율적으로 유선전화, 전자우편, 철도안전정보 관리시스템을 통해 보

---

[56] 2009. 8. 21. 철도사고등의 보고에 관한 지침이 최초 시행되었을 때에는 다음과 같이 사망자, 중상자, 경상자로 구분하였다. 예전보다 사망자 등에 대한 기준이 많이 강화된 것을 알 수 있다.
  1. 사망자: 사고로 인하여 72시간 이내에 사망한 자
  2. 중상자: 사고로 인하여 3주일 이상의 치료를 요하는 부상을 입은 자와 신체활동 부분을 상실하거나 혹은 그 기능을 영구적으로 상실한 자
  3. 경상자: 사고로 인하여 1일 이상 3주 미만의 치료를 요하는 부상을 입은 자

[57] 2009. 8. 21. 철도사고 등의 보고에 관한 지침이 최초 시행되었을 때의 지연운행 기준은 "고속열차 및 전동열차는 10분, 일반여객열차는 20분, 화물열차 및 기타열차는 40분 이상 지연하여 운행한 것"이라고 정하고 있었으나, 본 지침을 개정하면서 대폭 완화하였다.

고해야 한다. 한국교통안전공단은 철도준사고 자율보고가 된 경우 자율보고를 분석하여 국토교통부장관에게 제출하도록 되어 있다. 그리고 이 분석에 따라 위험요인 분석, 위험도 평가, 경감조치 등 해당 발생 건에 대하여 심층분석을 하도록 규정하고 있다.

위의 보고사항은 「철도안전법」에 따른 보고사항으로 철도운영기관에서는 자체적으로 강화된 기준에 따른 운행 지연, 경상자, 위험사건에 대해서 관리하고 있다. 이들 자료는 안전관리활동에 활용된다.

국제적으로는 열차운행과 관련된 사고 중 주요 철도사고로 분류된 다음의 사고에 대해서만 국가 차원에서 관리하고 있으며, 이외의 사고나 사건은 철도운영기관에서 자율적으로 관리하고 있다. 다음은 유럽 「철도안전법」에 따라서 의무적으로 보고하는 주요 사고 대상 항목이다. 다음 네 가지 중 한 가지라도 해당되는 사고는 국가 차원에서 관리하며, 사고 통계를 공유하고 있다.

1. 사망자 혹은 중상자가 발생한 사고
2. 15만 유로(약 2억 245만 원) 이상의 물질적 피해가 발생한 사고
3. 6시간 이상의 본선지장이 발생한 사고
4. 위험물 누출 등으로 환경피해가 발생한 사고

열차운행 지연과 관련해서는 현재 국제철도연맹에서 자율적으로 통계를 관리하고 있으며, 단거리 여객열차에 대해서는 5분 이상의 지연을, 장기 여객열차에 대해서는 15분 이상의 지연을 운행 지연으로 분류하고 있다. 화물열차에 대해서는 60분 이상의 지연을 운행 지연으로 보고하고 있다. 국내와 일본은 열차의 정시성이 높아 열차의 지연이나 취소율이 낮은 국가로 분류되고 있다. 다만 열차운행 지연은 여객의 수, 열차운행 밀도, 우회선로의 존재여부, 선로의 구조 등 다양한 요인이 반영되어 국가별로 상이하다.

그러나 이 '철도사고·장애, 철도차량 고장 등에 따른 의무보고 및 철도안전 자율보고에 관한 지침'에는 두 가지 문제점이 있는데 첫 번째는 운행 지연에 대한 기준은 있으나 어디까지가 운행 지연인지 명확하게 나타나지 않았다는 점이다. 다시 말해 도착역 기준

인지? 역과 역 사이 기준인지? 등이 명확하지 않다는 것이다. 우리나라 철도는 각 역마다 열차시간표가 있으며 종착역을 기준으로 지연시간을 계산하고 있으나 도시철도는 열차시간표로 시간을 계산하는 곳도 있으며 열차 간격으로 관리하는 곳도 있어 이 지침을 일괄로 적용하는 데 문제점이 있다. 두 번째는 지연운행의 시작을 어디로 보아야 하는지 정의되지 않았다는 것이다. 일반적으로 열차에서 차량 고장 등으로 열차가 정지하면 기관사는 관제에 보고하고 초기 조치를 시작한다. 만약 조치가 안 된다면 관제사는 후속 열차를 통해 구원운전 등을 시행하는데 언제까지 조치를 하는 시간이며 어디부터 지연시간인지 명확하지 않다. 따라서 이러한 부분은 조속히 개선되어야 할 것이다.

3. 철도사고 발생 현황 및 사고분석

3.1 철도사고 발생 현황

우리나라에서는 「철도안전법」이 제정된 이후 '철도사고 등의 보고에 관한 지침'에 따라 철도사고의 종류별로 철도사고 발생 현황을 관리하고 있다. 앞에서 설명한 대로 2020년부터는 '철도사고 등의 보고에 관한 지침'이 개정된 '철도사고 · 장애, 철도차량 고장 등에 따른 의무보고 및 철도안전 자율보고에 관한 지침'에 따라 철도사고 발생 현황을 변경하여 관리하고 있다. 2011년부터 2018년까지 발생한 우리나라의 운행거리 1억 km당 철도사고 및 사망자 수 현황은 다음 [표 2-2]와 같다.

[표 2-2] 철도사고 및 사망자 수 현황(운행거리 1억 km당)

구분 \ 년도	2011년	2012년	2013년	2014년	2015년	2016년	2017년	2018년
철도사고(건수) * 열차사고+건널목사고	7.7	7.4	8.6	7.4	7.2	7.6	6.0	4.7
철도사고 사망자 수(명) * 자살자 제외	30.4	23.7	16.7	14.3	13.1	12.0	7.2	10.6

다음 [표 2-3]은 2011년부터 2018년까지 발생한 국내 철도사고 발생현황을 나타낸다.[58]

[표 2-3] 철도사고 발생현황(2011~2018년)   (단위: 건, 명, 백만원)

구분			연도별							
			2011년	2012년	2013년	2014년	2015년	2016년	2017년	2018년
합계			277	250	232	209	138	123	105	98
철도교통사고	열차사고	열차충돌		1	1	2	1		1	
		열차탈선	2	4	5	6	3	8	2	4
		열차화재		1		1			1	
		소계	2	6	6	9	4	8	4	4
	건널목 사고		14	10	13	7	12	9	11	8
	철도교통사상사고	여객	68	73	61	59	44	42	42	20
		공중	93	62	58	51	46	33	23	35
		직원	9	15	9	10	10	4	7	4
		소계	170	150	128	120	100	79	72	59
	소계		186	166	147	136	116	96	87	71

---

58 철도안전 주요 통계자료(국토교통부)

구분	년도		연도별							
			2011년	2012년	2013년	2014년	2015년	2016년	2017년	2018년
철도안전사고	철도화재사고		2		2	2	2	1		
	철도안전사상사고	여객	16	8	13	11	9	11	10	12
		공중	8		4	5	2	4		3
		직원	63	73	66	53	8	10	5	7
		소계	87	81	83	69	19	25	15	22
	철도시설파손사고		2	3			1	1	3	4
	기타철도안전사고									1
	소계		91	84	85	73	22	27	18	27
피해현황	인명피해(명)	사망	124(63)	108(51)	96(37)	80(31)	76(29)	62(27)	51(18)	44(27)
		부상	151	210	148	608	70	60	46	50
		소계	275	318	244	688	146	122	97	94
	재산피해(백만 원)		388	536	14,649	7,599	3,133.7	2,632.0	7,422.7	745.3
선로연장(km)			4,199.5	4,231.8	4,262.9	4,278.8	4,306.5	5,893.8	4,766.7	5,048.8
열차운행거리 (100만 km)		여객	181.98	189.76	197.07	196.91	203.03	207.20	231.33	239.15
		화물	24.88	24.61	23.567	19.989	19.577	17.408	16.873	16.634
		기타	0.17	0.61	0.409	0.574	0.063	0.046	0.306	0.052
		소계	207.03	214.98	221.05	217.47	222.67	224.65	248.51	255.84
수송실적	여객 (10억인·km)		64.22	65.73	68.80	70.50	70.82	73.68	76.51	75.46
	화물 (10억톤·km)		9.70	10.19	10.06	8.81	9.48	8.35	8.24	7.93

* 피해현황: ( )는 자살자 수 제외

    이 표에 따르면 철도사고를 '철도사고·장애, 철도차량 고장 등에 따른 의무보고 및 철도안전 자율보고에 관한 지침'과 달리 철도교통사고와 철도안전사고로 구분하고 있는 것을 알 수 있다. 즉 이 통계자료는 지침이 개정되기 전 사고구분에 따라 현황을 정리했기 때문에 현재 지침과 차이가 있다. 그리고 운행장애는 별도의 표로 작성하여 관리하였다.

우리나라의 철도사고 현황을 자세히 살펴보면 2011년 277건에서 2018년 98건으로 2011년 대비 64.6% 감소하였다.

반면 수서고속철도, 호남고속선 건설 등으로 선로연장이 2011년 4,199.5km에서 2018년 5,048.8km로 2011년 대비 20.2% 증가하였다. 여객 수송실적은 64.22(10억인·km)에서 75.46(10억인·km)으로 증가하였으며, 화물은 9.70(10억톤·km)에서 7.93(10억톤·km)으로 감소하였다. 여객을 수송한 열차운행거리는 2011년 181.98(100만 km)에서 239.15(100만 km) 증가하였다.

3.2 철도사고 발생 원인분석

철도사고 발생 원인은 목적에 따라 다양한 분류가 가능하다. 과거에는 철도사고의 발생률이 높아 사고 발생 원인보다는 철도건널목 사고, 열차 충돌사고, 열차 탈선사고, 화재사고, 사상사고와 같이 철도사고의 결과에 초점을 두어 분석하였다. 그러나 지속적으로 철도사고에 대한 정보가 축적되어 현재는 철도사고 발생 원인을 다양하게 분류하고 있다. 현재 국제철도연맹(UIC)과 유럽철도국(ERA)에서는 철도사고 발생 원인을 크게 내부원인과 외부원인으로 구분하고 있다. 내부원인은 철도운영자가 관리가 가능한 철도 시설물, 철도차량, 종사자의 인적과실로 인한 사고가 주로 포함된다. 반면 외부원인에는 철도를 이용하는 건널목 이용자, 건널목을 통과하는 차량, 선로 침입과 같은 피해자 요인과 폭우, 폭설, 강풍 등과 같은 기후원인으로 구분된다. 이외에 사고의 원인이 밝혀지지 않았거나, 사고조사가 장기간 지속되는 경우 원인 미상으로 분류하며, 이 경우는 전체의 0.4%를 차지하고 있다.

다음 [그림 2-9]은 2020년도에 UIC에서 발행한 연차보고서의 철도사고 발생 원인 비중이다. 가장 큰 철도사고 발생 원인은 국내는 물론 국제적으로 철도건널목 사고, 선로 침입 사고 등이 포함된 외부원인이다. 전 세계에서 발생하는 사고의 90% 정도가 외부요인으로 발생하고 있다. 다만, 이와 같은 외부원인으로 발생하는 사고의 피해규모는 크지 않다. 반면 내부원인으로 발생하는 철도사고의 경우 대형 참사가 포함되어 있어 사고건당 피해는 크다. 사고 원인이 밝혀지지 않은 경우와 사고조사가 진행 중인 경우 사고 원인 미상으로 보고하고 있다. 국내의 경우 사고 원인 조사가 비교적 단기간에 종료되나, 국가 간 열차 이동 중 발생한 사고, 다수의 사망자가 발생한 대형 참사의 경우 사고조사기간이 2년간 지속되는 경우가 있으며, 국제법상으로는 사고조사기간 2년을 보장하고 있다.

2020	Causes at first level	Causes at second level	
EXTERNAL CAUSES 89.9%	THIRD PARTIES 88.4%	Trespassing	73.2%
		Vehicle (LC accident)	9.4%
		Pedestrian (LC accident)	3.7%
		Pedestrian on public railway area	1.7%
		Other or not specified	0.4%
	WEATHER & ENVIRONMENT 1.6%	Environment	1.4%
		Weather	0.2%
INTERNAL CAUSES 9.7%	INFRASTRUCTURES 1.8%	Tracks and structures	0.8%
		Energy system	0.5%
		Other or not specified	0.4%
	ROLLING STOCK 1.7%	Running gear	0.8%
		Other or not specified	0.9%
	HUMAN FACTORS (Railway staff & subcontractors) 5.0%	Track and switch maintenance staff	0.6%
		Traffic operating and signaling staff	1.3%
		Train drivers	1.2%
		Other or not specified	2.0%
	RAILWAY USERS 1.1%	Passengers	1.0%
		Other or not specified	0.2%
CAUSES NOT IDENTIFIED			0.4%

[그림 2-9] 국제철도연맹 2021년도 연차보고서 수록 철도사고 발생 원인

위 그림은 2021년 12월에 발간한 국제철도연맹의 사고분류 요약표이며, 표는 외부요인(External Causes)과 내부요인(Internal Causes)으로 1차적으로 분류하고 있다. 2차 분류로 제3자 요인(Third Parties)과 날씨요인(Weather & Environtal Causes), 시설요인(Infrastructures), 차량요인(Rolling Stock), 인적요인(Human Factors), 사용자 요인(Railway Users)으로 구분한다. 이를 각각 세부적으로 선로 침입 및 무단횡단(Tespassing), 철도건널목 사고(LC, Level Crossing), 보행자 사고(Pedestrian), 역구내와 같은 철도영역 내의 보행자(Pedestrian on public railway area), 기타, 환경(Environment), 날씨(Weather) 등으로 구분하고 있다. 국내는 물론 국제적으로 외부요인 비중이 90% 가까이 차지하고 있다. 이로 인해 과거에는 철도사고가 발생한 경우 철도운영기관에서 철도사고를 공개하지 않았으나, 최근에는 대부분의 사고가 외부요인으로 발생하고 철도사고에 대한 책임이 철도운영기관보다는 제3자에 있어 철도사고와 관련된 다양한 정보를 공개하고 있다.

3.2.1 국내의 철도사고 원인

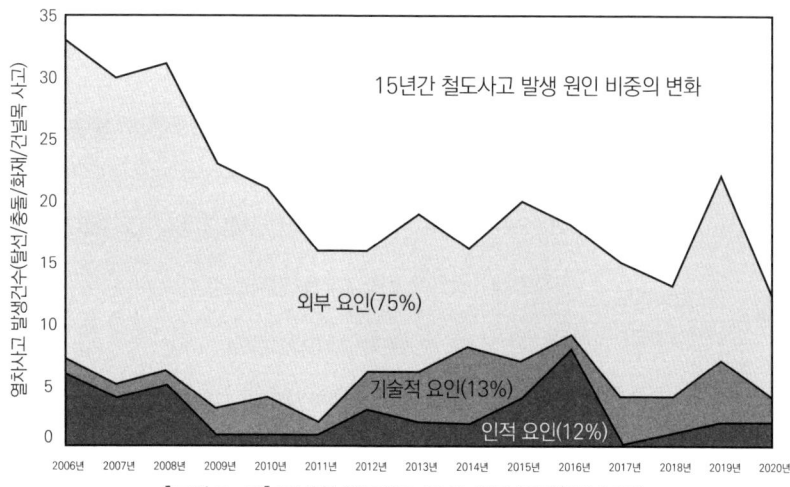

[그림 2-10] 국내의 철도사고 발생 원인 변화(1차 분류)

사고분석 시 사상사고를 포함하여 분석할 경우 전체 사고의 90% 이상이 사상사고로 분석되어 세부적인 분석의 의미가 없어진다. 위의 그림에서는 사상사고를 제외하고 대형 사고로 연결될 수 있는 열차의 탈선, 충돌, 화재, 철도건널목 사고에 대해 분석하였다. 사고의 가장 큰 원인은 외부요인으로 운행 중 열차와 도로차량의 건널목에서의 사고, 운행 선로로 외부의 장비 침입, 낙석, 침수 등과 같은 외부요인이다. 지속적인 관리를 통해 외부요인 비중이 감소하였다. 위의 그림은 국내에서 발생한 열차사고와 철도건널목 사고를 대상으로 분석한 그래프로 외부요인, 차량 및 시설 문제로 인한 기술적 요인, 종사자 요인으로 구분한 결과이다. 「철도안전법」이 제정되어 철도안전 통계가 작성된 2006년 이후 자료를 사용하였으며, 그림에서 외부요인(주로 철도건널목 사고와 선로 내 장애물 추락사고) 비중이 75%로 가장 높았다. 다음으로 철도차량의 고장(운행 중 차축 파손 등)과 선로전환기 오작동과 같은 시설물의 고장은 기술적 요인으로 분류하였다. 다음으로 종사자의 과실로 인한 사고는 인적요인으로 분류하였다.

철도사고의 발생 원인은 차량의 종류별로 운행 특성이 상이하여 다르며, 다음 [표 2-4]는 2006년부터 2013년 사이 국내에서 발생한 철도사고와 장애에 대해 원인을 외부요인, 차량요인, 시설요인, 인적요인, 기타요인으로 분류한 결과이다.

[표 2-4] 철도운영기관별 사고 및 장애 원인분석 [건, 비율]

기관	사고 및 장애 원인분석		발생 건수	발생 비율
	종류	사고 및 장애 원인		
한국철도공사	고속철도 (118건)	차량요인(부품 및 정비불량 등 차량결함)	66	55.9%
		인적요인(규정위반, 취급오류 등 인적결함)	7	5.9%
		시설요인(신호, 전철분야 등의 시설결함)	22	18.6%
		외적요인(선로무단통행 등 외적요인)	23	19.5%

기관	사고 및 장애 원인분석		발생 건수	발생 비율
	종류	사고 및 장애 원인		
한국철도공사 공항철도	일반철도 (304건)	차량요인(부품 및 정비불량 등 차량결함)	124	40.8%
		인적요인(규정위반, 취급오류 등 인적결함)	17	5.6%
		시설요인(신호, 전철분야 등의 시설결함)	27	8.9%
		외적요인(선로무단통행 등 외적요인)	136	44.7%
도시철도 운영기관 (9개 기관)	도시철도 (157건)	차량요인(부품 및 정비불량 등 차량결함)	21	13.4%
		인적요인(규정위반, 취급오류 등 인적결함)	5	3.2%
		시설요인(신호, 전철분야 등의 시설결함)	24	15.3%
		외적요인(선로무단통행 등 외적요인)	107	68.2%
경전철 운영기관	경량전철 (10건)	차량요인(부품 및 정비불량 등 차량결함)	6	60.0%
		인적요인(규정위반, 취급오류 등 인적결함)	1	10.0%
		시설요인(신호, 전철분야 등의 시설결함)	2	20.0%
		외적요인(선로무단통행 등 외적요인)	1	10.0%

위에 기술된 사고 원인은 1차 원인만을 기준으로 분류한 경우이나, 실제 항공철도사고조사위원회의 사고조사보고서를 보면 사고 원인이 1건인 경우는 없으며, 다수의 원인으로 발생하는 경우가 대부분이다. 철도 종류별로 운행환경과 안전설비에 큰 차이가 있으며, 사고 원인 역시 철도 종류에 따라 크게 다르다. 철도 종류별 사고율 원인은 다음과 같다.

다른 철도시스템에 비해 다양한 안전설비[59]가 설치되어 있으며, 비교적 최근에 도입된

---

59 고속철도 안전설비에는 산사태나 낙석 발생 시 선로 지장물을 검지할 수 있는 지장물 감시장치, 고속차량의 차축 온도를 측정하는 차축온도 측정장치, 온도상승에 따른 레일의 팽창력을 측정하는 레일온도 측정장치, 터널에 열차가 접근할 경우 경보음을 울려 주는 터널 경보장치, 폭우, 폭설 등을 대비하기 위한 기상측정 설비, 선로 유지보수자가 선로를 횡단할 때 열차 유무를 알려 주는 열차 접근 확인장치 등이 있다. 그리고 지진감지장치도 설치되어 있다.

고속철도의 경우 가장 낮은 사고율을 보이고 있다. 고속철도 관련된 사고의 대부분은 사상사고이다.

고속열차(KTX, KTX-산천, SRT 등)가 일반선로나 역사 진입 중 발생한 경우가 많다. 고속철도 전용선로에는 선로 침입 감시설비를 포함한 다양한 안전설비가 있어 사고율이 낮다. 반면, 2004년 개통 이후 발생한 주요 고속철도사고는 기관사나 관제사, 승무원의 과실로 인해 발생하였다. 사고로 인한 피해액수 역시 50~140억 수준으로 매우 높다. 철도 종류별 사고와 장애의 특징을 다음에 기술하였다.

〈 고속철도 사고 및 장애의 특징 〉

- ◆ 초기에는 차량의 부품이나 정비불량으로 인한 다수의 운행 지연이 발생
- ◆ 다양한 안전감시 설비의 오작동에 의한 운행 지연이 발생 중
- ◆ 높은 운행 밀도로 유지보수 작업시간 부족으로 작업자 사망률이 높음
- ◆ 고속운행을 위해 터널 및 교량구간 비중이 70% 이상으로 사고 발생 시 여객 대피와 사고 복구가 어려움(사고 시 12시간 이상 운행중단 발생)
- ◆ 운행거리 및 이용 객수 대비 낮은 사고율과 낮은 사상사고 발생률을 유지하나 종사자의 과실 등으로 개통 이후 낮은 사고율 유지
- ◆ 사망자는 모두 선로 불법 통행 중 열차와 접촉으로 발생
- ◆ 고가도로, 과선교, 역사를 통한 도로차량의 침입으로 운행중단 가능
- ◆ 선로에 설치된 각종 안전설비의 영향으로 일반철도에 비해 높은 안전성을 유지 중
- ◆ 운행 중 장애 발생률은 '11년 신규차량 도입으로 일시적으로 증가하였으나, 안정됨(KTX 안전강화 대책수립, 철도공사 자체 대책 추진)

국내에서 110년 이상 운행 경험을 가지고 있는 일반철도는 일반인이나 도로차량이 선로에 접근이 비교적 용이하며, 안전설비가 부족하여 높은 사고율이 보이고 있다. 반면 낮은 운행속도와 용이한 사고복구, 여객 대피가 가능한 구조로 되어 있다. 국제적으로 가장 큰 현안 사항은 철도건널목에서의 사고 예방과 선로 무단횡단 사고이다.

〈 일반철도 사고 및 장애의 특징 〉

◆ 열차사고가 지속적으로 향상 중
◆ 노후된 선로의 유지보수를 위한 시간이 확보되지 않아 작업자 사망률이 높음
◆ 일반선로를 통한 무단횡단 및 철도건널목이 다수 설치되어 있어 사고의 발생 위험이 여전히 높은 실정임
◆ 사고로 인한 철도여객의 인명피해는 2014년 1명만 발생
◆ 노선이 다양하고, 관리범위가 넓어 높은 사고·장애율 유지
◆ 철도건널목 사고의 97%는 도로교통운전자의 과실로 발생
◆ 선로불법통행에 의한 사상사고는 감소하고 있으나 지속발생
◆ 선로 침입 사망자(자살자 제외)의 대부분은 고령자(치매환자 포함)임

과거 지방자치단체를 중심으로 운영되던 도시철도는 최근 민간철도운영기관의 증가와 노선의 다양화로 여객 수, 역사 수가 급격히 증가하였다. 반면 승강장 스크린도어 설치, 노후철도차량 개량 등으로 열차이동거리 및 여객 수의 증가에도 사고율이 감소하고 있다.

〈 도시철도 사고 및 장애의 특징 〉

◆ 운행장애는 과거에는 10분 이상 지연이 발생한 장애를 중심으로 보고하였으며, 최근에는 20분 이상 지연으로 보고기준이 완화됨
◆ 운영노선 및 여객 수의 증가 대비 낮은 사고율 유지
◆ 승강장 스크린도어 설치로 인해 사망자는 최근 급격히 감소
◆ 자살·선로 무단횡단으로 인한 사망자 위주로 발생
◆ 역사·대합실 등의 안전사고는 경상자 위주로 발생
◆ 10년도 이후 탈선·충돌사고가 매년 발생하여 강화된 대책 적용 중
◆ 운행장애가 발생 시 이용객 수가 많아 대체교통수단 확보에 어려움이 많고 사회적 파장이 확대
◆ 노후된 시설, 신호 교체가 지연되어 관련 장애가 증가 추세
◆ 사상자의 대부분은 고령자가 차지

비교적 최근에 개통된 경량전철의 경우 대부분 무인운전을 기반으로 설계되어 운영 중이다. 사망사고는 발생하지 않으나, 비정상적인 상황이 발생하면 신속한 대응이 어려워 대부분 장애나 운행 지연이 발생한다.

3.2.2 철도사고 피해자 분석

철도사고 피해자(대상) 및 사고장소에 대한 세부적인 분석도 수행되었으며, 이들 분석 결과를 위험도로 나타낸 그래프를 본 절에 수록하였다. 사고분석 시 특정 연도만을 분석하면 통계의 편차가 크고, 장기간에 대한 분석을 수행하면 현재의 안전설비의 특징이 반영되지 않는 단점이 있다. 다음의 그림은 2015~2019년 사이 5년간 발생한 평균값을 이용하여 비교한 그래프이다. 철도사고율이 높은 국가를 제외하고 안전성이 높은 국가, Top 5 수준의 철도안전성을 보유한 국가, 그리고 국내의 사고율을 동일한 기준으로 비교한 그래프이다.

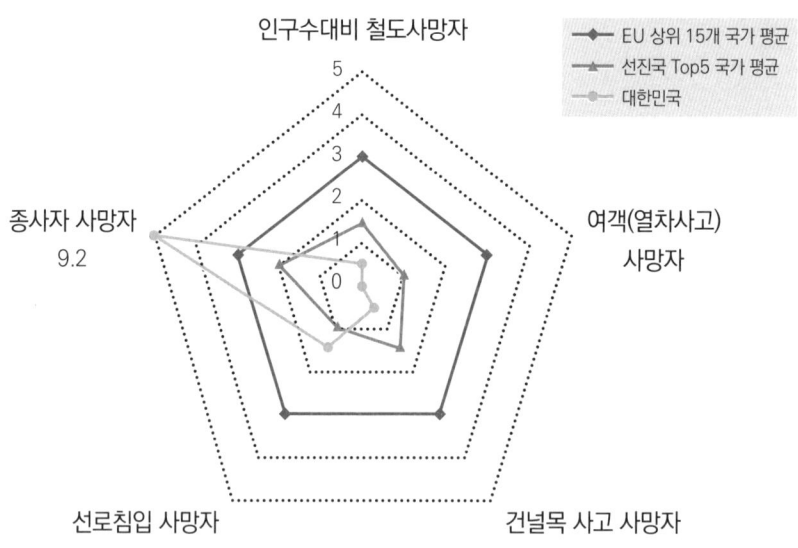

[그림 2-11] 국내 철도사고 사망자 발생률과 선진국 평균값 비교

그림에서 인구수 대비 철도 사망자 수는 5년간 발생한 철도사고 사망자 수를 해당 국가의 인구수로 나누어 국가별로 비교한 수치로 선진국 15개 국가의 평균값을 3.0으로 설정 후 Top 5 국가의 사망자 수, 국내의 사망자 수를 비교하였다. 국내의 인구수 대비 철도사고 사망자 수는 세계에서 가장 낮은 수준으로 국내의 철도안전 수준을 대표하는 수치이다.

그림에서 여객 사망자 수 역시 동일한 방법으로 비교하였으며, 열차운행거리로 환산하였다. 다만 통일된 기준으로 비교하기 위해 여객의 정의를 국제기준으로 변환하였다. 이 과정에서 승강장에서 추락, 역사 내 무단횡단 중의 사고는 제외하였다. 분석 결과 가장 높은 안전성을 보이고 있다. 철도건널목 사망자의 경우도 최근 크게 개선되어 높은 수준의 안전성을 보이고 있다. 다만 국내의 철도 운행선로 주변 인구밀도가 높아 선로 침입 사망자 수는 선진국보다는 낮으나 Top 5 국가보다는 높은 수준이다.

국내에서 가장 취약한 분야는 종사자 안전 분야로 통계가 표준화되어 산출된 2006년 이후부터 현재까지 선진국과 비교할 수 없는 수준으로 매우 높은 사망률을 보이고 있다. 이는 국내 열차운행 특성, 안전 관련 제도 등 구조적인 문제로 발생하는 것으로 10년 이상 개선이 되지 않는 분야이다. 최근 구의역 승강장 스크린도어 작업자의 사망사고, 김천역 인근 선로 점검 작업자의 사망사고 등을 계기로 안전관리가 강화되고 있으나, 단기간에 개선이 어려운 분야이다. 높은 운행 밀도로 인해 더욱 빈번한 선로 유지보수 활동이 필요하며, 이로 인해 열차운행이 지연되고, 열차운행 지연으로 인한 선로상 유지보수 작업시간이 확보되지 않는 악순환이 지속되고 있다. 국내 철도시설물의 노후화가 급격히 진행되고 있음에도 개선이 어려운 부분이다. 이를 위해서는 열차운행시간 단축, 혹은 선로 점검 시 열차운행중단 등이 수행되는 다른 국가에 비해 국내의 사고율이 높은 실정이다.

이러한 사고는 충분한 선로 유지보수 시간 혹은 작업자에게 안전을 확인하기 위한 충분한 시간을 제공하면, 해결이 가능하다. 그러나 국내는 매우 높은 여객밀도와 열차밀도로 열차의 운행이 작업자의 안전보다 우선적으로 고려되어 현재까지도 높은 사고율을 유지하고 있다. 산업안전 분야의 지속적인 개선으로 철도차량의 유지보수 작업장에서의 사망사고는 크게 감소하였으나, 선로 작업, 승강장 작업 등의 작업자 사고는 오히려 증가하였다.

3.2.3 철도안전설비와 사고

국내는 지속적으로 철도안전설비를 설치하여 세계 최고 수준의 안전설비 설치율을 보유하고 있다. 비교적 운행거리가 짧고, 이용객 수, 인구밀도가 높아 용이한 접근법이었다. 예로서 승강장 스크린도어 설치율, 철도건널목 자동화율(자동 차단기 설치율, 국내의 1종 및 2종 건널목에 해당), 열차제어시스템, 신호시스템 등이 크게 개선되었다.

이러한 안전설비 설치 확대의 배경에는 철도안전기준 개정과 소급적용, 정부와 지방자치단체의 예산지원이 필요하다. 최근까지는 민간철도 사업자의 비중이 낮아 안전설비의 설치확대가 가능하였으나, 향후 새로이 추가되는 안전설비의 설치에 어려움이 예상된다. 철도안전대책의 경우 안전대책의 설계-예산확보-현장설치-시운전 및 검증-운행의 절차를 거치며, 현장 설치와 검증에 2년 이상의 시간이 소요되기도 한다. 이로 인해 안전예산이 투입된 이후 바로 효과가 나오지 않으며, 평균적으로 5~6년 이후에 효과가 나오는 경우가 대부분이다.

국내 철도사고 사망자의 90% 이상을 차지하는 승강장의 사상사고, 선로 변의 사상사고, 철도건널목 사고를 대상으로 철도안전대책이 추진되어도 실제 효과가 발생하기까지는 시차가 존재한다. 이러한 이유로 안전설비에 대한 투자시점과 실제 운영까지의 과도기가 길어 해당 기간 동안 사고가 발생하는 경우가 많았다. 다음 [표 2-5]는 국내 도시철도역사의 승강장 안전설비 설치 현황이다. 현재는 모든 도시철도 승강장에 PSD가 설치되었다. 그러나 특수한 상황에서 발생하는 사상사고도 일부 발생 중이다.

[표 2-5] 2021년 1월 기준 도시철도 승강장 스크린도어 설치 현황 [단위: 개소]

연번	구분	총 역사	설치역사
	16개	979	979
1	한국철도공사	247	247
2	서울교통공사	291	291
3	서울시메트로9호선	25	25
4	부산교통공사	114	114

연번	구분	총 역사	설치역사
5	인천교통공사	56	56
6	대전도시철도	22	22
7	대구도시철도	91	91
8	광주도시철도	20	20
9	의정부경전철	15	15
10	부산김해경전철	21	21
11	우이신설경전철	13	13
12	공항철도	14	14
13	신분당선	13	13
14	용인경전철	15	15
15	이레일	12	12
16	김포도시철도	10	10

* 2021년 2월 국내 모든 도시철도 승강장에 스크린도어 설치 완료

  국외에서는 국내와 같이 급격한 승강장 스크린도어 설치를 추진하지 않았으나, 국내의 안전개선에 대한 벤치마킹을 통해 영국, 프랑스 등 많은 국가도 승강장 스크린도어 설치를 확대 중에 있다.

  아래 두 개의 사진은 저자가 영국 런던지하철을 방문하여, 안전관리자와 함께 촬영한 사진이다. 특정 역사의 경우 승강장과 차량 출입문 사이의 간격이 30~40cm인 곳이 존재한다. 이유는 과거 2~3량 1편성 구조로 설계된 역사를 10량 1편성 구조로 확장하는 과정에서 발생하였다. 다만, 여객에 대한 적극적인 홍보(Mind the Gap: 열차와 승강장 사이가 넓어 신체가 선로로 빠져 사고를 당할 수 있으니 주의하세요!)를 통해 운행 중이다. 이는 철도운영자가 여객의 편의를 위해 시설을 물리적으로 개량이 어려우며, 개량을 위해서는 장기간의 운행중단과 자부심이 많은 런던 지하철의 특징 등을 고려하여 국민과 합의로 도출된 사항이다. 국내와는 안전대책의 실행에 있어 많은 차이가 있는 것을 알 수 있다.

[그림 2-12] 런던 지하철 출입문과 열차 승강장 사이 간격

4. 왜 철도사고가 일어나는가?

철도사고가 발생하는 원인은 너무 다양해서 몇 가지 사례로 단정하기 어렵다. 차량, 전차선, 선로, 신호 등이 복합적인 상호작용을 하면서 운행하는 철도는 하나의 큰 시스템으로서 일정한 고장률을 가진다.[60] 이 고장은 차량 운행 중 발생하기도 하고 차량기지에서 차량을 기동시키면서 발생하기도 하는 등 산발적으로 발생하는(Random Failure) 특성을 가진다. 철도사고는 철도시스템에서 발생한 고장이 사고로 이어지기도 하고 철도시스템의 구성요소로서 사람이 사고를 유발하기도 하며 철도 자체에서 탈선 등이 발생하기도 한다.

철도는 하나의 선로를 주행하기 때문에 운행 중 고장이 발생하면 그 열차는 선로를 점

---

60 서사범은 '유럽과 미국에서의 철도안전 활동에 관한 동향'이라는 기고를 통해 '유럽에서는 사고는 당연히 어떤 일정한 확률로 일어나는 것을 전제로 하고 있으며, 그 확률을 줄이기 위한 노력과 효과에 따라 대책이 고려되고 있지만 우리나라에서는 중대 사고는 "있어서는 안 된다"는 것을 전제로 하고 있기 때문에 중대 사고의 대책은 확률을 내리기 위한 노력과 효과라고 하는 관점보다도 어쨌든지 방지하고 종사원은 사고방지에 전력을 다한다고 하는 방향에 빠지는 경향이 있다'고 주장했다.

유하게 되고 다른 열차의 운행마저 방해하기 때문에 신속히 조치해서 선로를 점유하지 않도록 다른 곳으로 옮겨져야 한다. 철도의 이러한 특성으로 인해 철도기관사와 유지보수자는 고장을 처리하는 동안 시간의 압박을 받게 되고 조치하는 것에 대한 매우 큰 스트레스를 받게 된다. 이러한 것이 인적요인 측면에서 기관사나 유지보수자의 실수(Slips)나 착오(Mistake)를 유발하여 사고로 이어지기도 한다. 이번 장에서는 앞에서 살펴본 철도의 특성을 토대로 철도사고 사례를 중심으로 철도사고가 어떻게 발생하는지 살펴보고자 한다.

4.1 고장이 사고로 이어지는 경우

철도차량 등에서 발생한 고장이 사고로 발생되는 경우는 고장 자체가 단독으로 사고로 발생하는 것이 아니라 사람 또는 다른 원인이 사고를 유발시키는 원인(Trigger)으로 작용한다는 특징이 있다. 예를 들면 기관사가 차량에서 발생한 고장을 조치하는 과정에서 엉뚱한 스위치를 동작시켜 구원운전을 한다거나, 구원운전을 하는 도중에 차량의 연결기를 제대로 연결하지 못해 차량이 탈선된다거나 하는 일이 자주 발생하고 있다.

고장이 사고로 이어진 대표적인 사례는 다음과 같다. 2012년 11월 22일 오후 8시 30분경 부산 3호선 전동열차가 배산역에서 물만골역을 운행하던 중 차량 고장으로 제동장치가 작동되어 정차하였다. 기관사는 초기 장애를 조치하지 못해 관제사는 구원운전을 결정하였고, 후속 열차 기관사에게 구원운전을 지시하였다. 그러나 후속 열차 기관사는 구원운전을 하기 위해 고장 난 차량까지 운전하던 과정에서 운전취급규정을 준수하지 않고 과속으로 운전하여 정차하고 있던 고장 열차를 충돌하여 탈선하였다.

이 사고는 철도시스템에서 발생한 고장이 어떻게 사고로 이어질 수 있는지 보여 주는 것으로 이와 비슷한 사례로 2012년 2월 서울 1호선 종로5가역에서 발생한 열차 탈선사고[61] 등이 있다. 이런 종류의 사고는 철도차량에 고장이 발생하면 기관사는 매뉴얼과 평시 교육훈련을 받은 대로 조치해야 하나 조치가 지연되거나 제대로 기기를 취급하지 못해 발생한다. 철도운영기관에서는 이런 사고를 예방하기 위해 차량에 비상시 조치 방법 등을 비치하고 기관사에 대한 교육을 시행하고 있으며, 관제에서는 각 차종별 응급조치 매뉴얼을 구비하여 고장 발생 시 기관사를 지원하고 있다.

4.2 고장조치나 유지보수를 부실하게 수행해 사고로 이어지는 경우

철도처럼 대형 시스템은 내재된 위험요소가 고장이나 장애로 이어지고, 이것을 조치하는 과정에서 사고로 파급되는 경우가 있다. 대표적인 사례가 2011년 발생한 광명역 KTX 탈선사고이다. 이 사고는 2011년 2월 11일 새벽에 진행된 일직터널 내 밀착쇄정기[62] 케이블 교체공사 이후 밀착쇄정기 제어기 제5번 접점 고정 너트가 없어져 선로전환기 불일치 장애가 발생했고, 이 선로전환기 불일치 장애를 해결하기 위해 신호시설 유지보수자가 임의로 선로전환기 진로표시회로를 점퍼선으로 직결시켜 선로전환기 첨단부가 열차 진행방향과 다르게 동작한 것이 이 사고의 직접적인 원인이었다.

철도사고를 조사하다 보면 상당히 많은 철도사고가 유지보수 작업이나 교체작업 직후에 발생하는 것을 알 수 있는데 유지보수자가 정확하게 유지보수를 하지 않거나 유지보수 후 제대로 마무리를 하지 못해 발생한다. 그래서 철도사고를 조사할 때 가장 먼저 조사해야 하는 것 중 하나가 사고 직후에 어떤 작업이 있었는지 확인하는 것이다.

이런 사고를 줄이기 위해서는 작업현장에서는 철저하게 매뉴얼에 따라 작업을 수행해

---

61   이 사고는 한국철도공사 소속 전동열차가 서울메트로 구간(지하서울역~지하청량리역)을 운행하던 중 차량 고장으로 후속 열차와 구원운전 중 서울메트로 관제사의 지시사항을 이행하지 않았고, 구원 연결 시 축전지 연결선을 연결하지 않아 고장차량에 제동이 걸려 탈선하였다.
62   밀착쇄정기는 선로전환기 첨단부(끝부분)를 밀착시켜 주는 장치로 열차가 선로전환기를 운행할 때 차량에 의해 선로전환기 첨단부가 움직이지 않도록 하는 기능을 한다.

야 한다. 아무리 오랜 기간 현장에서 업무를 수행했던 전문가라 할지라도 작업조건이 열악하고 야간 등 심야시간에 작업을 하다 보면 실수를 하기 때문이다. 따라서 잘 정리된 매뉴얼을 마련하여 항상 지참하고 활용하는 안전문화가 정착되도록 해야 한다. 그리고 그것보다 더 중요한 것은 작업자에게 충분한 작업시간을 주어야 한다는 것이다. 제한된 작업시간은 작업자로 하여금 스트레스를 유발하며 평상시보다 주의와 집중을 흐리게 만들기 때문이다.[63] 그러나 국내 사고 사례에서는 한정된 작업시간으로 인해 사고가 발생했다는 사고조사 결과는 한 건도 보고되지 않고 있다. 사고통계 분석 틀을 다시 한번 살펴보아야 할 때이다.

4.3 안전정보가 제대로 전달되지 않아 사고로 발생하는 경우

철도사고 중 상당히 많은 부분을 차지하는 것 중 하나가 주말이나 공휴일에 임시열차가 투입되는 경우 이런 안전정보가 공유되지 않아 발생하고 있다. 현장의 작업자나 열차 감시원, 건널목 감시원 등은 해당 선로의 열차시간표를 지니고 있어 언제쯤 열차가 통과하는지 알고 있다. 그러나 임시열차에 대한 정보가 공유되지 않으면 예상치 못한 시간에 열차가 통과함으로 사고로 이어지는 경우가 있다.

2016년 4월 22일 발생한 철도공사 율촌역 무궁화열차 탈선사고는 제1517호 무궁화열차(용산역 22:45 출발, 여수엑스포역 03:52 도착)가 전라선 순천역에서 성산역 간 하선 선로 작업으로 인해 반대 선로인 상선으로 운행하던 중 율촌역 북쪽 21A/B호 선로전환기 부근에서 탈선, 전복된 사고이다.[64] 이 사고는 기관사가 '선로 작업으로 인해 상선

---

63 박정수는 '시스템다이내믹스를 활용한 철도종사자 인적오류 저감개선 연구'라는 논문(2019)을 통해 기관사의 인적오류 저감을 위해서는 무엇보다도 시간 압박의 심리적 요소를 제거해 줄 필요가 있다고 지적하였다.

64 항공철도사고조사위원회 사고조사 보고서(한국철도공사 전라선 율촌역 구내 제1517 무궁화호 여객열차 열차 탈선, ARAIB/B 2018-1)

운행 중인 해당 열차가 율촌역 건넘선에서 다시 하선으로 운행한다'는 순천역 로컬관제원의 운전협의 내용과 덕양역 로컬관제원과의 무선교신 내용, 즉 안전정보를 제대로 청취하지 않아 성산역 진입 및 율촌역 건넘선 제한속도를 초과했기 때문에 발생했다.

그리고 철도공사 운전기술단은 내부 규정에 따라 '대용폐색[65] 구간을 순천역~덕양역으로 지정하고 율촌역 북쪽부터 상치신호기를 이용하여 율촌역~덕양역까지는 하선으로 운행'한다는 내용을 계획 운전명령에 포함시키지 않았다. 그리고 승무적합성 검사를 시행하는 순천기관사 승무사업소에서는 순천역에서 덕양역 간 1, 2종 기계작업에 따른 상선 대용폐색방식 시행의 기본적인 사항에 대해서만 교육을 시행하고 열차 운전과 직접적으로 관련된 율촌역에서 하선으로 선로를 변경한다는 사항은 교육하지 않았다.

이 사고는 '하선 선로는 작업으로 인해 선로 일시사용중지 상태이므로 상선으로 운행한다'라고 하는 안전정보가 제대로 전달되지 않아 사고가 발생하였다. 공교롭게도 순천역과 덕양역 사이에서 열차 무선통화가 잘 되지 않아 기관사와 로컬관제원 간의 무선교신이 되지 않은 점도 안전방벽의 문제점 중 하나로 드러났다.[66]

안전정보가 제대로 전달되지 않아서 발생하는 사고는 대부분 대형사고로 이어질 가능성이 크다. 기관사에게 '당신이 운전하는 선로의 어디에선가 어떤 작업을 할 예정이니 그 구간을 운행할 때 주의하라'라고 알려 주지 않는다면 어떻게 마음 편하게 운전할 수 있다는 말인가? 또한 작업자의 안전을 책임지고 있는 열차 감시원에게 '당신이 가지고 있는 열차시간표에 임시열차가 하나 추가되었다. 그러나 그게 언제인지 모르니 알아서 챙기라'라고 한다면 어떻게 안전하게 작업을 할 수 있다는 말인가? 그럼에도 불구하고 이런 일들은 현장에서 가끔씩 발생하고 있으며 불행하게도 대부분 사고로 이어진다.

---

65 상용 폐색 방식을 어떤 이유로 사용할 수 없게 되었을 때에 사용되는 폐색 방식을 말한다.
66 종사자 간의 무선통화 문제는 이 책의 4장에서 문제점을 자세히 다룬다.

4.4 인적오류에 의해 사고가 발생한 경우

철도시스템을 이루는 구성을 차량, 시설 및 소프트웨어에 사람까지 추가하여 포함한다면 사람은 시스템 구성요소 중 가장 불확실한 존재가 된다. 사실 앞에서 언급한 유지관리의 문제나 안전정보 전달의 문제도 어떻게 보면 사람에 의해 발생하는 사고로 볼 수 있다. 그만큼 사람이 사고에 기여하는 역할은 많으며 치명적이다. 이번에는 사람이 규정을 위반하거나 안전시스템을 무력화시키는 등의 사고 사례를 살펴보고자 한다.

철도시스템은 안전 강화를 위해 안전장치들이 추가로 설치하면서 사람이 그것을 귀찮은 것으로 인식하고 스스로 안전장치를 해제시키거나 신호를 무시하여 사고가 발생하는 사례가 많아지고 있다.[67] 대표적인 사례가 기관사가 운전 중 SNS를 하다가 충돌사고를 내서 조직 전체가 안전관리를 소홀히 한다고 오명을 썼던 태백선 문곡역 충돌사고를 들 수 있다.

2020년 6월 11일 서울 4호선 상계역에서 발생한 전동열차 충돌사고도 사람에 의해 발생한 사고라고 할 수 있다. 이 사고는 창동차량사업소로 입고하기 위해 상계역을 통과하던 서울교통공사 소속 전동차가 상계역에서 정차 후 출발하던 한국철도공사 전동차를 추돌한 사고로, 다행히 인명피해는 없었으나 대차가 탈선하고, 연결기 및 배장기 등이 파손되었다. 이 사고의 원인은 기술적으로 차상 ATC의 15km/h 스위치가 문제가 되었는

---

67 야마노우치 슈우이치로는 『철도사고 왜 발생하는가?』라는 책에서 '열차가 정지신호 바로 몇백 미터 앞에 접근하면 ATS 경보 벨이 울리고 기관사는 즉시 바로 앞에 있는 확인 버튼을 누른다. 이른바 기관사의 '알았다'라는 메시지이다. 그러나 실제로는 모르고 있는 경우가 많이 있다. 왜냐하면 대부분의 경우 부저가 울린 지점에서 제동을 걸 필요는 없기 때문이다. 이 부저는 제동거리가 긴 중량 화물열차가 과속으로 접근했을 때 충분히 제동을 걸어서 정지될 수 있는 지점에서 울리므로 브레이크 성능이 좋은 전기차가 주의신호를 보며 천천히 달려왔을 경우에 실제로 제동을 거는 것은 이보다 훨씬 전이다. 그동안 기관사는 무심코 경보가 있었던 것을 잊어버린다. 또는 앞에 달리고 있는 전차가 당연히 출발해 갔을 것으로 생각하고 경보가 있어도 아마 다음 신호에는 진행신호나 주의신호로 변해 있을 것이라는 억측을 한다'고 주장했다.

데 지상신호장치로부터 무코드(0km/h 속도코드[68])가 수신되면 자동 정지가 되고, 이후 15km/h 스위치[69]를 눌러야 운행이 가능하도록 신호시스템을 개선하였으나, 차상신호장치의 입출력 보드의 노후화로 기관사가 15km/h 스위치를 누르지 않아도 15km/h 모드가 자동으로 출력되어 정지하지 않고 계속 운전이 가능했던 것이다.

그러나 사고를 조사하던 과정에서 노노갈등으로 인해 사고가 발생한 것이 드러나면서 충격을 주었다. 서울교통공사 4호선 승무 분야는 당시 노동조합이 2개가 있었는데 사고를 일으킨 기관사는 2개 노동조합 중 ◌◌ 노동조합 소속으로, 반대편을 운행하는 다수의 ◌◌ 노동조합 조합원을 쳐다보기 싫어 운전실 앞 창문가리개를 내리고 운전했다고 진술했다.[70] 복수 노조 제도는 「노동조합 및 노동관계조정법」 제5조의 복수노조의 설립을 제한하는 조항이 2010년 1월 삭제되면서 본격적으로 생겨나게 되었는데 서울교통공사 노조는 상대 노조를 원수처럼 여겨 상대방 노조 사람들을 보면 서로 그림자 또는 없는 사람처럼 취급했다고 한다.

기관사에게는 안전운행을 위해 가장 중요한 것 중 하나가 '전방주시 의무'이다. 그런데 다른 직장 동료를 보기 싫다고 창문가리개를 내리고 운전한다고 하는 것은 '인간'이기 때문에 가능한 일이다. 정말 사람은 예측이 어려운 존재인 것은 확실하다.

---

68 무코드란 지상신호장치에서 차상신호장치로 올려 주는 속도 신호의 하나로 0km/h 속도를 올려 주게 되면 열차가 정지하게 된다. 따라서 관제에서 열차를 정지시키거나 열차 앞쪽에 다른 열차가 폐색을 점유하고 있는 경우 사용한다.

69 15km/h 스위치란 지상에서 정지신호가 올라오면 기관사가 정지신호를 인식했다는 의미에서 이 스위치를 눌러야 열차가 움직일 수 있게 된다.

70 우리가 버스를 타고 가다 보면 버스 기사님들이 맞은편에서 오는 같은 노선을 운행하는 기사님들에게 손을 들어 인사하는 것을 볼 수 있는데 철도도 마찬가지로 반대쪽에서 지나치는 열차의 기관사를 향해 손을 들어 인사를 한다. 그런데 다른 노동조합 기관사들에게 인사하기 싫어서 운전실 창문가리개를 내리고 운전한 것이다.

[그림 2-13] 상계역 충돌사고

　사람에 의해 발생한 사고의 두 번째 사례로 공항철도에서 2011년 발생한 작업자 사상사고를 들 수 있다. 공항철도 작업자 사상사고는 2011년 12월 9일 00시 29분경 계양역 하선 1,185m 지점에서 선로 작업을 하고 있던 작업자 6명이 열차에 치인 사고이다. 이 사고의 원인은 외주 작업자가 작업절차에서의 안전수칙을 준수하지 않고 작업승인 시간 전에 열차가 운행되고 있는 선로에 임의로 들어가 작업을 실시한 것으로 밝혀졌다.[71] 그리고 사고의 기여요인으로 공항철도는 작업 유지보수 작업을 위한 안전감독관을 지정하지 않았으며, 작업자 등이 무단으로 선로에 들어갈 수 있도록 관리를 소홀히 하였고, 외주업체는 작업책임자를 지정하지 않고 안전교육도 시행하지 않은 것으로 나타났다.

　이 사고는 그동안 선로 작업 중 관행적으로 진행되어 왔던 나쁜 행태가 복합적으로 작용해 발생한 것이다. 사실 선로 작업은 주간에는 열차가 운행해야 하기 때문에 열차운행

71　항공철도사고조사보고서, 코레일공항철도 계양역 – 검암역 간 전동열차 사상사고 보고서, ARAIB/R 12-2

이 종료된 시점부터 첫 열차가 운행하기 전까지밖에 작업할 시간이 주어지지 않게 된다. 따라서 철도운영기관에서는 열차운행이 종료되지 않으면 선로에 들어가지 않도록 지속적으로 교육을 시행해 왔으나, 작업자들은 제한된 시간 동안 최대한 많이 작업하기 위해 선로 변에 미리 들어가 작업도구, 작업 부속품 등을 옮겨 놓는 등 사전 작업을 해 왔다. 또한 작업 전에는 마지막 열차 시간을 확인하고 선로에 들어가기 전 안전교육을 시행해야 하나 절차와 규정을 지키지 않았다. 그리고 공항철도는 작업자들이 마음대로 선로에 드나들지 못하도록 출입문 키 관리를 철저히 해야 했으나 그러지 못했다. 이러한 안전불감증과 관행들이 모여 다섯 명의 소중한 생명을 앗아 갔다. 지금 이 시간에도 전국의 철도 선로를 유지보수하고 개량하기 위한 작업이 수시로 진행되고 있다. 우리는 더 늦기 전에 다시 한번 우리의 철도안전에 구멍이 없는지 살펴보아야 한다.

4.5 철도 자체에서 사고가 발생하는 경우

철도는 철 차륜이 일정한 폭을 가진 레일 위를 주행하기 때문에 기본적으로 곡선, 이음매 등에서 안전에 취약하다.[72] 최근에는 장대레일을 사용하기 때문에 이음매 부분의 위험요소는 사라졌으나, 곡선과 분기기는 철도의 특성상 없애지 못한다. 그래서 철도는 철도 차량이 곡선과 분기기를 통과할 때 제한속도를 두고 안전하게 운행할 수 있도록 관리한다.

철도는 차륜에 가해지는 횡압과 수직하중의 비율로 주행안전성을 평가하는데 차량이 주행하는 동안 외부요인, 예를 들면 곡선에서 완화곡선이 정확하지 않아 3점 지지가 발생하거나 윤중이 변화되어 횡압과 하중의 변화가 생기면 차륜이 선로를 타오르면서 탈선하게 되는데 이것을 타고오름 탈선이라고 한다. 이런 유형의 탈선은 철도차량 차륜이나 기타 주행장치의 부품이 유지관리 규정의 범위 내에 있는 경우가 많은데, 선로 쪽을 살펴

---

[72] 대표적인 철도의 3대 취약 개소는 이음매, 곡선, 분기기를 들 수 있다. 여기서 이음매란 장대레일이 사용되기 전 레일과 레일 사이를 여름철 수축에 대비해 일정하게 띄어 놓은 것을 말한다. 예전에 수도권 지하철을 타면 주기적으로 덜컹덜컹거리는 소리가 바로 차륜이 이음매를 통과하는 소리이다.

보아도 별문제가 없는 경우도 있어 이런 경우 경합탈선이라고 한다. 경합탈선은 선로와 차륜의 상호작용에 의해 탈선하는 것으로 알려졌으나 차량 운행 중의 대차와 1차 스프링 등의 동적거동 등을 분석하기 어렵고 선로와 차륜 간의 상호작용 역시 해석이 어려워 사고 원인을 정확히 밝히기 어렵다는 문제가 있다.

2012년 4월 경부선 의왕역에서 화물열차 탈선사고가 발생했다. 이 사고는 화차의 대차프레임이 변형되어 동적 움직임이 불안정한 상태에서 레일 이음매 부분을 통과할 때 화차 앞쪽 대차의 오른쪽 차륜에 과도한 횡압이 발생하여 차륜이 레일을 타고 오른 것으로 사고 원인이 분석되었다.

이렇듯 철도는 차륜-레일이라는 구조적 한계로 인하여 탈선사고가 발생할 수 있는 가능성을 상시 내포하고 있다.

4.6 외부요인에 의해 사고가 발생하는 경우

외부요인에 의해 발생하는 철도사고는 상당히 빈번하게 발생한다. 대표적으로 폭우에 의해 선로가 침수되거나 강풍에 의해 선로 시설이 파손되는 경우 등을 들 수 있다. 최근에 발생한 철도사고로는 선로 변 야산에서 바위가 선로로 굴러와 기관차가 탈선된 사례가 있었으며, 강우에 의해 토사가 흘러내려 지나가는 관광열차를 덮친 사례도 있었다.

[그림 2-14] 경북 봉화 관광열차 탈선사고(2019. 10. 3.)

철도의 선로는 한번 건설하면 오랜 시간을 사용하기 때문에 처음에는 안전했던 선로도 주위 환경의 변화 등으로 안전에 취약한 개소가 될 수 있다. 철도 운영기관에서는 이런 개소를 위험개소로 등록하고 점검 강화, 낙석 방지망 설치 등 관리를 강화하고 있으나, 자연재해로 인한 사고는 사람이 막기에는 한계가 있기 마련이다. 그리고 이런 노선은 대부분 건설한 지 30년이 넘은 영동선, 태백선 등의 노선이라 수송수요가 많지 않아 대대적인 투자를 하기에도 정부 및 철도운영기관의 입장에서는 큰 부담이다.

그리고 대부분 열차를 중단시키는 사고는 철도건널목에서 주로 발생하고 있다. 철도건널목에는 자동차 등의 무단 진입을 방지하기 위해 차단봉, 경보장치 등을 설치하고 있다. 고속철도의 전용선로는 대부분 고가와 터널로 구성되어 있기 때문에 애초에 외부의 간섭이 많지 않고 주요 개소에 지장물 검지장치 등이 설치되어 있기 때문에 사고가 많이 발생하지 않고 있으나, 일반철도는 초창기 지면을 따라 건설된 노선의 경우 구조적인 한계로 인해 철도건널목이 아직도 많이 남아 있고 이런 곳에서 사고가 발생하고 있다.

철도를 운영하는 기관은 어떠한 불가항력적인 외부요인이 있더라도 철도의 안전을 확보해야 하는 사명을 가져야 한다.

제3장

대한민국 철도는 얼마나 안전한가?

1. 대한민국 철도 현황

2. 해외 철도사고 현황

3. 대한민국 철도는 얼마나 안전한가?

제3장 대한민국 철도는 얼마나 안전한가?

1. 대한민국 철도 현황

1.1 대한민국 철도 현황

[그림 3-1] KTX-이음(출처: 현대로템 홈페이지)

2020년 기준 우리나라의 철도연장은 총 5,445.8km이다. 고속철도 연장이 663.8km, 일반철도가 3,133.8km, 광역철도[73]가 643.9km를 차지하며 도시철도가 1,004.3km에 달한다. 그리고 복선화율은 66.0%이며, 전철화율은 81.3%이다. 다음 [표 3-1]은 우리나라의 철도연장을 표로 정리한 것이다.[74]

[표 3-1] 우리나라의 철도 현황 (2020.9.30. 기준)

전체 철도 연장	5,445.8km	복선화율	66.0%
고속철도	663.8km	전철화율	81.3%
일반철도	3,133.8km		
광역철도	643.9km	신규 철도망 계획	65개 사업 3,266km 추진 중(신설: 2,486km)
도시철도	1,004.3km		

해외 주요 선진국과 철도 현황을 비교한 것은 다음 [표 3-2]와 같다. 우리나라는 다른 나라에 비해 복선화 및 전철화율이 높은 것을 알 수 있다. 괄호 안 여객수송량은 일평균 수치를 나타낸다. 이 표에는 없지만 중국의 철도 연장은 67,212km이며 고속철도 연장은 21,688km에 달한다. 중국은 자체 내수시장을 바탕으로 최근 고속철도망을 급속하게 확장하고 있으며 고속철도차량 국산화 등 기술개발에도 박차를 가하고 있다.

---

73 광역철도란 「대도시권 광역교통관리에 관한 특별법」에 따른 특별시, 광역시 또는 도간의 일상적인 교통수요를 대량으로 신속하게 처리하기 위한 철도를 말한다. 광역철도는 전체구간이 대도시권의 범위에 포함되고 권역별 일정 지점을 중심으로 반지름 40km 이내 도시철도(또는 철도)이거나 이를 연결하는 철도이다. 광역철도는 표정속도가 50km/h 이상이며 국토부장관이나 특별시장 등 국가교통위원회의 심의를 거쳐 지정, 고시하도록 명시하고 있다.

74 자료 출처: 국토교통부

[표 3-2] 주요 선진국과 철도 현황 비교 (2020.9.30. 기준)

구분	철도(고속철) 연장	복선 / 전철화율	여객 수송량 (지하철 제외)	100만 km당 사고건수/사망자 수
한국	5,446(664)km	66.0% / 81.3%	0.6억 명(23만 명)	0.22 / 0.08
프랑스	29,921(2,036)km	57.9% / 53.3%	11억 명(308만 명)	1.36 / 0.17
독일	33,331(1,475)km	54.6% / 60.0%	20억 명(550만 명)	0.83 / 0.14
영국	14,620(133)km	72.9% / 32.4%	17억 명(456만 명)	0.09 / 0.04
일본	19,200(2,892)km	39.5% / 60.1%	91억 명(2,491만 명)	-

국제철도연맹(UIC: International Railway Union)이 발행한 통계자료에 따르면 우리나라의 국가면적 대비 1,000km당 철도연장은 42km이며, 1,000명당 철도연장은 0.08km로 0.46km인 독일, 0.43km인 프랑스 등 선진국에 비해 낮은 수준으로 나타났다.[75]

[표 3-3] 국가별 철도 현황 (2020.9.30. 기준)

구분	철도 연장(km)	면적(km^2)	1000km^{2}당 철도연장	인구(1,000명)	1,000명당 철도 연장
독일	38,594	357,168	108	83,780	0.46
프랑스	28,120	551,695	51	65,273	0.43
이탈리아	16,788	301,336	56	60,478	0.28
네덜란드	3,055	41,526	73	17,124	0.18
영국	16,320	243,610	67	67,886	0.24
대한민국	4,274	100,210	42	51,780	0.08
일본	19,249	377,944	51	126,476	0.15

---

75 제4차 국가철도망 구축계획, p.28

다음 [그림 3-2]는 2020년 기준 한국철도 운행 노선표이다. 우리나라의 고속선은 고속경부선과 오송에서 광주송정까지 호남고속선이 주요 노선이며, 서울에서 강릉까지 운행하는 경강선은 평창올림픽에 대비해 건설하였지만 선로 자체는 고속선은 아니다.[76] 우리나라는 철도의 궤간이 1,435mm로 동일하기 때문에 고속선이 일반선을 통해 목포와 여수까지 운행하고 있다.

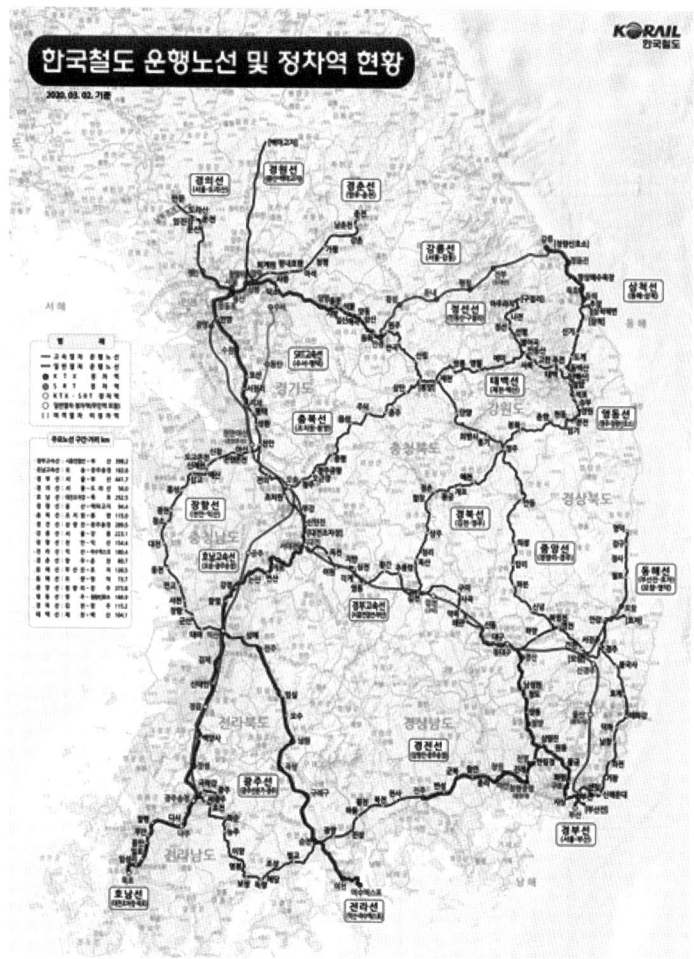

[그림 3-2] 한국철도 노선도(2020년 3월 기준)(출처: 국토교통부)

---

76 한국철도공사는 2020년 3월 2일 KTX 운행을 동해역까지 연장했다.

그리고 다음 [그림 3-3]은 서울시 지하철 노선도를 나타낸다. 서울시는 1호선부터 9호선까지 9개 노선을 운행 중이며, 한국철도는 서울과 위성도시를 연결하는 광역철도를 운영하고 있으며, 민자사업으로 공항철도와 신분당선 등을 운영하고 있다. 그 밖에 인천시에서 2개 노선을 운영 중이며, 용인시, 김포시, 의정부시 등 지자체에서 운영하는 경량철도 노선도 다수 운행 중이다.

부산시에서는 부산교통공사가 4호선 AGT 노선을 포함하여 4개 노선을 운행 중이며 대구시도 3호선 모노레일을 포함하여 3개 노선을 운영 중이다.

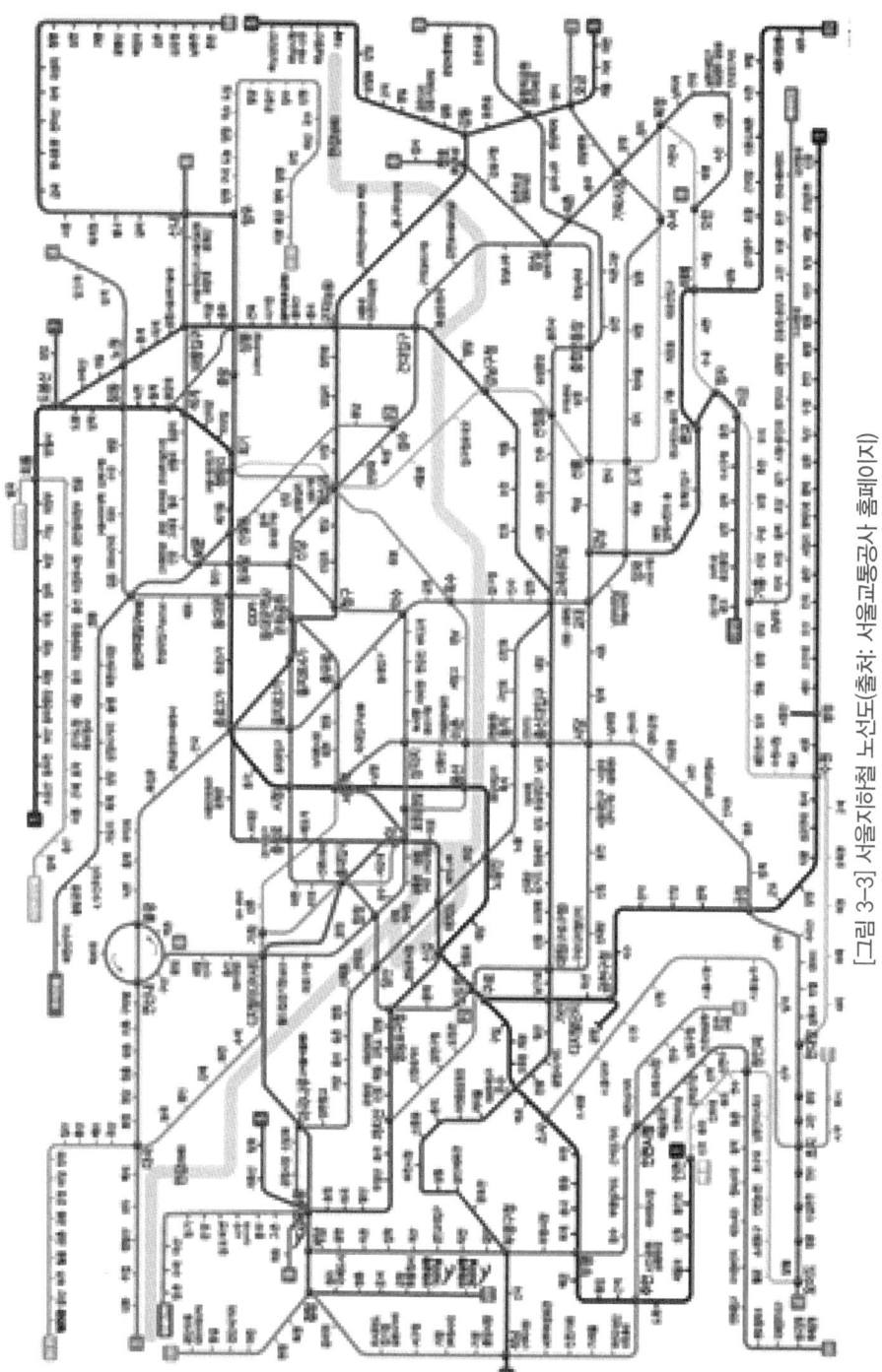

[그림 3-3] 서울지하철 노선도(출처: 서울교통공사 홈페이지)

1.2 철도건설

1.2.1 철도건설 일반

철도는 각 법령에서 정하는 바에 따라 고속철도, 일반철도, 도시철도, 전용철도 등으로 구분한다. 고속철도는 「철도건설법」 제2조에 따라 열차가 주요 구간을 시속 200km/h 이상으로 주행하는 철도로서 국토교통부장관이 그 노선을 지정, 고시한 철도라고 정의하고 있다. 도시철도는 「도시철도법」 제3조에 따라 도시교통의 원활한 소통을 위하여 도시교통권역에서 운영하는 교통시설 및 교통수단이라고 정의하고 있다. 일반철도는 고속철도와 도시철도를 제외한 철도라고 정의한다. 전용철도는 「철도사업법」에서 정하고 있는데, 다른 사람의 수요에 따른 영업을 목적으로 하지 아니하고 자신의 수요에 따라 특수목적을 수행하기 위하여 설치 또는 운영하는 철도를 말한다. 그리고 광역철도란 둘 이상의 시·도에 걸쳐 운행되는 도시철도 또는 철도로서 대통령령으로 정하는 요건에 해당하는 도시철도 또는 철도를 말한다.[77] 광역철도라는 개념은 「대도시권 광역교통 관리에 관한 특별법」에서 정하고 있다. 이 법은 특별시, 광역시 및 그 도시와 같은 교통생활권에 있는 지역의 교통관리를 위한 법으로 날로 확장되는 대도시권 교통을 관리하기 위해 제정되었다. 다음 [표 3-4]는 철도의 종류별 개념 및 건설주체를 정리한 것이다.

[표 3-4] 철도의 종류별 개념 및 건설주체

구분	개념	건설주체
고속철도	• 열차가 주요 구간을 시속 200km 이상으로 주행하는 철도로서 국토부장관이 그 노선을 지정·고시한 철도(「철도의 건설 및 철도시설 유지관리에 관한 법」 제2조제2호)	• 국가, 지자체, 국가철도공단 • 민간투자사업시행자
일반철도	• 고속철도와 도시철도를 제외한 철도 (「철도의 건설 및 철도시설 유지관리에 관한 법」 제2조제4호)	• 국가, 지자체, 국가철도공단 • 민간투자사업시행자

---

77 「대도시권 광역교통 관리에 관한 특별법」 제2조 정의

구분	개념	건설주체
도시 철도	• 도시교통의 원활한 소통을 위하여 도시교통권역에서 건설·운영하는 철도·모노레일 등 궤도에 의한 교통시설 및 교통수단(「도시철도법」 제2조제2호) ＊도시교통권역: 「도시교통정비촉진법」 제4조에 따라 지정·고시된 교통권역 ＊도시교통정비지역(「도시교통정비촉진법」 제3조제1항) • 인구 10만 이상의 도시(도농복합형태의 시는 읍·면 지역을 제외한 지역의 인구가 10만 명 이상인 경우를 말한다) • 상기 외 지역으로서 국토교통부장관이 직접 또는 관계 시장·군수의 요청에 따라 도시교통을 개선하기 위하여 필요하다고 인정하는 지역(행정안전부장관과 미리 협의한 후 국가교통위원회의 심의를 거쳐야 한다)	• 국가 • 도시철도사업 면허를 받은 지자체, 특별법인, 지방공사(도시철도공사), 기타 법인 • 국가·지자체로부터 건설 수탁을 받은 법인
전용 철도	• 다른 사람의 수요에 따른 영업을 목적으로 하지 아니하고 자신의 수요에 따라 특수목적을 수행하기 위하여 설치 또는 운영하는 철도(「철도사업법」 제2조제5호)	• 민간
광역 철도	• 둘 이상의 시·도에 걸쳐 운행되는 다음 각 호의 요건을 모두 갖춘 도시철도 또는 철도로서 국토부장관이나 시·도지사가 법 제8조에 따른 대도시권광역교통위원회의 심의를 거쳐 지정·고시한 도시철도 또는 철도(「대도시권광역교통관리에 관한 특별법」 제2조제2호나목 및 시행령 제4조) 1. 시·도 간의 일상적인 교통수요를 대량으로 신속하게 처리하기 위한 도시철도 또는 철도이거나 이를 연결하는 도시철도 또는 철도일 것 2. 전체구간이 대도시권의 범위에 해당하는 지역에 포함되고, 권역별로 다음 각 목의 구분에 따른 지점을 중심으로 반지름 40km 이내일 것 　가. 수도권: 서울특별시청 또는 강남역 　나. 부산·울산권: 부산광역시청 또는 울산광역시청 　다. 대구권: 대구광역시청 　라. 광주권: 광주광역시청 　마. 대전권: 대전광역시청 3. 표정속도(출발역에서 종착역까지 거리를 중간역 정차 시간이 포함된 전 소요시간으로 나눈 속도)가 시속 50km(도시철도를 연장하는 광역철도의 경우에는 시속 40km) 이상일 것	• 국가 • 지자체 • 국가·지자체·민간이 공동으로 설립한 법인

앞에서 설명한 고속철도 및 광역철도 등의 정의가 중요한 이유는 철도 건설의 재원 조달의 문제로 귀결되기 때문이다. 고속철도는 철도 노선별로 사업비 부담 비율을 정하고 있으며, 광역철도, 도시철도, 민자철도 등도 각 법령에 따라 사업비가 각각 다르다. 광역철도의 건설 또는 개량 사업에 필요한 비용에 대해서는 국가가 70%를 부담하고, 해당 지방자치단체가 30%를 부담하도록 규정하고 있으며, 지방자치단체가 광역철도의 건설 또는 개량 사업을 시행하는 경우로서 서울특별시가 사업 구간에 포함된 경우 서울특별시에 대한 분담률은 국가가 50%를 부담하고, 서울특별시가 50%를 부담한다.

도시철도는 「도시철도법」의 하위 시행규칙인 "도시철도의 건설과 지원에 관한 기준"에서 도시철도 건설비의 국비 지원 범위를 40~60%로 정하고 있다. 여기서 서울시는 40%를 지원하며 기타 지방자치단체는 60%를 지원한다. 다음 [표 3-5]는 철도의 종류별 재원분담 기준을 나타낸다.

[표 3-5] 철도의 종류별 재원분담 기준

구분	건설주체	사업비 부담		근거
고속철도	국가 (철도공단 대행)	경부고속철도	• 국가 45%(출연35%, 융자 10%), 공단 55% • ('07년 이후)국가 50%, 공단 50%	• 「철도의 건설 및 철도시설 유지관리에 관한 법」 제20조 • 경부고속철도건설계획('93.6.14.) • 경부2단계 기본계획 변경('06.8.23.)
		호남고속철도	• 국가 50%, 공단 50%	• 「철도의 건설 및 철도시설 유지관리에 관한 법」 제20조 • 호남고속철도기본계획('06.8.23.)
		수도권고속철도	• 국가 40%, 공단 60%	• 「철도의 건설 및 철도시설 유지관리에 관한 법」 제20조 • 수도권고속철도기본계획('09.12.31.)
일반철도	국가 (철도공단 대행)	• 국가 100%		• 「철도의 건설 및 철도시설 유지관리에 관한 법」 제20조
광역철도	국가 (철도공단 대행)	• 국가 70% • 지자체 30% (단, 서울시는 각 50%)		• 「대도시권 광역교통관리에 관한특별법」 제10조제2항제1호 및 동법 시행령 제13조

구분	건설주체	사업비 부담	근거
민자철도	민간사업자	• 실시협약으로 결정 (예: 인천국제공항철도) • 국가 24.3%, 민간 75.7%	• 「사회기반시설에 대한 민간투자법」 제53조
도시철도	지자체	• 국가 60% • 지자체 40% (단, 서울시는 국가 40%, 서울시 60%)	• 도시철도의 건설과 지원에 관한 기준 제3장

  이 표에 따르면 민간사업자에 의해 건설되는 민자철도라 하더라도 국가에서 24.3%라는 일정비율의 건설비를 지원하는 것을 알 수 있다. 민자사업은 관련 법령에 따라 MRG 등 보상체계를 통해 민간사업자의 손해를 방지하는 장치를 두고 있다.

  철도는 사회기반시설이기 때문에 정부의 투자가 매년 이루어지고 있다. 다음은 2009년부터 2020년까지 국토교통부 전체 예산 대비 철도투자 규모를 보여 주고 있다. 철도는 국토교통부 예산 대비 약 30% 수준의 투자 규모를 지닌다. 철도 예산은 연도별로 살펴보면 2015년에 호남고속철도 개통 등으로 예산이 정점을 찍고 이후 다소 하향하다가 2020년 다소 증가하였다. 눈여겨 살펴볼 점은 철도안전 예산은 지속적으로 증가하고 있다는 것인데 이것은 노후 철도시설 등으로 철도 개량 예산이 증가하고 있으며 지자체 등에 노후 철도시설 및 차량구매 등을 지원하기 때문이다.

[표 3-6] 국토교통부 철도투자 예산 현황 (단위: 조원)

		'09	'10	'11	'12	'13	'14	'15	'16	'17	'18	'19	'20
국토부 전체		21.9	21.3	20.9	20.0	22.0	20.9	23.8	21.9	20.1	16.4	17.6	20.5
철도		6.4	5.4	5.4	6.1	6.9	6.8	8.2	7.5	7.1	5.2	5.5	6.9
	철도건설	5.3	4.3	4.3	4.9	5.3	5.4	6.5	5.7	5.3	3.2	3.4	4.1
	철도안전	0.4	0.4	0.4	0.5	0.6	0.6	0.8	0.8	0.8	1.0	1.0	1.6
	운영 등 기타	0.7	0.7	0.7	0.8	0.9	0.9	1.0	1.0	1.0	1.0	1.1	1.3

1.2.2 국가철도망 구축계획

국가철도망 구축계획이란 「철도건설법」 제4조의 규정에 따라 철도투자를 효율적이며 체계적으로 수행하기 위해 10년 단위 중장기 철도망 구축계획을 수립하는 것이다. 계획 기간은 10년이며 계획 수립일로부터 5년마다 타당성을 검토하여 변경이 가능하다. 이 계획의 주요 내용은 철도의 중장기 건설계획과 소요 재원 조달방안 등이 포함된다.

국토교통부는 제3차 국가철도망 구축계획 수립 이후 여러 가지 여건 변화 등을 고려하여 제4차 국가철도망 구축계획을 수립하여 발표하였다. 다음은 제4차 국가철도망 구축계획의 개요를 나타낸다.

〈 제4차 국가철도망 구축계획 〉

◆ (목적) 철도투자를 효율적·체계적으로 수행하기 위하여 중장기(10년 단위)로 국가철도망의 구축계획을 수립하는 것
◆ (근거) 「철도의 건설 및 철도시설 유지관리에 관한 법률」 제4조
◆ (추진배경) 제3차 계획('16~'25) 수립('16.6) 이후 그간의 여건 변화, 철도운영·시설 현황 등을 바탕으로 효율·체계적인 차기 계획('21~'30) 수립
◆ (계획의 범위) 시간적 범위: 2021~2030년
  사업의 범위: 고속철도, 일반철도, 광역철도 건설계획
◆ (계획의 주요 내용) 철도운영 효율성 제고, 주요 거점 간 고속연결, 비수도권 광역철도 확대, 수도권 교통혼잡 해소, 산업발전 기반 조성, 안전하고 편리한 이용환경 조성, 남북·대륙철도 연계 대비
◆ (총 투자 규모) 119.8조
◆ (경제적 파급효과) 255조 2,533억 원 추산

국토교통부의 제4차 국가철도망 구축계획에 따른 전국의 철도 노선도는 다음 [그림 3-4], [그림 3-5]와 같다.

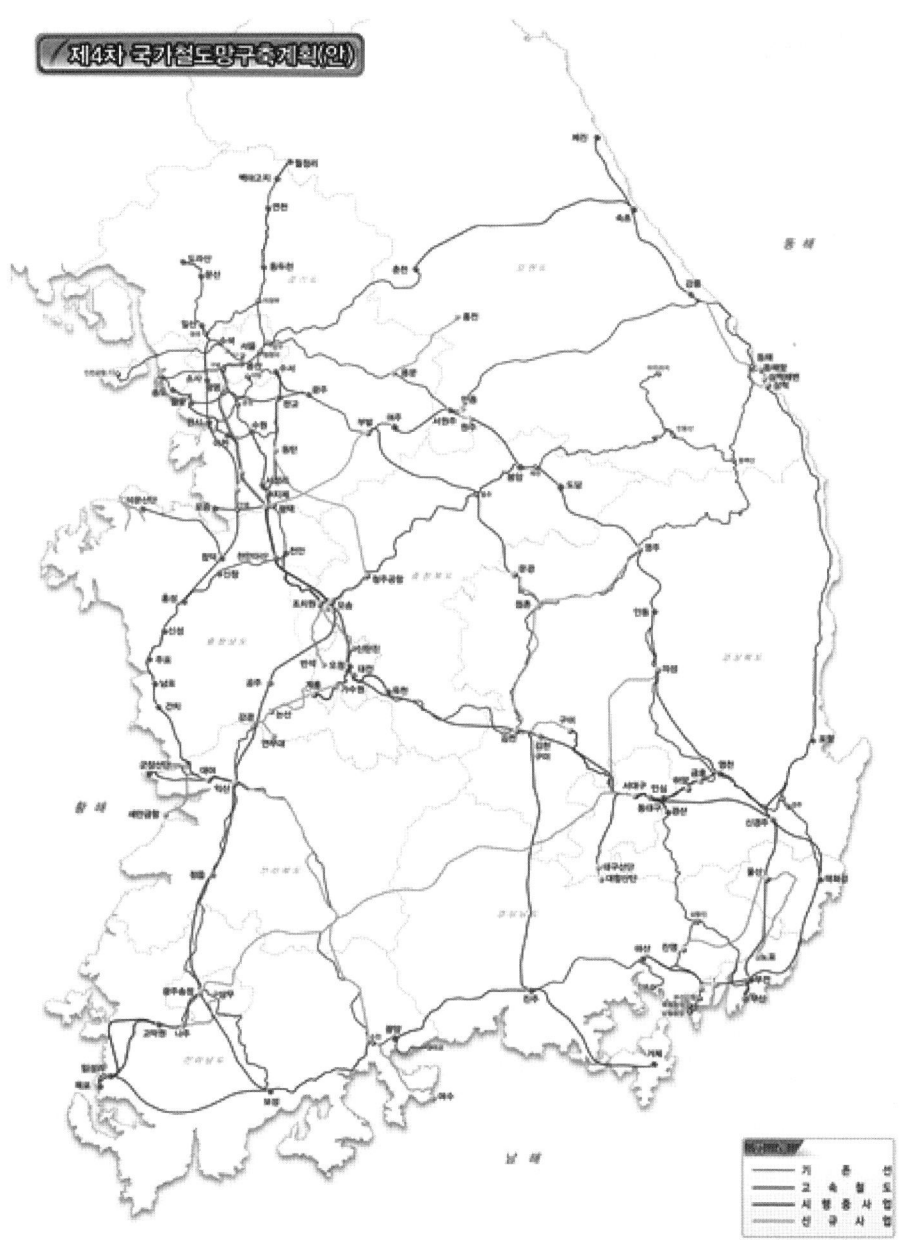

[그림 3-4] 제4차 국가철도망 구축계획(출처: 국토교통부)

[그림 3-5] 제4차 국가철도망 구축계획(수도권)(출처: 국토교통부)

1.3 철도시설물 관리

철도시설은 「철도산업발전기본법」 제20조에 따라 국가 소유가 원칙이다. 국토교통부는 철도시설 소유자(관리청)로서 관리계획 수립 및 총괄 관리감독을 하고 있으며, 철도공단은 시설관리자로서 고속철도 노선은 국가로부터 시설관리권을 설정받아 철도공사로부터 선로사용료를 징수하고, 이를 재원으로 유지보수를 시행하고 있다.

일반철도 노선은 국토교통부를 대행하여 철도공사로부터 선로사용료를 징수하여 이를 재원으로 유지보수를 시행하고 있다. 선로사용료란 철도 상하분리 구조개혁에 따라 철도운영자가 철도시설관리자에게 지급하는 선로 등 시설사용에 대한 대가를 말한다. 선로사용 계약은 시설관리자인 국가철도공단과 철도운영자인 한국철도공사와 (주)에스알이 협의 후 정부의 승인을 거쳐 사용계약을 체결한다. 정부는 이 선로사용료로 선로 유지보수 비용과 건설부채를 상환한다. 선로사용료 산정기준은 2020년 기준으로 일반철도는 유지보수 비용 총액의 60%이며 고속철도의 경우 한국철도공사는 신선 영업수익의 34%, (주)에스알은 50%이다. 다음 [표 3-7]은 해외 각국의 선로사용료를 비교한 표이다. 우리나라는 비교적 선로사용료가 낮은 수준임을 알 수 있다.[78]

[표 3-7] 각국의 선로사용료 수준 비교 [단위: 유로/Train · km]

2007~2009 (한국 2010)	고속철도	일반철도	화물철도
프랑스	14.00	4.95	2.67
독일	12.00	3.50	2.50
스페인	3.02	1.50	0.38
스웨덴	–	0.41	0.39
스위스	–	1.84	2.63
영국	–	0.89	3.11
한국	7.49	2.19	2.48

---

78 철도통계집, 국토교통부(2012년)

일반철도 유지보수는 2005년부터 2012년까지는 국토교통부에서 철도공사에 직접 위탁 시행하였으나, 효율적인 유지보수 사업관리를 위하여 2013년부터 국가철도공단이 한국철도공사에 위탁하도록 유지보수 체계가 개선되었다. 철도시설물의 위·수탁 관리현황은 다음 [표 3-8]과 같다.

[표 3-8] 철도시설물 위·수탁 관리현황

구분		유지보수		개량사업
		일반철도	고속철도	
주체		국가철도공단	국가철도공단	국가철도공단
위/수탁 계약		공단↔공사 (3년 단위)	공단↔공사 (3년 단위)	공단↔공사 (3년 단위)
계약근거		「철도산업발전기본법」 제38조		「국가철도공단법」 제22조
재원		국고지원 30% 선로사용료 70%	선로사용료 100%	국고지원 100%
역할	국토교통부	소유자 및 관리청 정책수립 및 시행 예산확보(국고)	소유자 및 관리청	소유자 및 관리청
	공단	계획수립 및 총괄 관리 선로사용료 징수 및 유지보수 위탁관리	시설관리자 계획수립 및 총괄관리 선로사용료 징수 및 유지보수 위탁관리	계획수립 및 총괄관리 예산확보
	공사	수탁시행	수탁시행	수탁시행

정부에서는 「철도산업발전기본법」 제32조 및 제33조에 따라 철도청이 한국철도공사로 전환된 이후 철도공사가 제공하는 공익적 성격의 철도 서비스에 대해 보상을 하고 있으며 이것을 PSO(Public Service Obligation)라고 한다. PSO는 운임 감면 보상, 벽지 노선 손실 보상, 특수목적 사업비 보상이 있으며 자세한 내용은 다음과 같다.

> ◆ 운임 감면 보상: 법령에 의한 장애인, 노인, 유공자를 대상으로 제공하는 새마을호, 무궁화, 전철 등의 운임 할인액
> ◆ 벽지노선 손실 보상: 7개 벽지노선 운영에 따른 경영손실액
>   * 경전선, 경북선, 영동선, 태백선, 정선선, 중앙선, 장항선
> ◆ 특수목적 사업비 보상: 특별동차 운영경비

1.4 대한민국 철도 환경의 변화

철도안전 측면에서 볼 때 대한민국 철도는 크게 세 개 시대로 구분이 가능하다. 첫 번째는 1894년 일제 치하에서 우리나라에 철도국이 새로 생긴 이후 2004년 이전까지 철도청 시대이다. 철도청 시대는 국가가 철도를 건설하고 운영하던 시대이며, 철도는 일반철도 중심의 보편적인 운송수단으로 인식되어 왔다. 이때는 운영적자 등으로 안전투자가 미흡하고 안전관리가 부족하여 많은 철도사고가 발생하였다. 그럼에도 설이나 추석 명절 등에는 대량 수송을 담당하는 중요한 교통수단으로 그 역할을 충실하게 수행하였다. 그러나 이후 1990년대 자동차 수요가 폭발적으로 증가하고 고속도로가 확대되면서 철도는 교통수단으로서 경쟁력이 약화되는 듯 보였다.

두 번째 시기는 철도 구조개혁 시대이다. 이 시기는 철도의 효율적인 운영을 위해 공무원 조직으로 운영되던 철도청을 한국철도공사와 국가철도공단으로 분리하고, 철도안전 강화를 위해 「철도안전법」이 제정된 시대이다. 정부에서는 오랜 기간 공무원 조직으로 운영되던 철도청을 한국철도공사와 국가철도공단으로 분리하기 위해 「철도산업발전기본법」을 제정하였고, 철도관제는 국가 업무로 귀속시키면서 철도 상하분리를 성공적으로 추진하였다.

그리고 이 시기에 맞추어 우리나라에도 고속철도가 개통되었는데 이로 인해 철도는 그동안 저속·저비용 운송수단이라는 이미지를 벗게 된다. 고속철도의 도입은 우리가 기대했던 것보다 더 큰 사회적·경제적 충격을 주었다. 고속철도는 지역 간 물리적 거리를 대

단히 짧게 바꾸어 버림으로써 경제활동에 크게 기여하였으며 우리나라 대중교통 체계를 바꾸어 버렸다.

또한 이 시기부터 우리나라에는 민간자본에 의한 민자철도가 본격적으로 도입되게 되었는데 대표적으로 공항철도, 신분당선 등을 들 수 있다. 특히 90년대부터 각 지자체는 민간자본을 활용하여 각종 경전철 사업을 추진하기 시작하였다. 이때 생긴 지자체 철도는 용인경전철, 의정부경전철, 부산김해경전철, 서울시메트로9호선 등이 있다. 그러나 앞에서 열거한 경전철은 모두 민간사업자가 파산하여 재구조화를 했다는 공통점이 있다.

세 번째 시기는 철도안전 혁신의 시대이다. 정부에서는 2011년 2월 광명역 KTX 탈선사고를 계기로 철도안전 고도화를 추진하였다. 우선 철도운영기관의 안전관리 강화를 위해 철도안전관리체계를 도입하였다. 그동안은 철도운영기관에서 철도안전관리가 소홀해도 법적으로 처벌할 수 있는 근거가 없었으나 철도안전관리체계를 도입함으로써 철도운영기관의 철도안전관리 책임을 명확히 하였다. 그리고 철도차량의 제작상의 문제나 품질 저하 방지를 위해 철도차량 및 철도용품 형식승인 제도를 도입하여 제3자에 의해 철도차량이 철도차량 기술기준에 적합한지 여부를 검사받도록 하였다. 이후에도 「철도안전법」 개정을 통해 철도교통 관제사 면허제도 도입, 철도차량 개조와 관련된 근거 규정 마련, 철도종사 안전수칙 법제화, 철도사고 등의 보고 지침 개정 등 지속적인 안전관리를 강화하고 있다.

다음 표는 앞에서 설명한 우리나라 철도를 안전관리 측면에서 세 개 시대로 구분하여 정리한 것이다.

[표 3-9] 대한민국 철도 시대 구분

구분	철도청 시대(1.0) (2004년 이전)	철도구조개혁(2.0) (2005~2014년)	철도안전혁신(3.0) (2015년 이후)
법·제도	- 철도청 훈령 등 - 시설·운영 통합운영 - 자체(SELF) 안전관리	- 「철도안전법」 제정 - 철도안전종합계획 수립 - 종사자·차량관리 제도 도입	- 「철도안전법」 개정 - 철도차량 관련 법 제정 - 「철도보안법」 제정
안전투자	- 운영적자 등으로 안전투자 미흡	- 시설부분의 안전투자 증대(정부)	- 노후시설 등 안전 인프라, 차량, 인력개발 등 종합적 체계적 투자
철도산업	- 일반철도 중심 운영	- 고속철도 도입 - 도시철도 확대 및 민간자본 도입	- 고속철도 및 민자노선 확대 - 운영자 다변화
철도에 대한 사회적 인식	- 장거리 이동 교통수단	- 장거리 노선: 레저, 비즈니스 수요 증대 - 도시철도: 통근 수단 - 대중교통으로 정착	- 지속가능 교통수단 - 융복합형 교통수단 - 안전한 교통수단
이용자 요구	- 장거리, 대규모 수송 편의성	- 고속, 일반, 광역 등 다양한 서비스 요구	- 안전과 서비스의 질적 개선

1.5 철도안전관리 강화

우리나라는 「철도안전법」을 도입하고 안전관리를 꾸준히 관리한 결과 그동안 제1차 철도안전종합계획(2005~2010년)과 제2차 철도안전종합계획(2011~2015년)을 통해 대형 철도사고는 1건도 발생하지 않았고, 철도사고는 69% 감소, 사망자는 80% 감소하는 큰 성과를 이루었다.[79]

---

[79] 「[특별기고] 철도안전 정책에 대한 고찰」, 한국교통안전공단 엄득종 수석위원, 철도경제신문, 2021.9.27.

제1차 철도안전종합계획(2005~2010년) 기간에는 대구지하철 화재 참사[80]의 영향으로 대형철도사고 예방에 초점을 둔 안전대책을 중점적으로 시행하였다. 대표적으로 역사와 차량의 내장재 교체, 지하구간 화재안전설비 구축이 포함되어 있다.

제2차 철도안전종합계획(2011~2015년) 기간에는 철도사고 사망자 저감 대책이 중점적으로 추진되었으며, 승강장 스크린도어 설치, 선로 변 안전펜스 설치확대 등이 추진되었다.

제3차 철도안전종합계획(2016~2020년) 기간에는 안전관리체계 정착을 통해 지속적인 철도사고 감소를 목표로 기존의 철도차량과 시설분야의 안전대책과 동시에 종사자의 인적오류관리, 안전관리시스템 강화와 같은 Software 분야의 안전대책이 추진되었다. 당초 제4차 철도안전종합계획(2021~2025년)이 추진 예정이었으나, 제3차 철도안전종합계획의 기간을 2022년까지 확장하여 적용 중이다. 제4차 철도안전종합계획(2023~2027년)이 현재 수립 중에 있다.

1.6 민자철도의 안전관리

우리나라의 민자철도는 철도안전 측면에서 볼 때 해당 노선의 수요와 철도시스템 공급자가 어디냐에 따라 상당한 관리상의 차이가 발생한다. 첫 번째 철도 노선의 수요는 철도건설 시 수요예측이 맞았는지 틀렸는지는 논외로 하더라도 해당 민자사업이 제대로 운영되게 하는 기본적인 자금의 흐름을 만드는 원천이기 때문에 '규모의 경제' 측면에서 중요하다.

철도를 운영하기 위해서는 기본적으로 넓게 분산된 시설물의 관리와 차량 정비 등을 위한 상당한 비용이 필요하다. 철도는 운영시간이 길기 때문에 기본적으로 야간에 정비와 유지보수가 이루어지며 이를 위해 운영비용이 추가된다. 따라서 노선의 길이와 상관없이 철도를 운영하기 위해서는 '기본적인 인력과 시설, 장비' 등이 갖추어져야 한다. 그

---

80 대구지하철 화재 참사 이후 국가 재난상황에 총괄적으로 대응하도록 하기 위해 소방방재청이 2004년 6월 발족하였다.

렇기 때문에 10km의 철도 노선이나 30km의 철도 노선이나 운영비용이 크게 차이 나지 않는다.

또한 200개의 역을 운영하는 대형 도시철도 기관이나 10개 역을 운영하는 소형 도시철도 기관이나 동일하게 법적 요구사항을 준수해야 한다. 큰 운영기관과 작은 운영기관 모두 철도안전관리체계 승인을 받아야 하고 동일하게 위험도 평가를 수행해야 한다. 이것은 역시 비용이 수반되는 일이다. 따라서 노선의 수요는 결국 예산과 이어지게 되고 예산의 규모는 안전관리의 질적 차이를 만든다.

안전관리의 질적 차이란 철도시스템을 이해하고 관리하는 기술의 차이다. 차량 고장이 발생하면 정확한 고장 원인을 밝혀내고 재발이 되지 않도록 개선하고 시스템을 안정적으로 운영하는 것이 필요하다. 그러나 외국의 철도시스템을 그대로 도입한 경우는 이런 것이 불가능하다. 용인경전철의 경우 캐나다의 봄바디어 차량 및 신호 등 전 시스템을 그대로 도입하였으며 차량 및 부품, 신뢰성관리, 자재관리 시스템까지도 그대로 도입하였다. 안전관리 부분도 그대로 도입하여 검사고 구내를 일정 구역(Zone)으로 나누어 허가받은 사람만 출입할 수 있도록 하는 시스템을 도입하는 등 우리나라 철도안전관리와 차이점이 있다.[81] 그리고 철도차량 정비사의 경우 봄바디어 내부 규정에 따라 엔지니어와 테크니션으로 구분하고 엔지니어는 신뢰성관리 및 고장 원인분석 등의 고급 정보와 기술을 관리하고 있으며, 테크니션은 고장을 진단하고 부품을 교환하는 단순한 역할만을 수행하고 있다. 예를 들어 철도시스템에 사용되는 PCB(Printed Circuit Board) 보드가 불량 나면 국내에서 수리하지 않고 수리하는 인력을 양성하지도 않는다. 무조건 해외의 본사로 보내 수리해 온다. 그리고 고장 데이터 등 고급 정보는 모두 해외에 있는 봄바디어 본사의 컴퓨터 서버에 저장된다. 기술종속이 일어나고 있는 것이다. 그리고 안전관리체계의 관리나 위험도 분석도 인력이 작은 민자철도의 경우에는 깊이 있는 관리나 분석이 되지 않고 규정에서 정하는 절차를 겨우 수행하는 정도로 이루어지고 있다. 이러한 안전관

---

81 이 점은 우리나라 철도운영기관이 배워야 할 안전문화의 하나이다. 철도차량 정비고는 낙하물, 고압 전류, 추락, 수시로 입출고되는 차량과 접촉 등의 위험요인이 산재해 있으며, 제대로 된 교육을 이수한 사람만 허용된 구역에 출입할 수 있도록 해야 하는 것이 당연하다.

리의 질적 차이가 발생하는 것이다.

두 번째는 철도시스템 공급자의 문제이다. 신분당선이나 공항철도와 같이 외국 기술을 최소한으로 도입한 곳은 부품의 공급이나 철도시스템의 관리가 상당히 수월한 편이다. 그러나 외국 기술을 전적으로 도입한 경우 해당 시스템을 제공한 제작사가 요구하는 대로 부품가격을 주고 부품을 구매해야 하며 시스템을 현지 사정에 맞게 개량하려고 하는 경우 상상 이상의 금액을 요구하기도 한다. 지자체에서 건설한 경량전철의 경우 지자체의 제한된 예산으로 인해 부품을 구매하는 데 많은 어려움을 겪고 있으며, 결국 부품이 있어야 철도를 운영할 수 있기 때문에 부족한 예산은 인건비를 줄여서 충당하게 된다. 이렇게 인건비가 줄어들면 우수한 기술자가 떠나게 되고 회사의 기술력이 떨어지는 악순환이 발생한다.

서울교통공사 등 대형 철도운영기관도 1990년대에는 외국 시스템을 들여왔으나 차량은 국내 제작사가 참여하도록 하여 국산화의 발판을 마련하고, 곧바로 인력과 자체 예산을 투입하여 부품 국산화에 성공하였으나, 인력과 예산이 적은 경전철의 경우에는 시스템을 교체하기 전에는 부품 국산화는 매우 어려워 보인다. 결국 이것은 예산과 외화의 낭비로 이어질 수밖에 없다.

경전철의 건설이 지연되면서 기술적인 문제가 발생하는 경우도 있는데 의정부경전철의 경우 노선을 1995년 확정하면서 안정적으로 운영된 실적이 있는 시스템으로 설치할 것을 제작사에 요구하였다.[82] 그러나 철도사업이 계속 미루어져 의정부경전철은 2012년 개통하였는데 이 시점에는 이미 20년이나 지난 시스템을 도입한 격이 된 것이다. 의정부경전철보다 15년이나 먼저 개통한 7호선의 추진제어장치가 더 최신의 제어방식을 사용하는 이유이다.[83] 의정부경전철 신호시스템 역시 개통 당시 다른 신규 노선들은 최신

---

82 강길현은 『고속철도차량 유지보수론』이라는 책을 통해 철도차량은 과거 철도사고 등의 영향을 받아 타 수송분야에 비해 기술사양 선정이나 주요 의사결정 시 상대적으로 보수적인 선택을 하는 경향이 있다고 지적하였다.

83 서울교통공사 7호선의 추진제어장치 제어방식은 가변전압 가변주파수 제어(VVVF: Variable Voltage Variable Frequency) 방식을 사용하는 데 반해 의정부경전철은 초퍼제어(Chopper Control) 방식을 사용하고 있다.

의 무선통신 방식 CBTC 신호시스템을 도입하고 있는데 유도루프 방식의 구식 통신방식을 사용하고 있으며, 부품도 단종된 것이 많아 부품을 구매하는 데 많은 어려움을 겪고 있다.

1990년대 우리나라 지자체에서 경쟁적으로 추진했던 민자철도는 대부분 지배구조가 변경되거나 파산했다. 안전관리 측면에서 철도종사자의 고용불안은 분명 인적요인 중 '환경' 부분에 해당하는 중요한 요소이며, 파산이나 지배구조 변경은 인적요인에 영향을 미칠 수 있는데 다행히 해당 기관의 종사자는 고용승계가 이루어져 큰 문제는 발생하지 않았다. 그러나 운영을 위해 국제소송비용 등 국민의 혈세가 투입되는 SOC 사업은 이런 실패가 발생하지 않도록 관리를 강화하고 철저한 감시를 해야 한다.[84]

1.7 무인운전 철도의 안전관리

1.7.1 무인운전 철도 개요

무인운전 철도는 철도기술의 발달과 철도운영을 효율화하기 위한 목적으로 2000년대 초반부터 지자체 경전철을 중심으로 본격적으로 개통되기 시작했다. 국내 운영 중인 무인운전 철도 노선은 10개 노선으로 고무바퀴 형식의 차량이 3개, 철제차륜 형식의 차량이 6개, 자기부상식 철도차량이 1개 노선이다. 10개 무인운전 철도의 개통일자, 노선거리, 표정속도, 운행시격 등은 다음 [표 3-10]과 같다.

---

84 용인경전철은 1997년 이인제 당시 경기도지사의 지시로 검토가 시작되었다. 2002년 한국교통연구원은 1일 예상수요를 13만 9천 명으로 제시했으며 2010년 6월 완공되었다. 그러나 시행사인 캐나다 봄바디어와 최소수입보장비율 등을 놓고 국제소송을 벌이느라 2013년 4월에야 개통했다. 여기까지 전체 공사비용과 국제소송비용 등 용인시민이 부담한 금액만 1조 원이 넘어갔다. 그리고 공무원의 비리도 드러나 전 용인시장이 구속되는 등 용인경전철은 민간투자사업의 총체적인 부실을 적나라하게 드러낸 대표적인 사업으로 역사에 남게 되었다. (출처: 이투데이 2012.5.3. 홍성일 기자)

[표 3-10] 무인운전 철도 현황

노선	개통일자	노선거리(km)	역수(지하역수)	차량제작사	표정속도(km/h)	사업형태	운행시격(분) RH	운행시격(분) NRH	차량보유량(칸)	편성구성	안전요원탑승여부
부산 4호선	'11.03.30.	12.7	14(9)	우진산전	30	재정	5	8	102	6칸 1편성	미탑승
부산 김해 경전철	'11.09.17.	22.4	21(0)	현대로템	33	민자	4.39	5.67	50	2칸 1편성	미탑승
신분당선	'11.10.28.	31.1	13(12)	현대로템	49.8	민자	5	8	120	6칸 1편성	탑승
의정부 경전철	'12.07.01.	10.6	15(0)	지멘스	32.5	민자	3.3	6~10	30	2칸 1편성	미탑승
용인 경전철	'13.04.25.	18.1	15(0)	봄바디어	36.3	민자	3~4	6~10	30	1칸 1편성	미탑승
대구 3호선	'15.04.23.	23.1	30(0)	히다찌	28.6	재정	5	7	84	3칸 1편성	탑승
자기부상철도	'16.02.03.	6.1	6(0)	현대로템	36	재정(국가R&D)	15	15	8	2칸 1편성	탑승
인천 2호선	'16.07.30.	29.1	27(21)	현대로템	33.5	재정	3.3	6.0	74	2칸 1편성	탑승
우이 신설 경전철	'16.11.30.	11.4	13(13)	현대로템	28.7	민자	3.0	4~12	36	2칸 1편성	미탑승
김포 경전철	'19.09.28.	23.7	10(9)	현대로템	45.0	재정	3.0	6.0~9.0	46	2칸 1편성	탑승

무인운전 철도는 비상시 기관사의 역할을 관제사와 역무원에게 위임시켜 놓고 있다. 그렇기 때문에 비상상황이 발생한 경우 관제사가 모든 상황을 통제해야 한다. 관제사는 차량 고장 등으로 열차가 정지한 경우 고장 상황을 파악해야 하며 승객이 차량 밖으로 나가지 못하도록 적극적인 통제를 해야 한다. 대부분의 무인운전 철도는 제3궤조식 급전방

식을 사용하여 선로 변에 고압이 흐르고 감전의 위험이 있기 때문이다.[85] 결국 무인운전 철도의 안전관리에서 가장 중요한 것은 관제사의 역량이다.

무인운전 철도는 기관사가 없는 대신 차량 내 CCTV 및 비상통화장치 등을 추가로 설치하는 등 안전기능을 강화하는 형태로 운영된다. 따라서 시스템의 고장에 의한 장애는 발생하고 있으나 인적오류에 의한 충돌 등의 대형사고는 발생하지 않고 있다. 일부 무인운전 철도 운영기관에서는 차량 고장 등 비상상황에 대비하여 안전요원을 탑승시키고 있으며 안전요원은 철도차량 운전면허를 보유하고 차량 고장 시 응급처치와 수동운전을 시행한다. 다음 [표 3–11]은 무인운전 철도의 안전설비를 정리한 것이다.

[표 3–11] 무인운전 철도의 안전설비 현황

노선	신호 방식	급전 방식	PSD 설치 여부	탈선 검지장치 설치 여부 (차량)	장애물 검지장치 설치 여부 (선로)	장애물 검지장치 설치 여부 (차량)	자동 입출고 가능 여부 (유치선-본선)	차량 내부 CCTV 설치 여부	차량 내부 관제실 통화장치 설치 여부
부산 4호선	ATP/ATO	제3궤조식	설치	미설치	미설치	설치	가능	설치	설치
부산김해 경전철	RF CBTC	제3궤조식	설치	설치	미설치	설치	가능	설치	설치
신분당선	RF CBTC	강체 가선 (AC 25,000V)	설치	설치	미설치	설치	가능	설치	설치
의정부 경전철	IL CBTC	제3궤조식	설치	미설치	미설치	설치	가능	설치	설치
용인 경전철	RF CBTC	제3궤조식	설치	미설치	미설치	미설치	불가	설치	설치
대구 3호선	ATP/TD	강체식	설치	미설치	미설치	미설치	가능	설치	설치
자기부상 철도	IL–CBTC	제3궤조식	설치	미설치	미설치	미설치	가능	설치	설치

---

85 제3궤조식 급전방식이란 일반철도처럼 구조물을 세워 위쪽에서 전차선을 통해 전기를 공급하는 방식(가공식)이 아니라 선로와 평행하게 급전라인을 부설하여 지상에서 전기를 공급하는 방식이다. 가공식에 비해 공사비용이 저렴하나 급전되어 있는 선로에 출입이 어려운 단점이 있다.

노선	신호 방식	급전 방식	PSD 설치 여부	탈선 검지장치 설치 여부 (차량)	장애물 검지장치 설치 여부 (선로)	장애물 검지장치 설치 여부 (차량)	자동 입출고 가능 여부 (유치선-본선)	차량 내부 CCTV 설치 여부	차량 내부 관제실 통화장치 설치 여부
인천 2호선	CBTC	제3궤조식	설치	미설치	미설치	설치	가능	설치	설치
우이신설 경전철	RF CBTC	제3궤조식	설치	설치	미설치	설치	가능	설치	설치
김포 경전철	RF CBTC	제3궤조식	설치	설치	미설치	설치	불가	설치	설치

1.7.2 무인운전 철도의 운행장애 현황

무인운전 철도의 운행장애 현황은 다음 [표 3-12]와 같다. 10분 이상 지연된 운행장애는 3년 평균 자기부상열차(11.3건) → 부산김해경전철(5건) → 우이신설선(3.3건) 순으로 나타났다.

[표 3-12] 무인운전 철도 운행장애 현황

노선	사고(운행장애) 건수											승객 안전사고 현황						km당 유지 관리 인력 (명/km)
	사고 (10분 이상 지연)				운행 장애 (10분 미만)			운행 장애 (5분 미만)			귀책			면책			
	'17	'18	'19	평균	'17	'18	'19	'17	'18	'19	'17	'18	'19	'17	'18	'19	
부산 4호선	0	1	1	0.7	2	1	0	3	5	0	1	1	3	0	0	0	33.1
부산김해 경전철	5	5	5	5.0	81	89	57	59	70	46	0	2	0	8	9	6	8.3
신분당선	1	2	2	1.7	1	0	5	8	11	13	0	0	0	8	5	4	13.9
의정부 경전철	2	0	4	2.0	-	-	2	-	-	2	0	0	5	0	0	21	10.8
용인 경전철	0	2	3	1.6	6	7	5	2	0	1	1	-	-	1	5	1	13.4
대구 3호선	1	3	0	1.3	1	1	3	4	8	4	34	30	18	3	5	14	25.8

| 노선 | 사고(운행장애) 건수 ||||||||||| 승객 안전사고 현황 |||||| km당 유지관리 인력 (명/km) |
| | 사고 (10분 이상 지연) |||| 운행 장애 (10분 미만) ||| 운행 장애 (5분 미만) ||| 귀책 ||| 면책 ||| |
	'17	'18	'19	평균	'17	'18	'19	'17	'18	'19	'17	'18	'19	'17	'18	'19	
자기부상 철도	6	15	13	11.3	23	3	2	35	4	4	0	0	0	0	0	0	10.2
인천 2호선	2	1	-	1.0	2	1	1	42	5	13	8	5	2	5	8	10	20.4
우이신설 경전철	1	3	6	3.3	0	0	0	0	0	0	0	0	0	0	1	0	13.7
김포 경전철	0	0	0	0.0	0	0	1	0	0	0	0	0	0	0	0	0	8.5

그런데 무인운전 철도의 운행장애를 분석한 결과 유지관리 조건에 따라 사고나 장애 비율에 많은 차이가 발생하는 것을 알 수 있었다. km당 유지관리 인력이 가장 작은 기관은 부산김해경전철 8.3명/km 〈 김포경전철 8.5명/km 〈 자기부상철도 10.2명/km 〈 우이신설 10.7명/km 〈 의정부경전철 10.8명/km 순인데 사고장애 발생 빈도와 거의 일치하는 것을 알 수 있다. 그리고 일부 경전철 운영기관은 한정된 예산으로 인해 타 도시철도 운영기관에 비해 임금 수준이 낮다. 이로 인해 무인운전 철도관제사가 타 기관으로 이직해서 해당 무인운전 운영기관에서는 관제사가 부족해 어려움을 겪은 사례가 있다. 철도관제사는 관계 법령에 따라 실무수습을 이수해야 하며 해당 노선에 대한 숙지와 업무 노하우가 필요하기 때문에 아무나 채용할 수 없기 때문이다.

위의 내용으로 미루어 보아 유지관리 인력 수와 직원의 처우 문제 등은 해당 노선의 사고 및 장애 발생 비율과 무관하다고 볼 수 없다.

1.7.3 무인운전 철도의 취약요인

무인운전 철도는 기관사가 없기 때문에 기본적으로 다음과 같은 구조적인 취약요인을 갖는다. 첫 번째로 역간 거리가 긴 구간의 경우 차량 고장 등 발생 시 열차가 역과 역 사이에 정차할 가능성이 커지며 장애 등이 지연될 경우 승객의 대피도 매우 어려워진다. 만약 안전요원이 탑승하지 않은 경우 인근 역 또는 다른 차량에 탑승한 안전요원이 도착할 때까지 최소 20분 정도 소요되기 때문에 고장조치에 시간이 걸리고 만약 승객이 차량의 출입문을 열고 대피를 시도하는 경우 해당 구간의 열차운행이 정지되기 때문에 지연은 더욱 늘어나게 된다.

대표적인 사례로 지난 2020년 12월 21일 김포경전철 김포공항역과 고촌역에서 발생한 운행장애를 들 수 있다. 이 운행장애는 퇴근 시간인 18시 32분경 차량이 고장 나 차량에 있던 승객이 선로로 대피하면서 크게 언론에 보도되었다. 차량의 고장은 열차종합제어장치(TCMS: Train Control and Monitoring System) 고장으로 차량의 DC 전원까지 차단되면서 열차가 역과 역 사이에 멈추었다. 하필이면 김포공항역과 고촌역은 역간 거리가 3.9km로 무인운전 철도 노선 중 매우 긴 구간이었으며 당시 김포경전철은 승객이 너무 많아 승객이 200% 이상으로 운행 중이었다. 또한 DC 전원이 차단되어 관제사에 의한 대승객 안내방송이 되지 않아 열차 안의 승객은 아무런 안내도 받을 수 없는 상황이었다. 게다가 김포경전철은 개통 초기 안전관리 강화를 위해 전 열차에 안전요원을 탑승시키고 있었는데 당시 코로나 19로 인해 2개 열차에 1명씩만 탑승시키고 있었고 고장 차량은 안전요원이 없던 차량이었다. 그리고 1인 근무로 운영되던 역사에서 역무원이 식사를 하러 간 사이에 장애가 발생하였으며, 관제사도 지정휴무를 사용하여 관제사까지 부족한 최악의 조건에서 발생하였다.[86]

두 번째로 역사가 지하에 위치한 경우이다. 경전철 무인운전은 효율화를 위해 최소 인력으로 운영하다 보니 역사에 많은 인력을 배치하기 어려운 경우가 대부분이다. 그런데 지하 역사는 원래 구조적으로 화재와 연기에 취약한 구조이기 때문에 1명 내지 2명의 역무원으로는 화재 등 발생 시 신속한 대응을 기대하기 어려운 점이 있다. 사실 도시철도는

---

86 이 밖에도 장애 발생 초기에 관제사가 후속열차 안전요원을 무전으로 호출하였으나 해당 안전요원은 무전기 채널이 다른 채널로 변경되어 있는 것을 인지하지 못하여 5분 이상 초기 대응이 지연되었고, 안전요원이 초기 구원운전 방법을 숙지하지 못해 구원운전에 실패하고 승객이 임의로 출입문을 개방하고 대피하여 복구가 지연되는 등 비상대응절차 전반적으로 많은 문제점을 노출한 장애였다.

대부분이 지하에 위치하고 있으며 지하에 위치한 역사에서 화재가 발생한 경우 그 피해가 얼마나 클지 아무도 예상할 수 없다. 운영비 등의 문제로 역무원을 최소한으로 운영하는 무인운전 철도는 소방방재 시스템에 대한 유지관리와 훈련 기능 상태 점검 등 안전관리가 더욱 철저해야 하는 이유이다.

세 번째로 선로에 대피로가 없는 경우이다. 무인운전 경전철의 경우 비상대응계획은 역과 역 사이에 열차가 정지한 경우 가장 가까운 역에 열차를 정차시키는 것이 SOP의 기본이다. 그럼에도 불구하고 최악의 경우 역과 역 사이에 열차가 정지한 경우를 가정하여 선로에 대피로를 만들어 놓았다. (대구 3호선 모노레일의 경우 교각의 구조로 인해 선로에 대피로가 없다.) 그러나 이 대피로는 모든 선로에 다 있는 것이 아니고 노선의 구조상 없는 곳도 있으며 대피로 자체가 위험한 곳이 있다. 부산김해경전철의 경우 이 노선은 부산 사상에서 낙동강을 넘어 김해로 이어지는데 이 구간은 구간도 길 뿐 아니라 안전펜스도 낮아 승객이 선로로 대피하는 것도 위험하다. 따라서 별도의 안전대책이 마련되어야 하나 특별한 대책을 마련하지 못하고 있다.

교각 구조의 무인 경전철은 열차가 선로에 정차한 경우 최악의 경우를 고려하여 인근 크레인 업체와 업무 협약을 맺고 승객 구조 계획을 수립하고 있으나 위와 같이 역과 역 사이가 길거나, 특히 강을 건너는 경우 마땅한 방법이 없는 경우가 생긴다. 따라서 이런 취약한 요인이 있는 노선을 운영하는 무인운전 노선은 안전요원을 반드시 탑승시키도록 하는 기준을 마련할 필요가 있다.

1.7.4 무인운전 철도의 안전기능

무인운전 철도는 승강장 PSD(Platform Screen Door), 차량 내부 CCTV, 차량 내부와 관제실 간 비상통화장치 등 기본적인 안전기능을 갖추고 있다. 그러나 탈선 검지장치, 관제사에 의한 구원운전 기능(운행 중인 차량에서 고장이 발생한 경우 관제사가 후속 열차를 이용하여 원격으로 구원운전을 할 수 있도록 하는 기능) 등은 일부 노선에만 설치가 되어 있다. 다음 [표 3-13]은 시스템의 안전기능을 정리한 것이며 [표 3-14]는 무인운전 철도의 관제실 통제 범위 및 안전기능을 종류별로 구분한 것이다.

[표 3-13] 무인운전 철도시스템 안전기능

노선	차량 내 감시 가능 여부	PSD 제어 (원격 개방) 가능 여부	열차 비상정지 가능여부	차량 내 출입문 원격 제어 가능 여부	차량에 발생한 고장 이벤트를 관제에 알려주는지 여부
부산 4호선	가능	가능	가능	가능	표시
부산김해경전철	불가	불가	가능	가능	표시
신분당선	가능	불가	가능	가능	표시
의정부경전철	가능	가능	가능	가능	표시
용인경전철	불가	가능	가능	가능	표시
대구 3호선	가능	가능	가능	불가	표시
자기부상 철도	가능	가능	가능	가능	표시
인천 2호선	가능	가능	가능	가능	표시
우이신설경전철	가능	가능	가능	가능	표시
김포경전철	가능	가능	가능	가능	표시

위의 표를 살펴보면 철도시스템에 따라 관제실에서 PSD의 원격제어가 가능한 경우도 있고 불가능한 시스템도 있으며 차량 내 출입문의 원격제어도 가능한 곳과 불가능한 곳이 있는 것을 알 수 있다. 만약 향후 타 지자체 등에서 경전철을 도입하는 경우 위의 안전기능의 종류는 시스템 도입 시 좋은 참고가 될 것이다.

[표 3-14] 무인운전 철도 관제실 통제 범위

노선	1개 열차 기동불능 시 구원운전 하는 경우			추진제어장치 1/2 고장 시	
	관제사가 후속차 등으로 구원운전 가능 여부	구원연결까지 걸리는 시간(min)	구원운전 후 주행속도 (km/h)	자력운전 가능 여부	관제사 제어 가능 여부
부산 4호선	불가능	30	FMC 25km	가능	불가능
부산김해경전철	불가능	30	25	가능	가능
신분당선	불가능	30	45(견인) 25(추진)	가능	가능
의정부경전철	가능	15분	18	가능	가능
용인경전철	불가능	약 15분	25 이하	가능	가능
대구 3호선	불가능	17분	25	가능	불가능
자기부상철도	불가능	30	5	가능	불가능
인천 2호선	불가능	30	15	가능	불가능
우이신설경전철	가능	20	15	가능	가능
김포경전철	가능	20	15	가능	가능

그리고 세 개 노선을 제외하면 관제사에 의한 구원운전이 불가능한 것을 알 수 있는데 무인운전의 특성을 고려하면 관제사에 의한 구원운전이나 차량의 추진제어장치 고장 시 관제사가 열차를 통제할 수 있는 기능 등은 시스템 설치 시 꽤 유용하게 사용될 기능이라고 할 수 있다.

2. 해외 철도사고 현황

우리나라의 철도가 얼마나 안전한지 살펴보기 위해 유럽의 국가들과 철도안전지표를 비교해 보았다. 유럽의 철도가 다른 국가에 비해 철도사고 현황을 비교하기 수월한 이유는 유럽철도국(ERA: European Railway Agency)과 국제철도연맹(UIC: International Railway Union)[87]에서 철도사고를 관리하고 있기 때문에 동일한 조건의 우리나라 철도사고 현황을 대입하면 철도 운행과 관련된 안전성 지표 분석이 가능하기 때문이다. 그러나 철도사고는 국가별 철도 운행 특성을 반영한 것이 아니기 때문에 사고가 많다고 해서 반드시 해당 국가의 철도안전관리가 허술하다는 것을 의미하지는 않는다.

유럽의 경우 TSI(Technical specifications for interoperability) 기술기준[88]에 맞는 차량은 유럽 어디든 운행할 수 있기 때문에 유럽철도국의 법적 제재를 받아야 한다. 그래서 사고 현황 등도 공유가 되고 있으나 유럽에 포함되지 않는 미국이나 일본은 철도사고 현황을 공개하지 않는다. 우리나라는 한국철도기술연구원이 철도안전과 관련하여 국제교류 프로그램에 참여할 수 있도록 정부에서 지원하고 있다.

---

87 국제철도연맹은 국가 간 철도교통에 의한 물류 및 여객의 원활한 흐름을 위해 철도의 건설과 운영에 있어서의 기술의 향상 및 표준화 등의 목적으로 1922년에 설립되었다. 국제철도연맹은 가입된 회원에게 기술적 및 운영의 경험에 대한 노하우, 규정, 규격 등을 제공한다. 혁신적인 아이디어 및 개념의 보급, 핵심 프로젝트 개발 등을 지원하며 국제세미나, 포럼, 콘퍼런스 등을 개최한다.

88 TSI는 유럽연합(EU) 회원국들 간의 열차운행중단 없이 안전한 운행을 위해 필수 요구사항을 충족하고 유럽 전역의 철도시스템 사이에 상호연계 할 수 있도록 철도통합운영을 목적으로 2008년 유럽연합의 핵심기구인 유럽공동체(European Community)에서 유럽철도의 상호운영성에 관한 법률(2008/57/EC)로 제정되었다. 우리말로 번역하면 유럽철도의 상호운영성 기술기준으로 번역된다. 여기서 상호운영성(interoperability)은 필수 요구사항을 충족시키기 위하여 갖추어야 할 모든 법규, 기술 및 운영조건에 기초를 두고 있다.

2.1 ERA 통계

이 장에서 사용된 철도사고 자료는 유럽 24개국의 자료를 사용하였다. 유럽철도국의 자료는 유럽 「철도안전법」에 따라 공식적으로 접수되고 전문가에 의해 검증된 자료이기 때문에 다른 통계자료에 비해 매우 공신력이 있다. 국내 철도사고 자료는 국제기준에 따라 일부를 환산하여 비교하였다.

다음 그림은 국가별 철도사고 발생 현황을 나타낸다. 2019년에 발생한 중요 사고(Significant Accident)를 기준으로 하였다. 유럽연합의 경우 코로나 19로 인하여 열차운행을 일정기간 중지하는 shut down 기간이 있어, 2020년도와 2021년도 통계는 과거의 통계에 비해 연속성이 없어, 연속성이 있는 비교를 위해서 2019년까지 발생한 자료를 기준으로 하였다. 이 중요 사고(Significant Accident)는 유럽의 「철도안전법」에 따라 모든 국가가 의무적으로 보고해야 하는 사고이다. 중요 사고는 다음의 네 가지 중 최소 한 가지 이상의 요건을 충족해야 한다. 유럽에서는 국가 간 철도안전 비교를 위한 최소한의 요건이며, 많은 국가와 운영기관에서는 자체적으로 더욱 강화된 기준에 따라 사고통계를 관리 중에 있다.

① 1인 이상의 중상자/사망자 발생(중상자 기준이 국내보다 강화되어 있음)
② 15만 유로(약 2억 245만 원) 이상의 물적 피해가 발생한 사고
③ 6시간 이상 본선 지장을 초래한 사고
④ 위험물 누출 등을 통해 환경피해를 유발한 사고

철도사고를 국가별로 비교하기 위해서는 국가별 특징을 고려해야 한다. 유럽의 경우 많은 국가가 우리나라보다 화물열차 운행 비중이 2~5배 높다. 화물열차의 사고율이 상대적으로 높기 때문에 여객열차와 고속열차 운행 비중이 높은 우리나라가 국제 비교 시 유리한 수치가 도출된다. 그리고 유럽은 최근 사고조사가 강화되어 단순한 열차사고가 발생하여도 6시간 이상 본선 운행이 중단되는 경우가 많기 때문에 열차사고에 따른 지연

시간도 직접적인 비교 시 정확하지 않을 수 있다.

파란색 그래프는 2019년에 발생한 중요 사고(Significant Accident)를 나타내며 빨간색 그래프는 2015년부터 2019년의 5년간의 평균값을 나타낸다. 영국이 가장 양호한 지표를 나타내고 있으며 그다음으로 우리나라와 네덜란드 등이 그 뒤를 따르고 있다. [그림 3-6], [그림 3-7]은 1억 km당 주요 사고 발생건수를 안전한 국가들만 표시한 것이다.

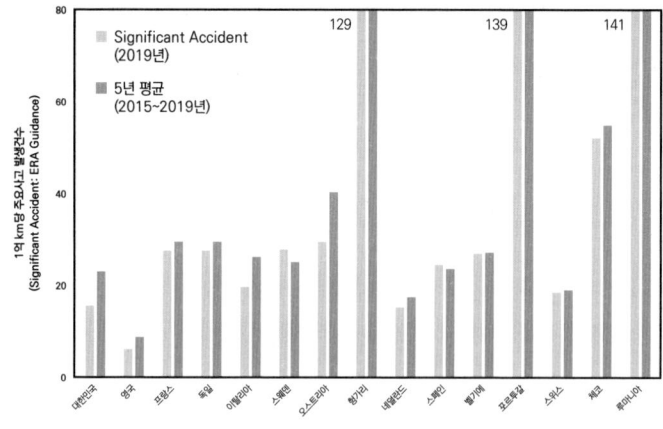

[그림 3-6] 1억 km당 주요 사고 발생건수

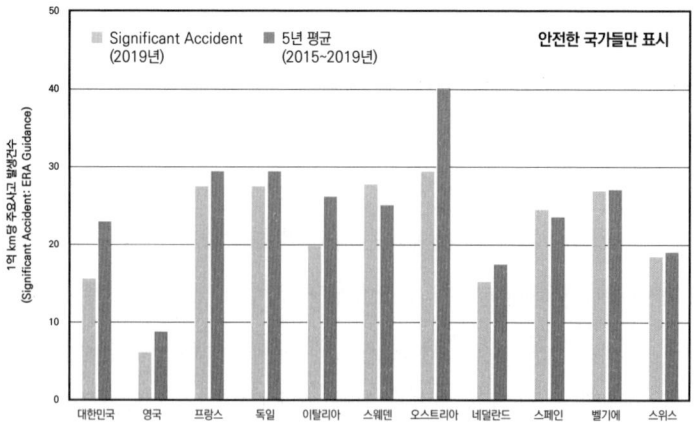

[그림 3-7] 1억 km당 주요 사고 발생건수(높은 수준의 철도안전관리 국가)

다음 [그림 3-8]은 1억 km당 주요 사고 발생률의 변화 추세를 비교한 것이다. 우리나라는 파란색 점선으로 표시되어 있으며 다른 나라들보다 사고가 급격히 감소하는 것을 알 수 있다. 우리나라는 2019년을 기준으로 비교하면 3위 수준이며, 국내의 철도안전성이 크게 개선될 때 선진국의 안전성도 동시에 개선되기 때문에 국가별 순위보다는 국내의 개선 추세가 더욱 중요하다. 역시 영국은 지속적으로 낮은 수준의 사고 발생률을 기록하고 있는 것을 알 수 있다.

대부분의 국가에서 주요 사고 발생이 감소 추세이며, 사고 발생이 1억 km당 10~30건 사이로 발생 중이다.

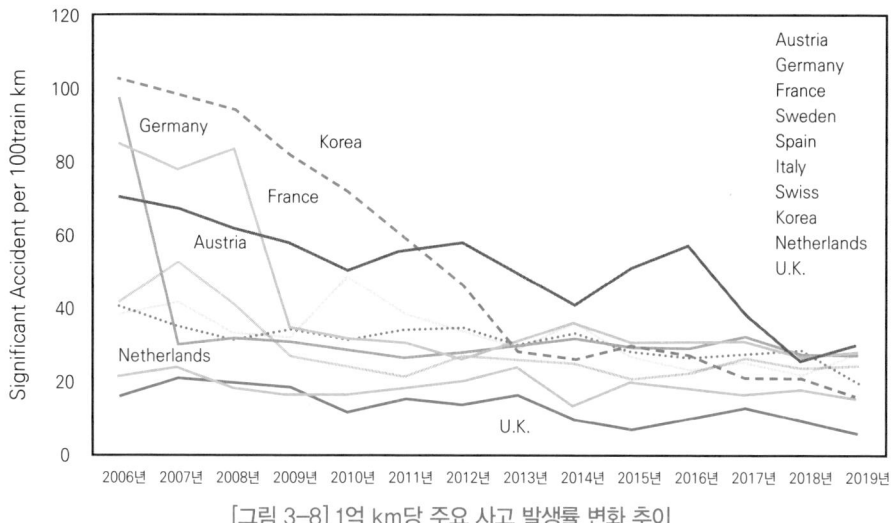

[그림 3-8] 1억 km당 주요 사고 발생률 변화 추이

다음 [그림 3-9]는 국가별 중대 열차사고 발생현황을 나타낸다. 중대 열차사고란 열차 운행 중 발생하는 사고로 열차의 탈선, 충돌, 화재, 위험물 사고를 말한다. 이 열차사고는 사고가 발생하면 대형사고로 이어질 수 있기 때문에 모든 국가에서 최우선적으로 관리하고 있다. 여기에서는 철도건널목 사고는 제외하였다.

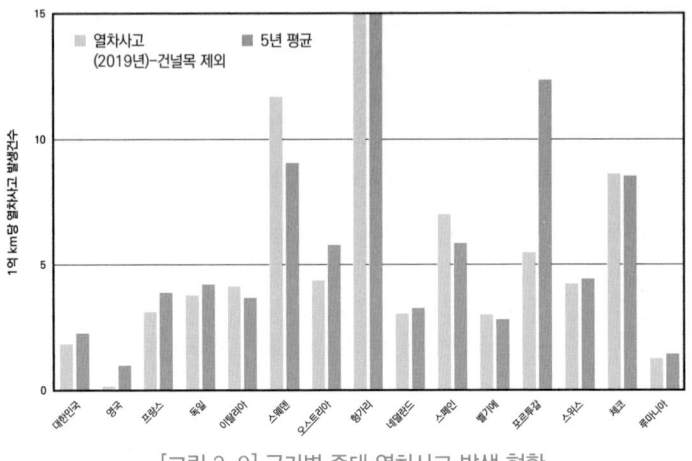

[그림 3-9] 국가별 중대 열차사고 발생 현황
(2019년 발생 1억 km당 열차사고 발생건수, 건널목 제외)

1억 km당 중대사고 발생건수는 다음 표와 같다. 여기서 중대사고란 열차탈선, 충돌, 화재, 위험물 유출사고를 포함하며 철도건널목 사고는 포함하지 않는다. 연간 5건 이하의 사고율을 유지하면 선진국으로 분류되는데 우리나라는 2019년도에 열차운행 1억 km당 1.9건이 발생하여 선진국 수준이라고 말할 수 있다.

다음 [그림 3-10]은 철도건널목 사고를 포함한 1억 km당 열차사고 발생률을 나타낸다. 건널목 사고가 많은 국가를 제외하고 주요 선진국만 비교한 것이다.

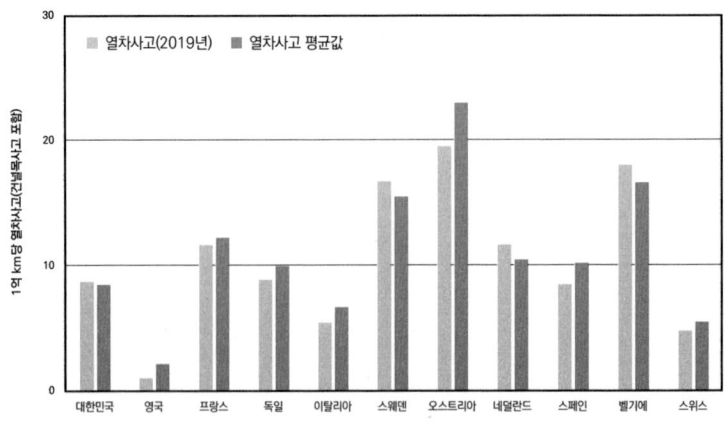

[그림 3-10] 1억 km당 열차사고 발생률(건널목 사고 포함)

다음 [그림 3-11]은 주요 국가의 철도건널목 사고를 포함한 철도사고 발생률 추세를 나타낸다. 철도건널목 사고는 철도운영자의 노력만으로 예방이 어려워 많은 국가에서 국가 차원의 관리가 진행 중이다. 전 세계 주요 사고 중 50% 이상이 철도건널목 사고이다.

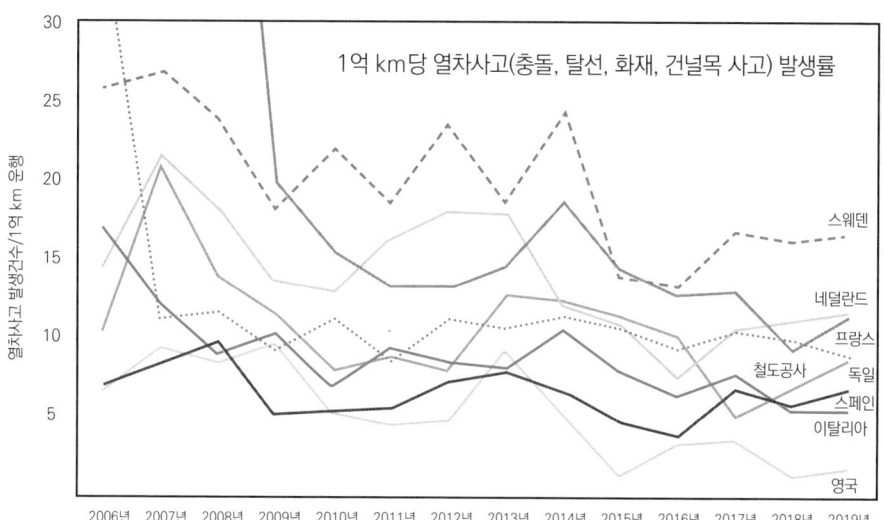

[그림 3-11] 열차사고 발생건수(충돌, 탈선, 화재, 건널목 사고)

다음 [그림 3-12]는 주요 국가의 철도에서 발생한 자살사망자 발생률을 비교한 것이다. 우리나라는 전 세계에서 가장 낮은 철도 자살률을 나타내고 있다. 이것은 스크린도어 등 안전설비의 설치 비율이 높아 자살률이 낮아진 것으로 다음 그림에서 확인이 가능하다. 우리나라의 자살자 수는 2004년부터 조금씩 증가하고 있으나, 철도에서의 자살자 수는 지속적으로 감소하고 있는 것을 알 수 있다.

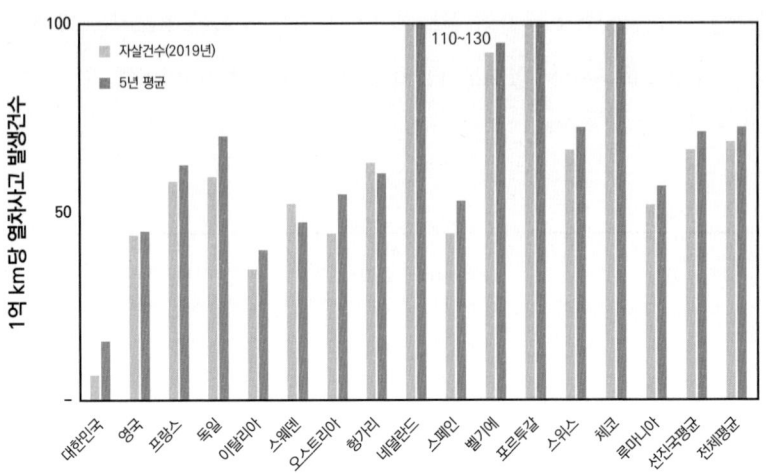

[그림 3-12] 주요 국가의 철도에서 발생한 자살사망자 발생률 비교

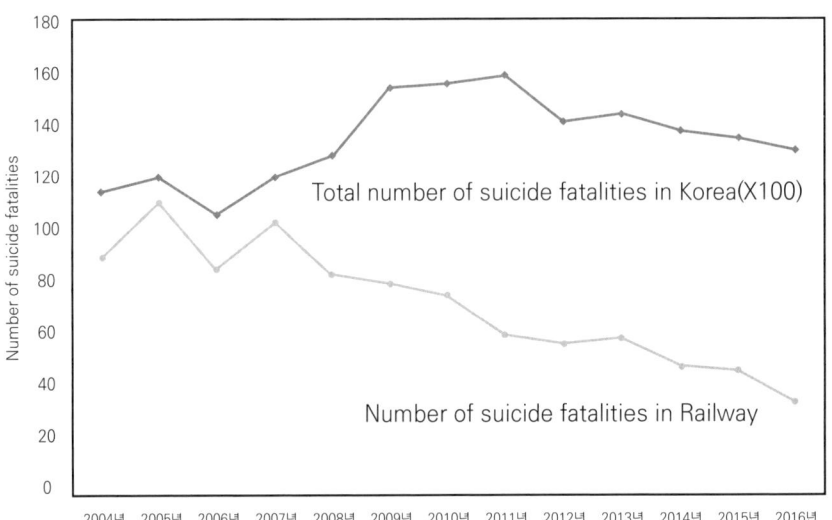

[그림 3-13] 우리나라 전체 자살 사망자 수 및 철도에서 발생한 자살 사망자 수 현황

다음 [그림 3-14]는 주요 선진국 국가에서 발생한 1억 km당 철도건널목 사고 발생률을 비교한 것이다. 우리나라는 철도건널목 사고의 경우 사고 발생률이 다소 높은 편에 속해 있는 것을 알 수 있다.

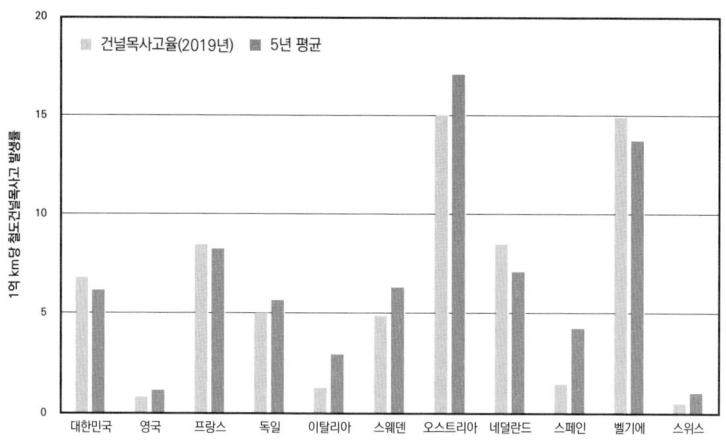

[그림 3-14] 1억 km당 철도건널목 사고 발생률

그런데 다음 [그림 3-15]를 보면 우리나라가 철도건널목 사고가 다른 나라에 비해 훨씬 더 많은 것을 알 수 있다. 이 그림은 철도건널목 1,000개소당 발생한 건널목 사고를 나타낸다. 철도건널목 사고는 해당 건널목을 통과하는 차량의 수, 건널목의 상태, 해당 국가의 국민성 등 다양한 변수가 존재하기 때문에 직접적인 비교는 어려우나 우리나라가 건널목 사고가 유독 많은 것은 다시 한번 사고 원인을 살펴볼 필요가 있을 것으로 생각된다.

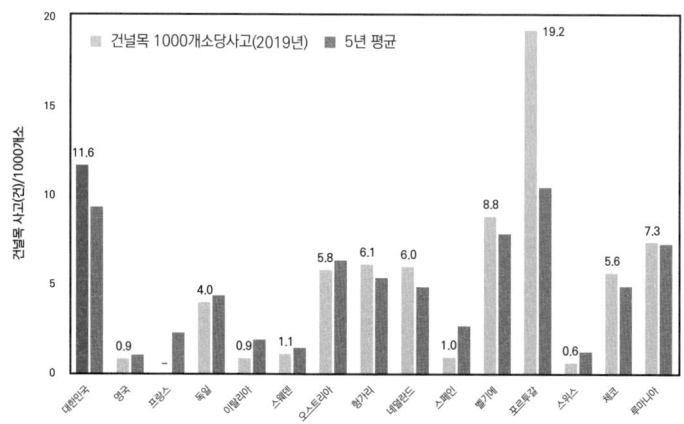

[그림 3-15] 철도건널목 1,000개소당 발생한 건널목 사고

2.2 UIC 통계

이 장에서는 국제철도연맹의 철도안전 통계를 사용하여 비교하였다. 통계 분석기간은 2004~2019년의 14년이나, 주된 분석은 2019년과 최근 5년(2014~2018년)의 통계이다. 이 철도안전 현황에 사용된 안전등급은 국가별로 네 개 등급으로 구분하여 수록하였다. 일반적으로 상위 25% 이내의 안전성을 보이는 국가를 선진국으로 분류하고 있으며, 모든 지표에서 상위 25%에 랭크된 국가는 영국이 유일하다.

이 통계자료에는 EU 회원국을 포함하여 총 31개 국가가 참여하였다. 참여 국가는 EU 회원국(24개), 러시아, 그리스, 한국, 핀란드, 우크라이나, 사우디아라비아 그리고 가봉이 참여하였다.

유럽에서 관리하고 있는 철도사고의 형태별 발생률을 비교하면 다음 표와 같다. UIC는 형태별 발생을 12개 사고 형태로 분류하고 있으며 ERA는 7개로 분류하고 있다. UIC의 자료에 따르면 전체 사고 형태 중 가장 큰 비중은 열차와 사람의 접촉이며 전체의 81%를 차지한다. (표에서는 'Individual hit by a train'에 해당하며 건널목 사고를 포함한다.) 두 번째 형태는 열차와 장애물 충돌이며 10.9%를 차지한다. (표에서는 'Train collision with an obstacle'에 해당하며 건널목 사고를 포함한다.) 세 번째 형태는 입환(Shunting operation) 과정에서 발생한 사고이며 3.1%를 차지하고 있다.

철도사고가 발생하는 원인을 구분하면 2019년 자료를 기준으로 외부요인에 의한 사고가 91.9%, 내부요인에 의한 사고가 7.7%로 나타났다. 외부요인은 제3자에 의한 선로 침입이 90.4%를 차지하고 있으며, 세부적으로 무단침입, 건널목에서의 차량 침입, 건널목에서 보행자 침입 등이 대부분을 차지한다. 그리고 기후나 환경 등에 의한 외부요인이 1.5%를 차지한다.

철도사고가 발생한 내부요인으로는 시설에 의한 것이 1.9%, 차량 1.3%, 인적오류에 의한 것이 3.7%, 승객 등 사용자에 의한 것이 0.7%라고 밝히고 있다. 다음 [표 3-15]는 ERA와 UIC의 철도사고를 형태별로 구분하여 비교한 것이다.

[표 3-15] ERA와 UIC의 철도사고 분류 기준 비교

UIC		ERA	
3.0%	Derailment of trains	3.0%	Derailment of trains
0.5%	Train collision with another train	0.5%	Train collision with another train
2.9%	Train collision with an obstacle not at LC	2.9%	Train collision with an obstacle not at LC
8%	Train collision with an obstacle at LC	12.8%	LC accidents, including accidents involving pedestrans at LC
4.8%	Individual hit by a train at LC		
76.2%	Individual hit by a train not at LC	77.2%	Accidents to persons caused by rolling stock in motion, with the exception of suicides
1.0%	Individual falling from a train		
0.3%	Fire in rolling stock	0.3%	Fire in rolling stock
0.1%	Electrocution by overhead line or third rail	3.3%	Other types of accidents
0.0%	Accident involving dangerous goods		
3.1%	Shunting operation		
0.0%	Runaway vehicles		

* LC(Level crossing, 철도건널목), Shunting operation(입환)

다음의 [표 3-16]은 국제철도연맹에 가입한 회원국에서 발생한 전체 사고 통계이다. 주요 분류로는 열차와 장애물과 충돌(collision with obstracle), 열차 간의 충돌(collision between trains), 철도건널목 사고(Level crossings), 열차의 탈선(derailment), 사상사고(individual & rolling stock in motion), 열차의 화재사고(fire), 기타사고(other types)이다. 열차가 탈선할 경우 주변의 인명피해나, 구분하기 어려운 경우는 기타사고로 분류하고 있다.

[표 3-16] 국제철도연맹 가입한 회원국에서 발생한 사고 통계

Type of accident	Number of events		Fatalities			Serious injuries		
	Number	%	Passengers	Staff	3rd parties	Passengers	Staff	3rd parties
Collision with obstacle(not at LC)	117	2.9	–	–	13	–	2	6
Collision between trains	22	0.5	–	7	–	26	10	–
Level crossings	523	12.8	–	1	349	12	6	268
Derailment	121	3.0	3	3	–	35	1	1
Individuals & rolling stock in motion(not at LC)	3,147	77.2	7	21	2,103	23	21	1,016
Fire	14	0.3	–	–	–	–	1	–
Other types	133	3.3	–	5	31	–	16	30
Total	4,077		10	37	2,496	96	57	1,321

다음은 열차운행 10억 km당 주요 사고 발생률을 나타낸다. 우리나라의 열차운행 10억 km당 사고 발생률은 155건으로 1등급 수준으로 분류된다. 다만 1등급 국가 중에서는 비교적 높은 수준이다.

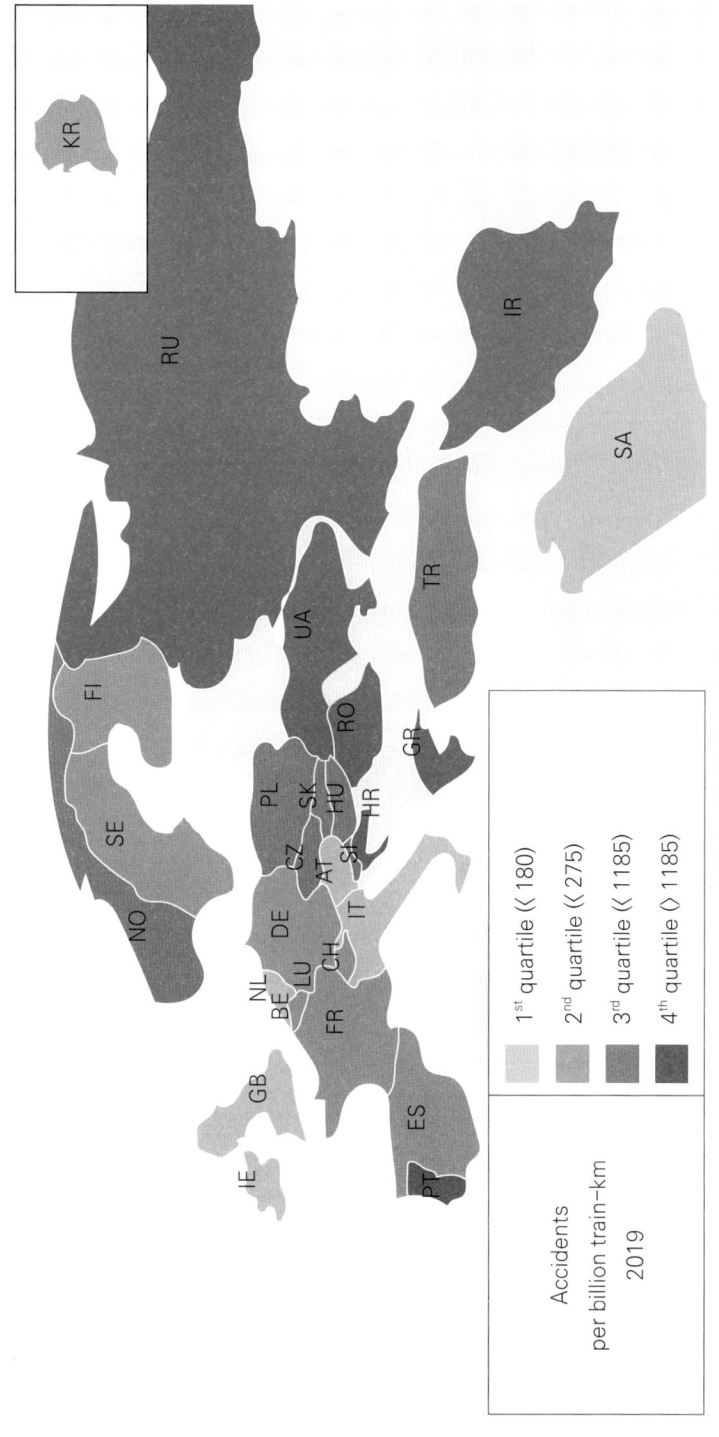

[그림 3-16] 10억 km당 주요 사고 발생률

제3장 대한민국 철도는 얼마나 안전한가?

다음은 열차운행 10억 km당 탈선사고 발생률을 나타낸다. 우리나라의 탈선사고 발생률은 19건으로 3등급으로 분류되었다.

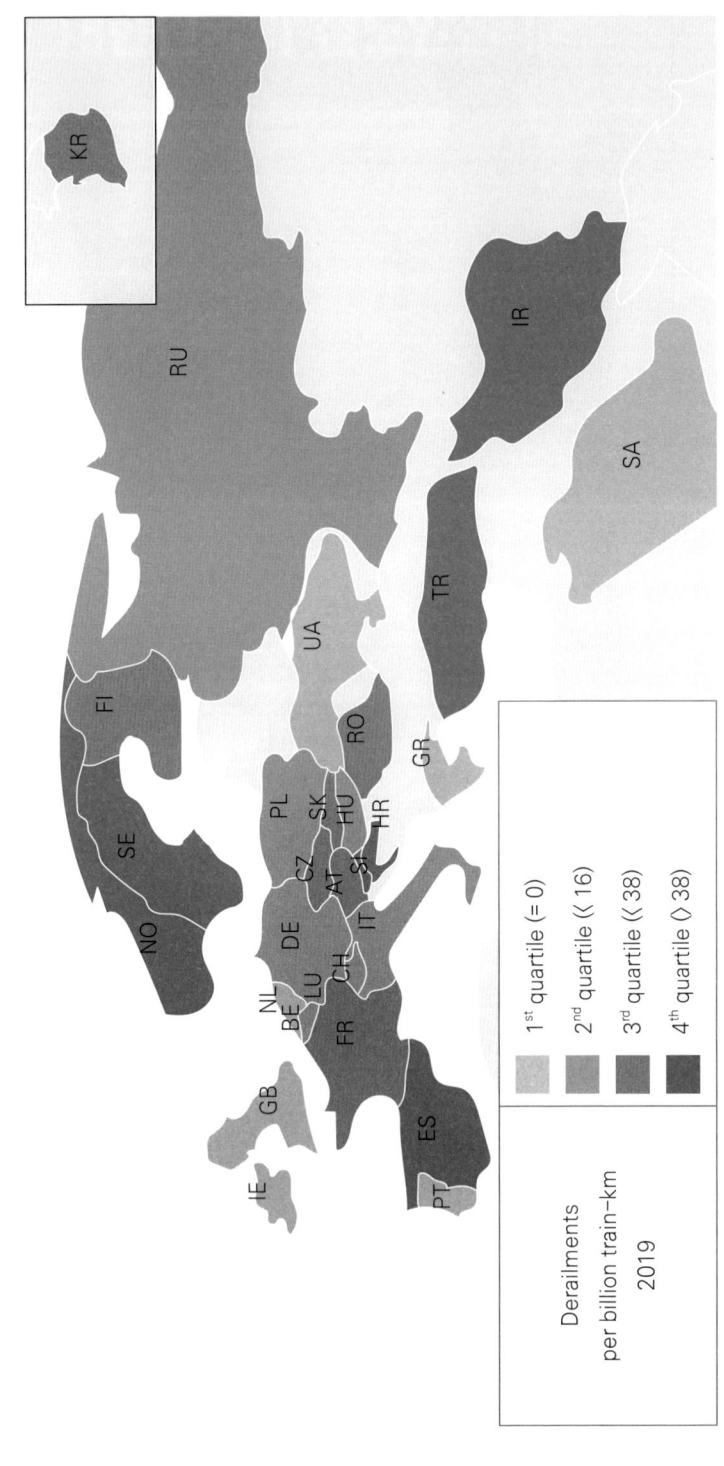

[그림 3-17] 열차운행 10억 km당 탈선사고 발생률

다음은 열차운행 10억 km당 충돌사고 발생률이다. 우리나라는 해당 기간 중 충돌사고가 발생하지 않아 1등급으로 분류되었다.

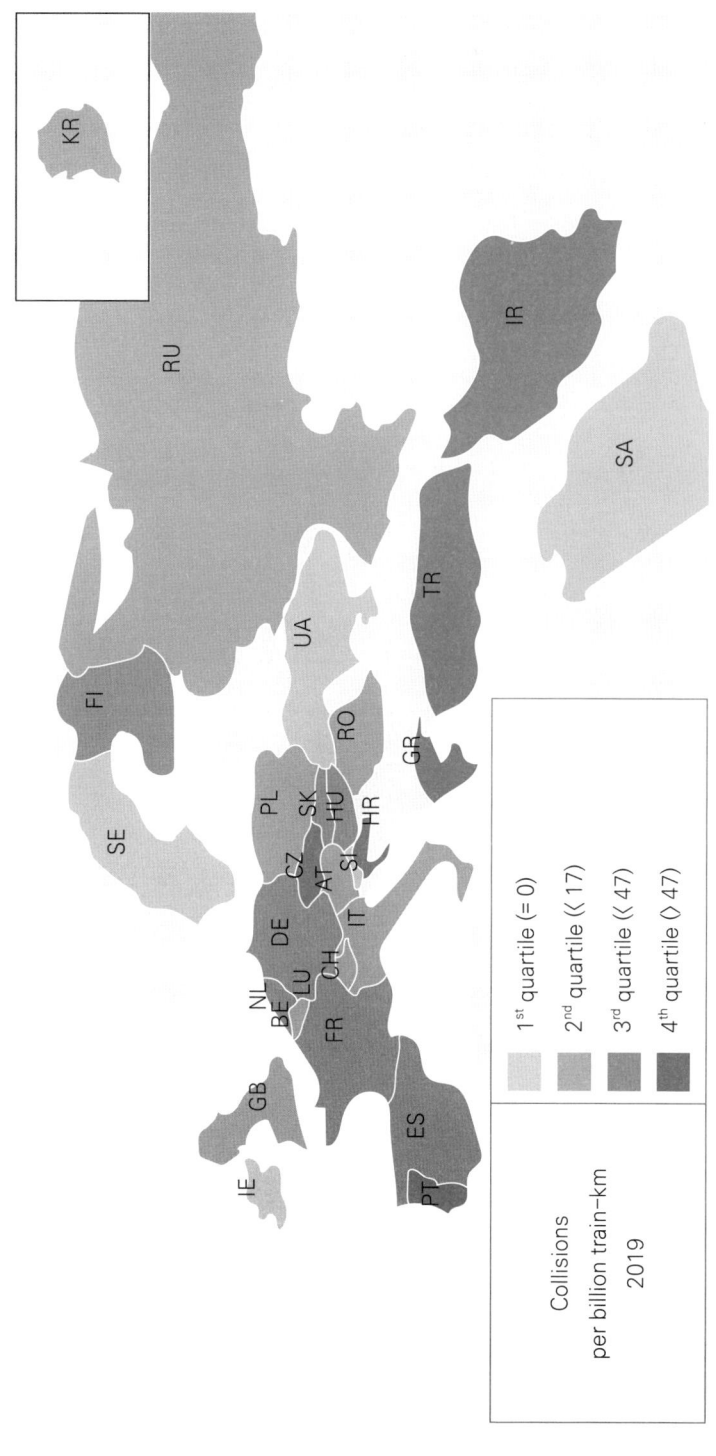

[그림 3-18] 열차운행 10억 km당 충돌사고 발생률

다음은 철도건널목 사고 사망자 수를 나타낸다. 우리나라는 74건이 발생해 2등급으로 분류되었다.

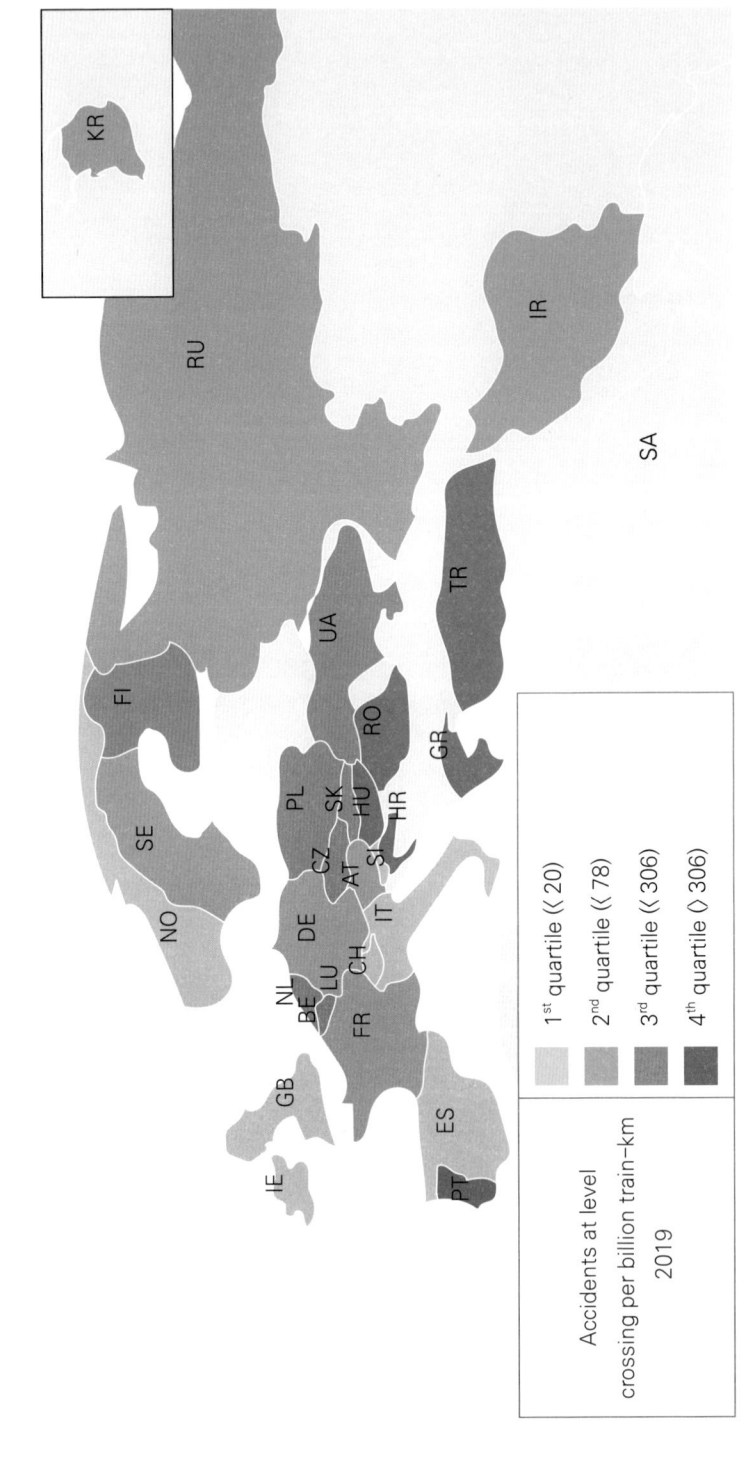

[그림 3-19] 철도건널목 사고 사망자 수

다음은 열차운행 10억 km당 사망자 수를 나타낸다. 우리나라는 해당 기간 62건으로 2등급 국가로 분류되었다.

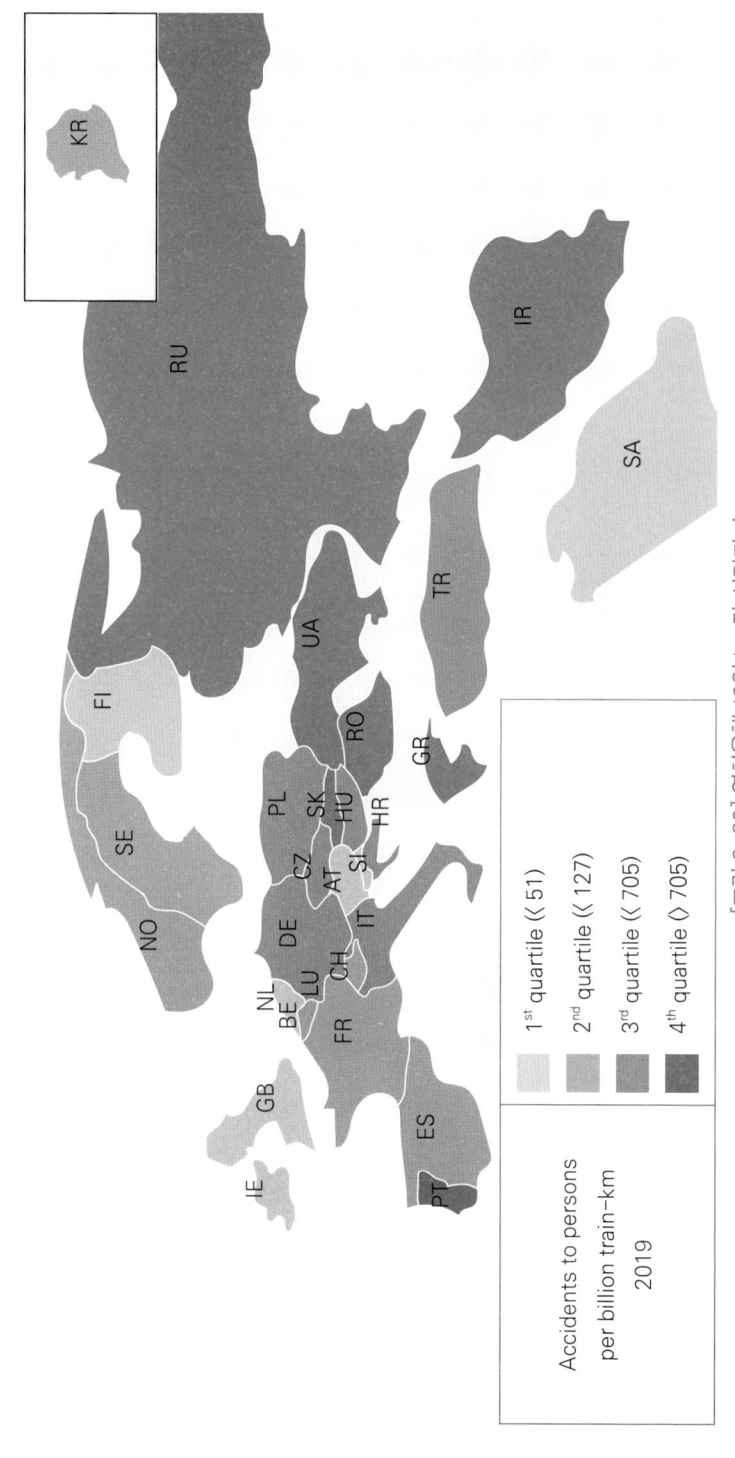

[그림 3-20] 열차운행 10억 km당 사망자 수

다음은 국제철도연맹이 국가별 종합안전지표를 나타낸다. 이 지표는 2014년부터 개발하여 적용하고 있다. 우리나라는 1등급에 해당하는 것을 알 수 있다.

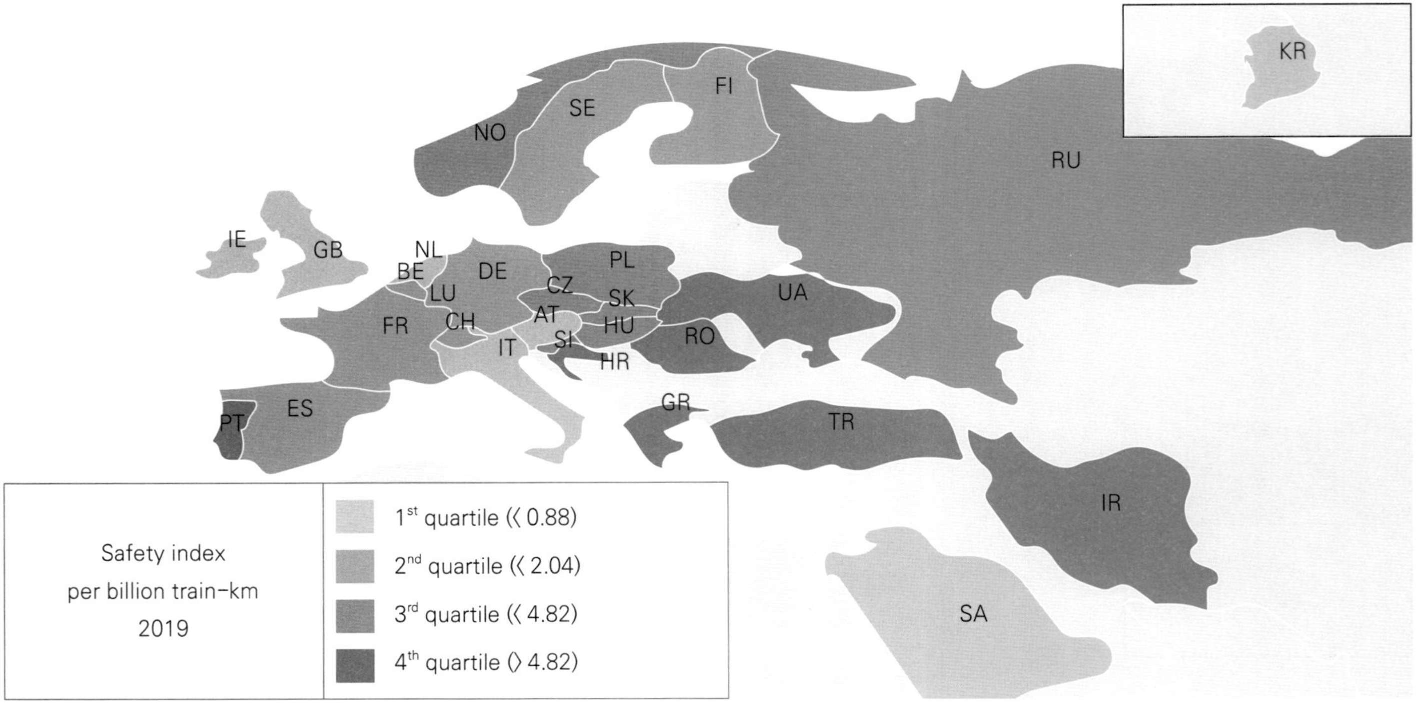

[그림 3-21] 국가별 종합안전지표

3. 대한민국 철도는 얼마나 안전한가?

3.1 대한민국 철도안전 수준

철도안전과 관련된 지표를 통해 살펴본 결과 대한민국의 철도안전 수준은 어느 정도 유럽의 선진국 수준으로 진입한 것을 알 수 있다.[89] 우리나라는 「철도안전법」에 따라 5년 단위로 철도안전종합계획을 수립하고 일정한 철도안전지표를 목표로 하여 관리 중이며, 제3차 철도안전종합계획은 기간 내 철도안전지표를 달성하여 수정계획을 마련하였다. 이것은 정부와 철도운영기관이 지속적인 안전관리를 통해 철도안전을 향상시키고 있다는 것을 나타내며, 우리나라의 철도안전이 상당히 안전한 수준임을 나타내는 것이다.

이렇게 우리나라의 철도안전이 최근 들어 빠르게 선진국 수준으로 향상하게 된 것은 그동안 크고 작은 철도사고를 거치며 안전시스템과 매뉴얼을 보완하고 얻은 성적표라고 할 수 있다. 또한 철도 상하분리 이후 정부의 주도하에 철도운영기관과 유관기관 등이 합심하여 노력한 결과이다. 철도 현장에서는 철도종사자들이 새벽부터 늦은 시간까지 최고의 철도 서비스를 위해 각자의 자리에서 맡은 바 소임을 해내고 있기 때문이다.

그리고 우리나라 국민의 철도에 대한 높은 안전 요구수준도 한 이유가 될 것이다. 우리나라 국민은 이상하게도 타 교통수단에 비해 철도 서비스에 유독 인색하다. 물론 대구지하철 화재 참사라는 큰 상처가 국민의 가슴속 한편에 남아 있긴 하지만 철도 장애나 고장 등에 상당히 민감하다. 특히 대도시권 지하철은 그 비용에 비해 정시율이나 쾌적성, 편의성이 세계 최고 수준임에도 하루에 발생하는 민원의 양은 상당한 수준이다.[90] 이것은 항

---

[89] 국토교통부 제8차 국가교통안전 기본계획(2016.2.)에는 철도 분야는 대형 철도사고 0건, 열차사고 18% 감소, 사망자 수 46% 감소 등 타 교통수단에 비해 높은 안정성을 유지하였으며, 주요 선진국 수준의 철도안전을 달성했다고 밝히고 있다.

[90] 서울도시철도 1~9호선을 운영하는 서울교통공사는 하루에 평균 약 1,520건의 민원이 발생한다. 민원의 주요 내용은 열차시간 등 단순 문의와 유실물, 열차 내 질서저해, 임산부 배려석 등이며 이 중 전동차의 냉난방과 관련한 민원이 60% 이상을 차지한다. (출처: 서울교통공사, 2020년 10월 기준)

공기에서 연착 등이 발생하면 별다른 민원 없이 항공사가 요구하는 대로 잠자코 기다리는 것과 상당히 대조적인 부분이라 할 수 있다. 아무튼 이런 철도 서비스에 대한 유별난 국민성 덕분에 우리나라의 철도 서비스는 매우 빠르게 향상된 것으로 보인다.

3.2 철도안전 수준 고도화를 위한 개선 필요사항

3.2.1 철도건널목

대한민국의 철도안전 수준은 상당히 높은 편이나 다른 선진국에 비해 철도건널목 사고와 직원 사상사고 비율이 매우 높다. 철도건널목은 철도를 건설한 지 오래된 일반철도에서 많이 발생하고 있으며 정부에서는 매년 꾸준한 예산을 투자하여 철도건널목 입체화, 철도건널목 관리원 배치, 건널목 검지장치 설치 등 지속적으로 안전을 관리하고 있지만 국민의 인식 등이 크게 변하지 않아 사고가 꾸준히 발생하고 있다.

[그림 3-22] 철도건널목

정부에서는 철도건널목을 총 교통량에 따라 1종, 2종, 3종 건널목으로 구분하고 있으며 1종 건널목에는 차단기와 경보기 등을 설치하고 교통량이 많은 곳에는 건널목 감시원을 배치하고 있다.

[표 3-17] 철도건널목 구분 (회/일)

구분	총 교통량 (철도교통량×도로교통량)	비고
1종 건널목	500,000회 이상	차단기·경보기, 교통안전표지 등 설치
2종 건널목	300,000회 이상 500,000회 미만	경보기, 교통안전표지 등 설치
3종 건널목	300,000회 미만	교통안전표지 등 설치

그리고 다음 [표 3-18]과 같이 철도건널목 입체화 사업을 통해 건널목을 점차 줄여 나가고 있다. 철도건널목 사고를 줄이기 위해서는 구조적으로 건널목으로의 진입을 막을 수 있도록 건널목을 입체화하는 것이 가장 이상적이나 예산상의 이유로 투자는 제한적일 수밖에 없다. 정부에서는 철도건널목 사고를 줄이기 위해 정부와 철도운영기관 등이 합동으로 중장기 대책을 마련하고 지속적인 대민 홍보활동 등을 하고 있으나, 자동차 등이 건널목을 침입해 열차와 충돌하거나 접촉하는 사고는 지속적으로 발생하고 있다.

[표 3-18] 연도별 철도건널목 현황 (단위: 개소)

구분	'08년	'09년	'10년	'11년	'12년	'13년	'14년	'15년	'16년	'17년	'18년
합계	1,369	1,313	1,262	1,219	1,149	1,075	1,058	1,038	1,001	965	959
국가	1,108	1,042	985	946	883	822	810	794	761	736	728
청원	261	271	277	273	266	253	248	244	240	229	231

철도건널목 사고를 예방하기 위해 현재의 상황에서 가장 좋은 방법은 대민 홍보활동을 지속적으로 강화하고, 구조적으로 운전자가 착각하여 진입하기 쉬운 곳이 있는지 꼼꼼히 살펴 시설물을 보강하는 것이 필요하다. 아울러 도로에 표시된 건널목 표시가 지워진 곳이 있는데 이런 개소는 경찰의 협조를 받아[91] 새로 도색하는 등 사고 예방을 위한 노력을 기울여야 한다.

그리고 보행자 또는 차량을 운전하는 운전자의 과오로 철도건널목에 진입해 사고가 발생했다 하더라도 철도건널목에 진입한 원인을 자세히 살펴보고 철도운영기관의 입장에서 개선할 사항은 없는지 충분히 검토해야 한다. 보행자 또는 운전자의 과오가 확실하기 때문에 '철도운영기관에서는 할 일이 없다'라고 단정하는 것은 매우 무책임한 생각이다. 안전 확보를 위한 국민의 요구사항이 높아지고 있고, 한 명의 국민이라도 철도로 인해 피해를 보는 일이 없도록 '왜 그 사고를 막지 못했는지? 안전관리에 작은 문제점이라도 없었는지?' 꼼꼼히 살펴보는 것이 철도운영기관의 시대적인 사명이기 때문이다.

3.2.2 종사자 사상사고

우리나라는 철도종사자의 사상사고도 많이 발생하고 있는데 주로 선로 인근 작업 등을 시행하면서 사고가 발생하고 있다. 철도종사자는 철도에 대한 이해가 일반인에 비해 무척 높고 작업자 안전관리 수준도 타 직종에 비해 높음에도 불구하고 사고가 많다는 것은 안전관리 어느 부분에 문제가 있다는 것을 나타낸다.

철도종사자의 사상사고는 대부분 안전문화와 관련이 있다. 앞에서 설명한 것처럼 철도종사자는 철도시스템에 대한 이해가 높고 관련 정보가 매우 구체적임에도 지속적인 사고가 발생하는 것은 안전을 대하는 그들의 안전문화에 문제가 있기 때문이다. 대표적으로 무선통신을 통해 상호 확인해야 함에도 확인하지 않고 괜찮을 것이라고 임의로 판단하거나 변경된 열차운행시간 등 안전정보의 전달을 소홀히 해서 사고가 발생하는 경우가 있다.

---

91 도로상에 건널목 표시는 도로에 포함되기 때문에 경찰청의 소관이다. 따라서 지워지거나 새로 도색이 필요한 건널목 표시는 경찰이 보완해야 한다.

2019년 10월 22일 발생한 경부선 밀양역 구내 작업자(직원) 사상사고는 사고열차가 작업구간 접근 시 열차감시원이 '열차 접근'을 통보하였으나 소음이 큰 공구의 작업소음으로 무전기 휴대 작업원이 이를 수신하지 못하여 작업원들이 미리 대피하지 못한 것과 급곡선 구간 등 취약한 작업환경에서 작업원에 대한 안전조치가 미흡했던 것으로 나타났다. 특히 해당 작업이 위험요인이 많은 작업임에도 ▲ 차단작업 등 별도의 작업원 안전대책이 미흡한 상태에서 상례작업[92]을 시행하였고 ▲ 해당 구간은 급곡선의 취약한 작업환경임에도 열차 감시원을 추가로 배치하지 않았으며 ▲ 열차감시원이 열차 접근 통보를 한 후 무전기 휴대 작업원의 수신응답을 듣지 못한 것을 열차 소음 때문이라고 임의로 판단하고 후속 안전조치를 하지 않았으며 ▲ 무전기 휴대 작업원이 '열차 접근' 통보에 집중하지 않고 작업에 참여한 점 등이 사고의 원인으로 지목되었다.[93]

결국 이 사고는 '열차가 접근하고 있다'라는 안전정보를 제대로 전달하지 않아 발생한 것이다. 그리고 사무실에 6대의 무전기를 보유하고 있었으며 당시 열차감시원까지 5명이 작업에 투입되었으나 무전기를 2대만 가지고 간 것도 안전정보 전달의 중요성을 경시하는 안전문화 때문인 것이다. 종사자 사고와 관련하여 지금 이 시점에서 가장 중요한 것은 무엇일까? 지금이라도 종사자 사고를 줄이기 위해 필요한 것이 무엇인지 고민하고 행동해야 할 때이다.

3.2.3 선로 인접 작업

2020년 12월 30일 02:55경 경부선 천안역과 소정리역 사이에서 배수시설 설치작업을 하던 굴착기와 화물열차가 접촉하여 작업자 2명이 사망하는 사고가 발생했다. 이 사고는 굴착기가 작업승인 시간 전 사전작업을 시행하다가 발생한 것으로 밝혀졌다. 작업계획서에 따르면 먼저 하선을 작업 완료한 이후 상선으로 이동하고 상선 차단작업 승인

---

92 차단작업이란 열차의 운행을 차단하고 시행하는 작업을 말하며, 상례작업이란 열차와 열차 사이에 작업하는 것을 말한다.
93 항공철도사고조사위원회 철도사고조사 보고서(ARAIB/R 2020-6)

시간 전까지 대기해야 하나 차단작업시간 전에 임의 작업을 시행하다가 굴착기에 탑승한 현장대리인과 굴착기 기사가 열차와 접촉해 사망하였다.

　철도의 운행 특성상 선로 관련 작업은 주로 야간에 이루어지고 있는데 야간이라고 해 봐야 열차운행이 종료되는 시점부터 새벽 첫차가 운행하기 전까지 시간은 고작 3~4시간이 전부이다. 그러다 보니 작업자들은 관제의 작업승인 전에 작업 자내나 도구를 옮겨 놓다가 사고가 주로 발생하고 있다. 물론 제도적으로는 열차감시원과 철도운행안전관리자를 배치하고 현장감리원이 작업을 감시하고 있으나 제 기능을 하는지 알 수가 없다.

　선로 작업 사고를 줄이기 위해서는 선로 출입 등에 대한 법적 근거를 명확하게 해야 한다. 현재 운행선로 선로 작업 등에 대한 관리 근거가 철도공사 내부 규정인 '열차운행선로 지장작업 업무세칙'에 근거하고 있어 지자체 또는 민자 철도 건설 시 적용할 수 있는 법적 근거가 부족하다. 국가 시설물인 선로에 출입하여 작업을 하는데 승인하고 관리하는 주체도 철도시설을 위탁받아 유지관리하는 철도공사에 위임되어 있다. 철도시설관리자인 국가철도공단도 연초에 작업계획을 승인하는 일 외에는 아무런 역할을 하지 않고 있다. 실제로 선로에서 작업이 있는 경우 인접 역에서는 운행안전 협의만 해 주면 현장 안전관리에 별다른 책임이 없기 때문에 선로출입문 관리 등도 소홀하고 사고의 위험은 상존한다. 선로 인접 작업 사고를 줄이기 위해서는 관련 법령을 꼼꼼히 살펴 책임과 권한을 부여하고 업무절차 먼저 재정립할 필요가 있다.

제4장

어떻게 철도사고를 예방할 것인가?

1. 철도안전관리 개요

2. 철도안전관리 수단

3. 철도안전관리체계

4. 어떻게 철도사고를 예방할 것인가?

제4장 어떻게 철도사고를 예방할 것인가?

1. 철도안전관리 개요

일반적으로 안전관리란 사고가 발생하기 전에 사고를 유발할 수 있는 위해요인 또는 위험요소를 찾아내서 제거하는 활동을 말한다. 철도안전관리란 철도사고가 발생하기 전에 철도사고를 유발하는 위험요인(Hazard)을 찾아내서 제거하는 활동과 사고 발생 시 피해를 최소화하는 다양한 활동을 의미한다. 이러한 활동에는 차량·시설의 개량과 같은 물리적인 대책 외에 종사자관리, 사고조사, 제도의 개선, 예산확보 등과 같은 정책적인 활동도 포함된다.[94]

위의 정의에 따라 철도안전관리를 각 기관별 역할로 구분하면 크게 정부가 해야 할 일과 철도운영기관 등이 해야 할 일로 구분할 수 있을 것이다. 우선 정부는 철도안전관리를 총괄하는 정책과 계획을 수립하고 예산을 투입한다. 그리고 철도사고 등이 발생한 경우에 대비해 위기대응체계를 구축한다. 반면 철도운영기관 등은 철도안전관리를 직접 시행하는 기관으로서 정부의 안전정책에 따라 철도를 운영하고 철도종사자를 관리하고, 철도차량 및 철도시설을 유지관리한다. 특히 철도를 운영하면서 발생할 수 있는 위험을 발굴하고 평가하여 허용 가능한 수준으로 관리한다. 이러한 정부와 철도운영기관의 모든 활동을 철도안전관리라고 할 수 있다.

---

[94] 『대한민국의 철도안전관리』, 곽상록, 지식과감성, 2015

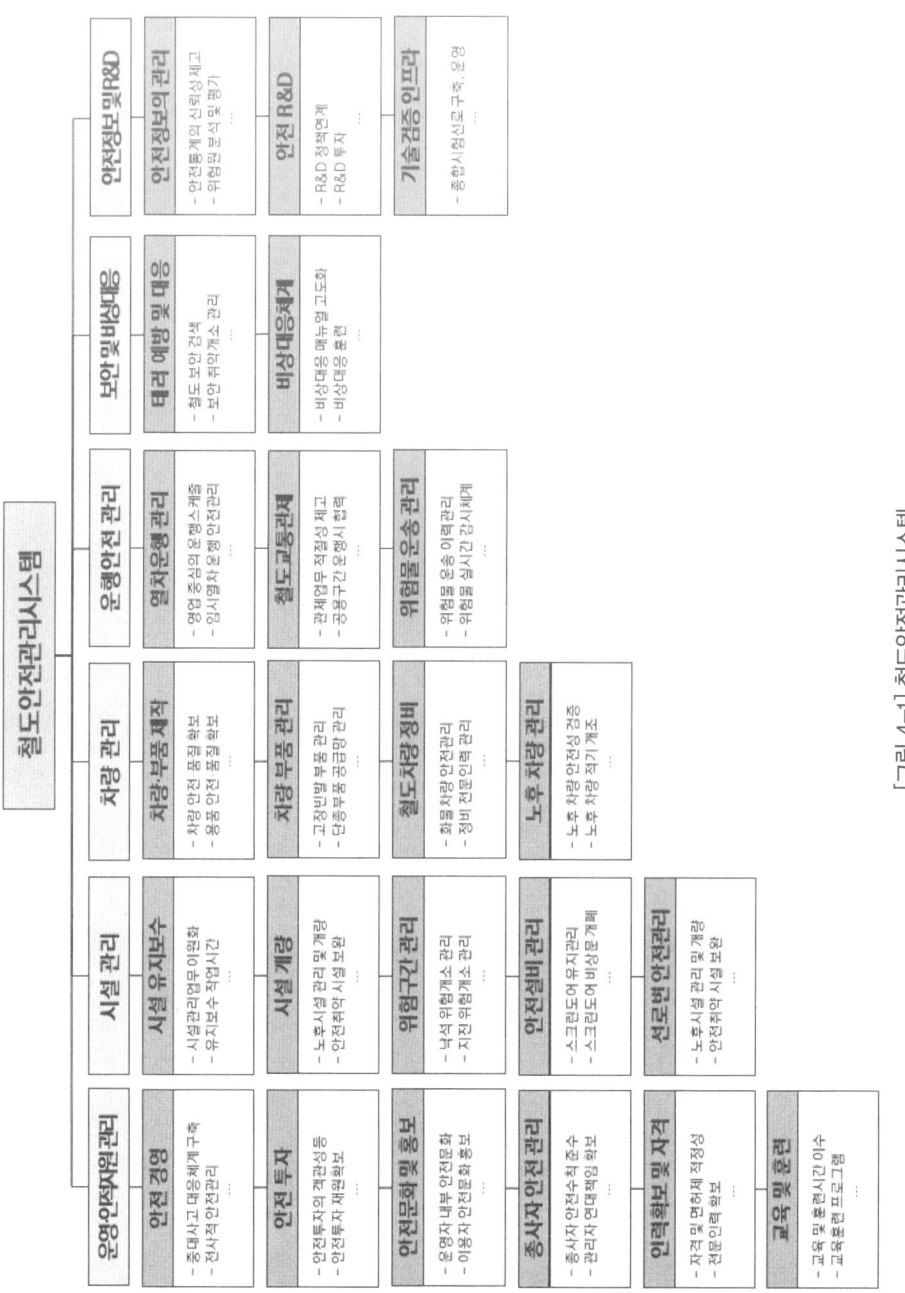

[그림 4-1] 철도안전관리시스템

제4장 어떻게 철도사고를 예방할 것인가? 153

따라서 안전관리는 넓은 의미로 관리할 대상의 대부분을 포괄하고 있는 정부의 안전관리를 우선 정의하는 것이 타당하다. 정부의 입장에서 관리해야 하는 안전관리의 세부 내용으로 운영 및 인적자원 관리, 시설 관리, 차량 관리, 운행안전관리, 보안 및 비상대응, 안전정보 및 R&D가 있다. 이것을 정리해서 도시하면 [그림 4-1]과 같다. 이 그림은 정부 차원에서 관리해야 하는 안전관리를 포괄적으로 정리한 것으로 철도안전관리체계에서 정의하고 있는 안전관리보다 범위가 넓다.

2. 철도안전관리 수단

산업혁명으로 인해 제조업이 기계공업 생산으로 바뀌게 되면서 산업재해도 크게 증가하게 되었다. 당시에는 사고가 발생하면 사고는 주의력이 부족한 고용원의 무지로 여겨 고용원에게 책임을 묻는 것이 일반적인 관례였다. 그러나 1889년 파리에서 제1회 국제 산업재해 예방회의가 개최되고, 1970년 미국 산업안전보건 규제청(OSHA)의 법규가 통과되면서 안전규칙을 위반한 회사에 합법적으로 제재를 가하게 되면서 산업재해를 바라보는 시각이 점차 변화하게 되었다.[95]

또한, 하인리히에 의해 안전의 확보가 생산성을 향상시키고, 손실을 감소시켜 결국 경제적 이익이 증대된다는 것이 통계학적으로 증명[96]되면서 산업재해 예방 측면에서 안전관리가 본격적으로 시행되게 된다.

안전관리는 대부분 정부나 국가의 제재가 동반된다. 물론 정부에서는 무조건적인 제재만 하지는 않으며, 국가 차원의 안전지표 향상을 위해 계획을 수립하고 예산을 투입한다.

---

95 『핵심안전공학』, 권영국 외 2명, 형설출판사, 2015, pp.26
96 하인리히는 '사고의 기원'에서 사고로 인한 직접비용(사고로 인한 손해와 치료비 등)과 그 이외의 간접손해 비율이 1:4라고 하는 빙산의 법칙을 발표하였다.

이를 위해 제도와 조직이 뒷받침되어야 한다. 이것을 정부의 철도안전관리 수단이라고 할 수 있다.

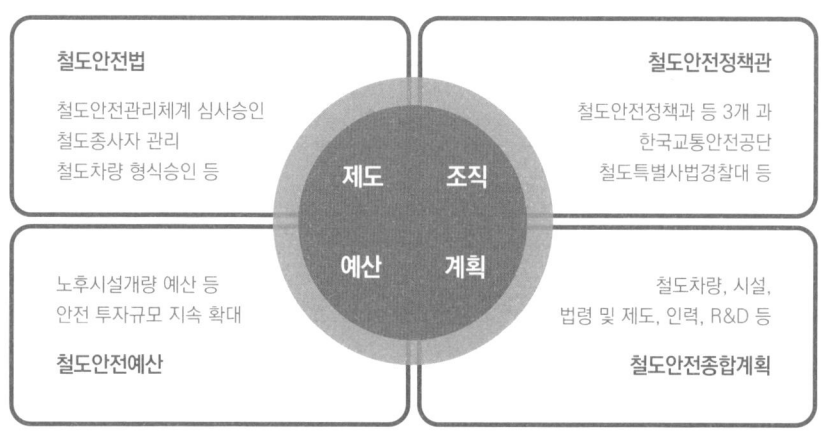

[그림 4-2] 정부의 철도안전관리 수단

[그림 4-2]에서와 같이 우리나라의 철도안전관리 규제는 대표적으로 「철도안전법」이 있으며, 안전조직으로 철도안전정책관, 한국교통안전공단 등이 있다. 철도안전정책관실은 매년 철도안전 예산을 편성하여 예산을 집행·관리하고 있으며, 「철도안전법」에 따라 5년마다 철도안전종합계획을 수립하고 매년 철도안전시행계획을 수립·이행하고 있다.

2.1. 제도

안전을 달성하기 위해서는 적절한 규제는 반드시 필요하다. 국가는 국민의 생명과 재산을 보호하기 위해 법적 규제 등 제도적 장치를 통해 적절한 안전을 보장해야 한다. 이 때 '적절한'이라는 의미는 시장의 요구사항과 정부의 규제가 타협을 이루는 수준을 말한다. 선진국일수록 안전과 관련된 수준이 높은 이유는 국민의 안전 요구수준이 높기 때문에 그에 따른 안전예산도 많아지기 때문이다.

그리고 항공, 원자력 등 타 분야 사례와 우리나라의 지난 철도안전 관련 역사를 돌이켜 보면 대부분 대형사고가 발생한 이후 안전 관련 투자와 규제가 강화되었다. 우리나라의 대표적인 철도사고인 대구지하철 화재 참사가 발생한 이후 정부에서는 1,389억의 예산을 편성하여 화재 참사의 원인으로 지목되었던 철도 내장재를 불연재로 교체하였으며 이후 「철도안전법」을 개정하면서 철도차량 화재 기준을 대폭 강화[97]하였다.

철도 운영기관은 대부분 공공기관이기 때문에 정부의 안전정책이나 규제에 잘 따르고 있지만 정부가 안전정책을 너무 강하게 추진하는 경우 과도한 예산이 소요될 수 있어 정부와 지속적인 회의 등을 통해 의견을 수렴하고 있다.

국내 철도와 관련된 법률을 나타낸 다음 [표 4-1] 중에서 철도안전과 관련된 법률은 「철도안전법」이 유일하며, 그동안 크고 작은 사고가 발생할 때마다 법적 미비점을 보완해 나가기 위해 지속적으로 개정되고 있다.

[표 4-1] 철도 관련 법령체계 및 주요 내용

구분			법률명	주요 내용
철도일반	기본법		철도산업발전기본법	철도산업발전기본계획 수립, 철도산업위원회, 철도산업 육성(전문인력, 기술, 정보화, 해외진출), 철도산업 구조개혁 기본방향, 철도자산, 부채·인력의 처리
	국가철도	건설	철도의 건설 및 철도시설 유지관리에 관한 법률	국가철도망구축계획 수립·변경, 철도건설사업별 기본계획 수립 및 사업시행 절차, 철도건설 비용부담의 원칙, 철도시설 점용허가, 철도시설 유지관리
		운영	철도사업법	사업용 철도 노선 고시·관리, 철도사업 면허, 운임 및 요금 신고, 철도사업자·운수종사자 준수사항, 철도 서비스 품질평가 및 결과 공표, 전용철도 등록
	도시철도		도시철도법	도시철도망 구축계획 수립, 노선별 도시철도 기본계획 수립 및 사업시행 절차, 도시철도 채권 발행·매입, 도시철도 운송사업 면허, 정부지원
	건널목		건널목 개량촉진법	개량건널목 지정 등 설치·관리, 입체교차로, 건널목 비용지원 원칙

---

97 철도차량 화재 기준은 철도차량 기술기준에 포함되어 있으며, 우리나라는 대구지하철 참사로 인해 화재안전기준이 세계 최고 수준이다.

구분			법률명	주요 내용
철도일반	안전		철도안전법	철도안전종합계획 수립, 안전관리체계 승인, 철도차량 운전면허 및 교육훈련, 관제자격증명, 철도시설 기술기준·관리, 철도차량 운행안전 및 철도보호
	조직	건설	국가철도공단법	사업범위 및 위탁, 자금의 조달·차입·출자
		운영	한국철도공사법	자본금·출자, 사업범위, 국유재산 대부·사용·수익
철도물류			철도물류산업의 육성 및 지원에 관한 법률	철도물류산업 육성계획 수립, 철도물류시설 확충 및 거점화 등 시설투자, 철도물류산업 육성(표준화, 정보화), 국제철도화물운송사업자의 지정
기타			역세권의 개발 및 이용에 관한 법률	역세권 개발구역 지정 및 사업시행 절차, 개발이익 환수 및 시설부담

2.1.1 철도안전법

「철도안전법」은 철도산업구조개혁의 추진, 고속철도 개통 등 철도에서의 기술적·사회적 안전위협요소가 증가함에 따라 철도차량과 철도시설의 안전기준 마련과 철도종사자의 체계적인 육성 등을 통해 철도 위험을 방지하기 위해 2004년 10월 22일 제정되어 2005년 1월 1일부터 시행되었다.

초창기 제정된 「철도안전법」의 주요 내용으로는 5년마다 철도안전에 관한 종합계획을 수립하도록 하는 철도안전종합계획 및 연차별 시행계획 수립·시행, 안전관리 규정 제정 및 비상대응계획 수립·시행, 철도차량 운전업무 종사자의 요건, 철도시설 및 철도차량의 안전기준, 철도용품의 품질인증제도 도입근거 마련, 철도차량의 성능시험 및 제작검사, 열차 안에서의 유해물질 휴대금지, 철도사고조사위원회의 역할 및 기능 등을 포함하고 있었다.[98]

「철도안전법」은 철도안전과 관련된 특별법으로서 「철도안전법」, 「철도안전법 시행령」, 「철도안전법 시행규칙」으로 구성되며 하위에 각 조문에 따른 시행규칙을 갖는다. 이 법

---

[98] 철도사고조사위원회의 역할 및 기능 등은 이후 항공철도사고조사위원회 법이 제정되면서 삭제되었다.

은 국가의 책무, 철도운영자 등의 안전관리체계 수립, 철도종사자의 자격, 철도안전을 확보하기 위해 필요한 사항, 열차에서의 금지행위, 철도보호 과징금 및 과태료 기준 등 철도안전을 위해 필요한 사항을 규정하고 있다. 「철도안전법 시행령」은 법에서 정한 내용을 위임하며, 주로 법을 시행하기 위해 필요한 기준, 업무 위탁 범위 및 대상, 과징금 부과기준, 법령에서 정하는 내용의 예외 또는 면제조항을 정하고 있다. 「철도안전법 시행규칙」은 법을 시행하기 위해 필요한 대상 및 기준, 절차, 법령을 적용하기 위해 필요한 사항을 정하고 있다.

「철도안전법」은 철도와 관련된 최초의 안전 관련 법령이다. 2003년 발생한 대구지하철 화재사고는 우리나라 국민들에게 매우 큰 충격을 안겨 주었으며, 철도안전과 관련된 국가의 역할, 다시 말해 철도와 관련된 안전법령의 필요성이 부각되었으며, 정부 주도의 철도 상·하 분리에 따라 국가철도 및 지방자치단체의 철도운영기관에도 안전과 관련된 역할과 책임을 부여하기 시작했다는 측면에서 그 의미가 크다고 할 수 있다.

〈 법률 체계 〉

◆ (개요) 우리나라의 법률은 가장 상위법인 헌법, 법률, 시행령, 시행규칙의 순으로 구성된다. 헌법은 국민투표에 의하여 제정한 국가의 근간이 되는 법이다. 법률은 헌법의 범위에서 국회에서 제정하는 법률이다. 시행령은 국회에서 제정한 법률을 시행하기 위하여 대통령이 발하는 대통령령이다. 시행규칙은 시행령을 시행함에 있어 구체적인 세부사항을 규정한 부령이다.

◆ (법률 적용의 원칙) 법률 적용의 원칙으로 ① 상위법 우선의 원칙, ② 신법 우선의 원칙, ③ 특별법 우선의 원칙이 있다.
　① 상위법 우선의 원칙은 법을 적용하는 경우 헌법 〉 법 〉 시행령 〉 시행규칙 〉 조례 〉 규칙 〉 고시 〉 예규 〉 민속습관 등으로 우선 적용한다는 것이다.
　② 신법 우선의 법칙은 신법 우선은 법률개정으로 인하여 개정 이전의 법과 내용이 배치될 경우, 부칙에 제한내용을 설명하지 않은 이상은 당연히 개정법을 따른다는 것이다.
　③ 「특정범죄 가중처벌법」이라든지 「폭력행위 처벌에 관한 법률」 등은 일반형법, 민법 등에 비해 특별법이라 할 수 있는데, 일반 법률과 특별법이 같은 분류에서 내용이 다르다면, 특별법을 우선 적용한다는 것이다.

2.1.2 철도안전법 개정

「철도안전법」은 제정 이후 약 30여 차례 개정되었다. 2005년 11월에는 「항공철도사고조사에 관한 법률」이 제정되면서 「철도안전법」에 포함되어 있던 항공철도 사고조사와 관련된 내용이 삭제되었고, 2012년 12월에는 전용철도 운영자에 대한 규제 완화, 적성검사 불합격자의 재검사 제한, 철도 보호 및 질서유지를 위한 금지행위 추가, 철도특별사법경찰관리의 보안검색 및 직무장비 사용근거 마련 등이 포함된 내용으로 개정되었다.

「철도안전법」은 2014년 3월 대대적인 개편을 하게 된다. 주요 내용으로는 ▲ 철도운영자 등에 대한 안전관리체계 승인제도 신설 ▲ 철도차량 및 철도용품에 대한 형식승인제도 도입 ▲ 철도차량 및 철도용품의 제작자승인제도 도입 등이다. 이것은 철도운영자 등에 대한 종합안전심사 제도를 철도안전관리체계 승인제도로 바꾸면서 철도운영자 등에 대한 과징금 및 과태료 기준을 명확하게 하여, 그간 중대 철도사고를 발생시켜도 제재할 수 없었던 법적 미비사항을 보완한 것이다. 또한, 잦은 철도차량 고장 및 장애를 예방하기 위해 철도차량 성능시험/제작검사 제도를 개편하여 철도차량 형식승인 제도를 도입하였다.[99] 이를 위해 차종별 철도차량 기술기준을 마련하고 철도차량 제작자에 대한 제작자승인 기준도 마련하였다.

「철도안전법」은 2015년 5월 「민법」 개정에 따라 미성년자 기준연령이 하향 조정됨에 따라 철도차량 운전면허 취득 기준연령을 19세로 하향 조정하였고, 음주기준인 혈중알코올 농도를 0.05%에서 0.03%로 하향 조정하였다. 이후 2017년 8월 타법 개정에 따라 혈중알코올 농도 0.02%로 강화되었다. 다음 [표 4-2]는 2015년 이후 「철도안전법」이 개정된 내용을 표로 정리한 것이다.

---

99 기존 성능시험과 제작검사 체계는 발주처가 차량설계 승인 등을 시행하기 때문에 설계에 대한 검증이 부족하고 검사기관의 차량결함 발견능력에 한계가 있다는 지적이 꾸준히 제기되었다. 이로 인해 철도 전문기관인 한국철도기술연구원이 형식승인 검사기관으로 지정받게 되었다.

[표 4-2] 「철도안전법」 개정 연혁

시행일	주요 내용
2017.7.24.	- 철도차량 운전면허증 대여금지 의무 규정을 신설 - 철도종사자의 음주 또는 약물사용 확인·검사 및 처벌 강화 - 철도교통 관제사 관제자격증명 취득절차 추가·신설 및 법률에 명시 - 철도운영기관이 자체적으로 규정하여 시행하고 있는 철도종사자 준수사항 중 주요 내용을 법률에 명시 - 국토교통부 및 지방자치단체의 철도관계기관등에 대한 보고·자료제출요구 및 출입검사 사유를 법률에 구체적으로 명시(포괄적→구체적) - 변경신고를 하지 않고 철도안전관리체계, 형식승인사항 등을 변경한 자에 대해 500만 원 이하 과태료부과 규정 신설(현행: 변경허가를 받지 않고 철도안전관리체계, 형식승인사항 등을 변경한 자에게만 과태료 부과)
2017.1.20.	- 철도운영자에게 철도차량 운전실에 영상기록장치 장착 의무화 (설치목적: 운전실의 범죄예방 및 교통사고 상황파악) - 영상기록장치를 장착 목적과 다른 목적으로 임의로 조작하거나 다른 곳을 비추지 못하도록 하고, 교통사고의 조사 등 필요한 경우에만 영상기록을 이용 또는 제공하도록 제한
2017.8.9.	- 운전업무종사자, 관제업무종사자, 여객승무원에 대한 음주제한 기준 강화 (현행 혈중알코올 농도 0.03% 이상 → 0.02% 이상) - 음주 및 약물을 복용하고 철도차량에 탑승하여 여객 등의 안전에 위해를 주는 행위를 금지 운전업무종사자 등이 음주제한 기준을 위반하거나 여객이 여객열차 내 금지행위를 위반할 경우 형사처벌
2018.1.18.	- 노면전차의 경우에는 「철도안전법」에 따른 철도보호지구의 적용범위를 조정함으로써 노면전차 보급의 원활한 지원과 운행안전을 확보
2018.3.22.	- 노면전차를 운전하려는 사람은 「도로교통법」 제80조에 따른 운전면허를 받도록 하여 노면전차 운전자로 하여금 도로교통의 체계 및 안전에 관한 기본적인 소양과 지식을 갖추게 하려는 것임
2018.10.25.	- 철도차량을 개조하는 경우 안전기준 적합 여부 등에 대한 국토교통부장관의 승인을 받도록 하여 철도차량의 안전성을 확보하고, 철도운영자등의 철도종사자에 대한 안전교육 실시 의무를 법률에 명시
2018.12.13.	- 철도안전투자의 공시 및 안전관리 수준평가를 도입하여 철도운영자의 자발적인 안전강화를 유도하고, 철도차량 정비조직에 관한 인증제와 정비인력에 대한 자격제를 도입하여 철도차량 정비의 품질제고와 안전성을 확보 - 철도운영자가 보유한 차량에 대해 제작, 정비, 운용, 폐차 등 이력관리를 의무화하며, 노후된 철도차량은 전문기관의 정밀안전진단을 통해 계속 사용여부를 검증받아 운행
2019.2.15.	- 선로로부터의 수직거리가 국토교통부령으로 정하는 기준 이상인 승강장에 열차의 출입문과 연동되어 열리고 닫히는 승하차용 출입문 설비를 설치하도록 함으로써 고상 승강장에서의 추락사고를 예방

시행일	주요 내용
2019.6.13.	- 철도안전투자의 공시 및 안전관리 수준평가를 도입하여 철도운영자의 자발적인 안전 강화를 유도 - 철도차량 정비조직에 관한 인증제와 정비인력에 대한 자격제를 도입하여 철도차량 정비의 품질제고와 안전성을 확보 - 철도차량 부품의 단종으로 차량의 유지보수가 곤란하지 않도록 철도차량을 판매한 자가 일정기간 동안 부품을 공급 - 운전업무종사자, 여객승무원 등이 여객열차에서의 금지행위를 한 자에 대하여 금지행위의 제지 및 녹음·녹화 또는 촬영 등의 조치를 할 수 있도록 함 - 철도보안·치안업무의 체계적인 수행을 위하여 철도보안정보체계 구축·운영 및 필요한 정보를 확인·관리하도록 함
2019.10.24.	- 여객 등의 안전 및 보안을 위하여 보안검색을 하는 경우 국토교통부장관으로부터 성능인증을 받은 보안검색장비를 사용 - 국토교통부장관은 보안검색장비의 성능을 평가하는 시험을 실시하는 기관을 지정할 수 있도록 함 - 철도시설의 건설 또는 관리와 관련한 작업을 시행하는 경우 작업자의 안전을 확보하기 위하여 철도운행안전관리자를 배치하도록 함
2019.11.26.	- 영상기록장치를 설치·운영하여야 하는 대상에 안전사고의 우려가 있는 역 구내, 차량정비기지, 안전확보가 필요한 철도시설을 추가하고, 영상기록장치의 설치·운영 의무를 위반한 자에 대하여 1천만 원 이하의 과태료를 부과하도록 함
2020.4.7.	- 철도준사고의 개념을 신설 - 철도운영자 등은 자신이 고용하고 있는 철도종사자가 적정한 직무수행을 할 수 있도록 정기적으로 직무교육을 실시 - 철도종사자는 철도사고 등의 징후가 발견되거나 철도사고 등의 발생 위험이 높다고 판단되는 경우 관제업무종사자에게 열차운행을 일시 중지할 것을 요청할 수 있고, 열차운행의 중지 요청과 관련하여 고의 또는 중대한 과실이 없는 경우에는 민사상 책임을 지지 아니하며, 누구든지 열차운행의 중지를 요청한 철도종사자에게 이를 이유로 불이익한 조치를 해서는 아니 됨 - 철도차량 또는 철도용품에 대하여 형식승인을 받거나 제작자승인을 받은 자, 철도차량 정비 조직인증을 받은 자는 철도차량 등에 고장, 결함 또는 기능장애가 발생한 것을 알게 된 경우에는 국토교통부장관에게 그 사실을 보고하여야 함 - 철도안전위험요인을 발생시켰거나 철도안전위험요인이 발생한 것을 안 사람 또는 철도안전위험요인이 발생할 것이 예상된다고 판단되는 사람은 국토교통부장관에게 그 사실을 보고할 수 있고, 국토교통부장관은 이러한 철도안전 자율보고를 한 사람의 의사에 반하여 보고자의 신분을 공개해서는 아니 되며, 누구든지 철도안전 자율보고를 한 사람에 대하여 이를 이유로 불이익한 조치를 해서는 아니 됨 - 국토교통부장관은 이 법 등 철도안전과 관련된 법규의 위반에 따라 사고가 발생했다고 인정할 만한 상당한 이유가 있을 때에는 사고에 책임이 있는 사람을 징계할 것을 해당 철도운영자 등에게 권고할 수 있음

시행일	주요 내용
2020.4.7.	- 사람이 탑승하여 운행 중인 철도차량에 불을 놓아 소훼한 사람 또는 사람이 탑승하여 운행 중인 철도차량을 탈선·충돌하게 하거나 파괴한 사람은 무기징역 또는 5년 이상의 징역에 처하되, 이러한 죄를 지어 사람을 사망에 이르게 한 자는 사형, 무기징역 또는 7년 이상의 징역에 처하도록 함 - 철도시설 또는 철도차량을 파손하여 철도차량 운행에 위험을 발생하게 한 사람은 10년 이하의 징역 또는 1억 원 이하의 벌금에 처함
2020.6.9.	- 철도운영자 등이 안전관리체계를 지속적으로 유지하는지 점검·확인하기 위한 검사를 정기검사, 수시검사로 구분하여 보다 구체적으로 규정 - 철도차량 운전면허의 결격사유 중 '그 밖에 대통령령으로 정하는 신체장애인'을 삭제하여 응시 기회를 확대 - 적성검사에 불합격하거나 적성검사 과정에서 부정행위를 한 철도종사자는 각각 검사일부터 3개월 또는 검사일부터 1년의 기간 동안 적성검사를 받을 수 없도록 함 - 철도운영자 등과 계약에 따라 철도운영이나 철도시설 등의 업무에 종사하는 사업주는 자신이 고용하고 있는 철도종사자에 대하여 정기적으로 철도안전에 관한 교육을 실시하여야 함 - 국토교통부장관은 철도차량 형식승인·제작자승인·완성 검사 및 철도용품 형식승인·제작자승인 검사업무를 관련 기관 또는 단체에 위탁할 수 있도록 하고, 부정한 방법으로 위탁받은 검사업무를 수행한 자는 2년 이하의 징역 또는 2천만 원 이하의 벌금에 처함 - 철도안전 강화를 위하여 철도운영자 등에 대한 시정조치 명령 위반 등에 대한 과태료 상한액을 상향하는 한편, 단순 행정절차 위반 등 철도안전에 미치는 영향이 크지 않은 위반행위에 대해서는 과태료 상한액을 하향하는 등 과태료 금액을 합리적으로 조정함 - 과징금을 부과한 행위에 대해서는 과태료를 부과할 수 없도록 함
2020.12.22.	- 철도안전종합계획의 내용에 철도종사자의 안전 및 근무환경 향상에 관한 사항을 추가함 - 철도운영자 등이 철도차량 중 객차에 대해서도 영상기록장치를 설치·운영하도록 함 - 철도운영자는 여객열차에서의 금지행위에 관한 사항을 여객에게 안내하도록 하고, 이를 위반할 경우 500만 원 이하의 과태료를 부과하도록 함 - 철도차량 운전면허, 철도교통 관제자격증명, 철도안전 전문인력 자격 등의 대여·알선 등의 행위를 금지하고, 이를 위반하는 경우에 대한 제재근거를 마련
2022.1.18.	- 단일자격으로 규정된 관제자격증명을 세분화하는 근거를 마련 - 정밀안전진단기관에서 시행한 정밀안전진단결과를 평가하여 부실진단을 사전예방 할 수 있도록 근거를 마련하고, 부실진단에 대한 제재 처분 근거를 명확히 하여 법적 기반을 마련

2.1.3 철도안전법의 체계 및 구성

철도안전법령은 「철도안전법」, 「철도안전법 시행령」 및 「철도안전법 시행규칙」으로 구성되어 있으며, 법령에서 필요한 세부사항을 정하기 위해 여러 가지 행정규칙 및 훈령을 두고 있다. 국토교통부령으로 철도차량 운전규칙과 위험물 철도운송규칙을 두고 있으며, 19개의 행정규칙과 5개의 기술기준, 그리고 5개의 훈령을 두고 있다. 행정규칙은 법령에서 정한 기본적인 내용에 대한 세부적인 절차 등을 규정하기 위한 것이며 훈령은 행정규칙과 동급의 규칙으로 국토교통부 소속 직원이 준수해야 하는 내용을 다룬다. 「철도안전법」의 체계는 [그림 4-3]과 같다.

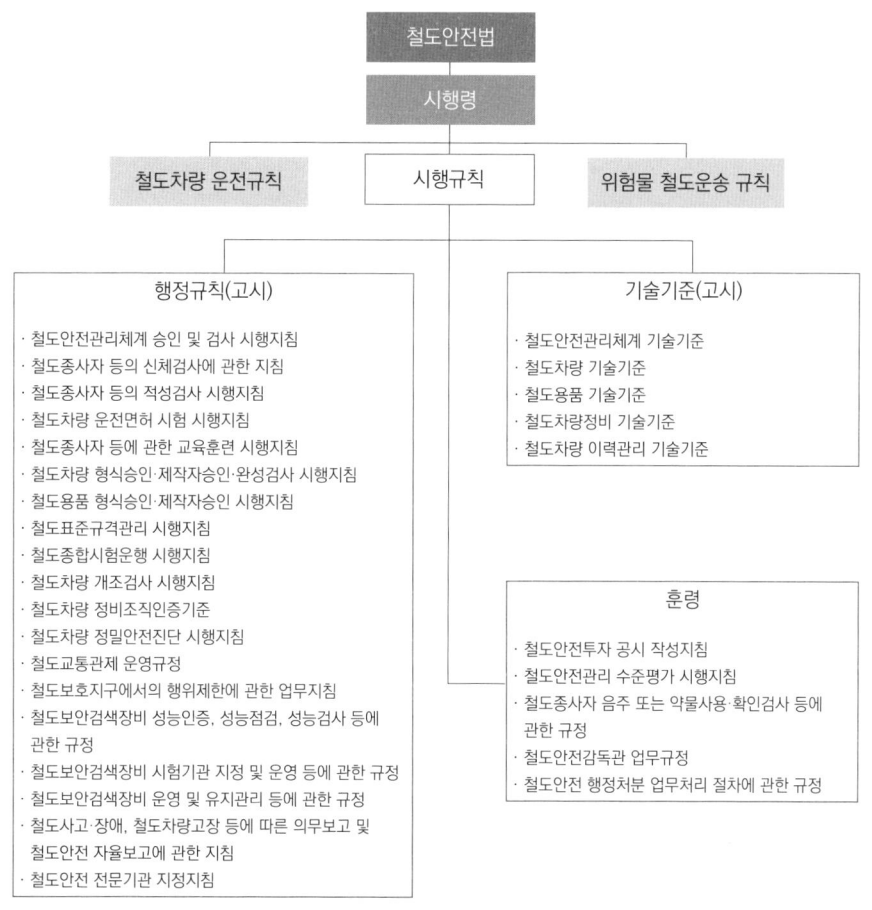

[그림 4-3] 「철도안전법」 체계

「철도안전법」은 총칙, 철도안전관리체계, 철도종사자의 안전관리, 철도시설 및 철도차량의 안전관리, 철도차량 운행안전 및 철도보호, 철도사고조사·처리, 철도안전기반 구축, 보칙, 벌칙 등 총 9개의 장으로 구성되어 있다. 이 중 제1장을 제외한 제2장부터 제7장까지 주요 조문과 그에 해당하는 행정규칙, 기술기준, 훈련 등은 다음 그림과 같이 구성된다.

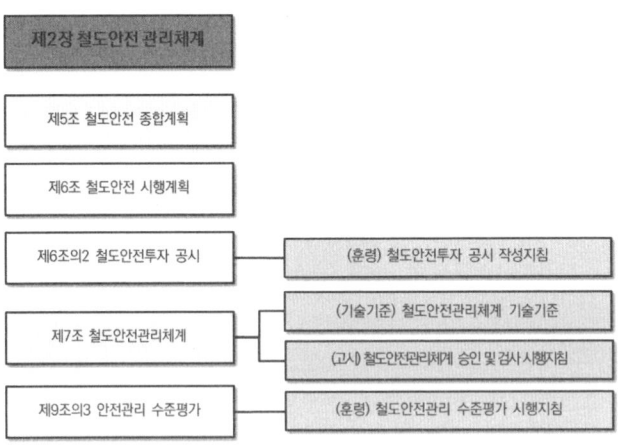

[그림 4-4] 「철도안전법」 하위 법령체계(1)

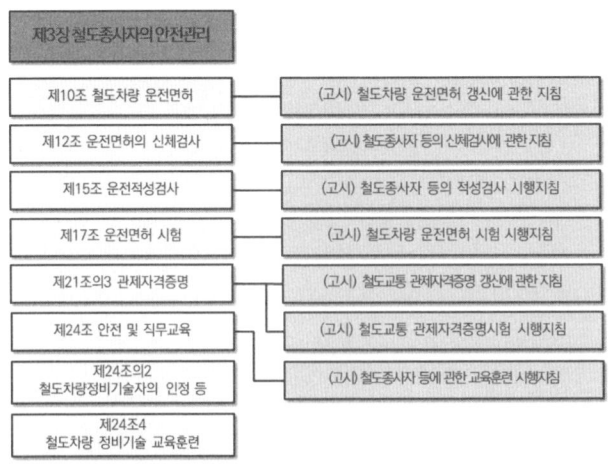

[그림 4-5] 「철도안전법」 하위 법령체계(2)

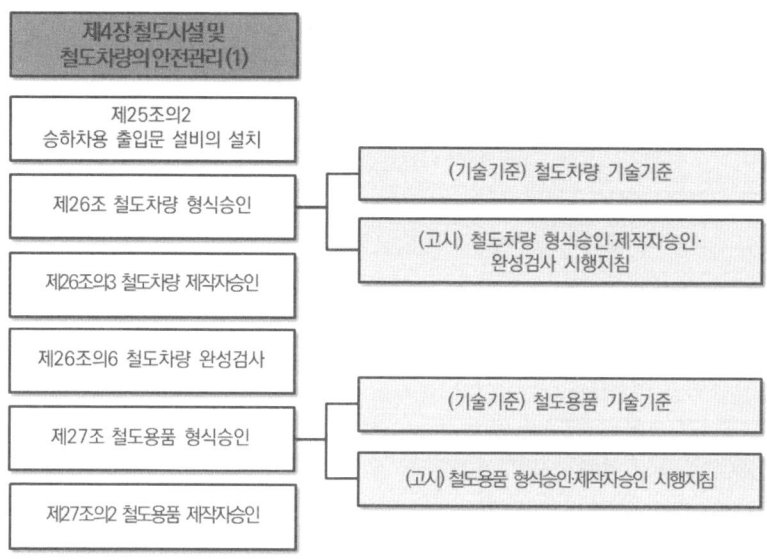

[그림 4-6] 「철도안전법」 하위 법령체계(3)

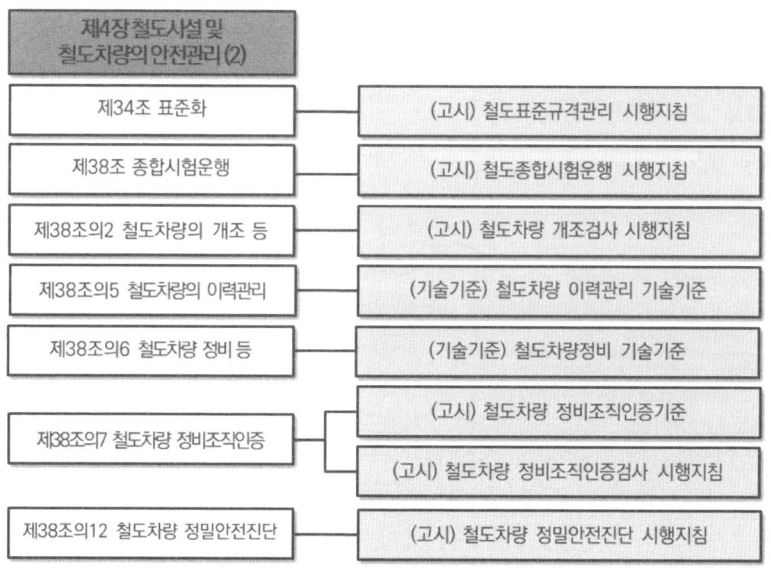

[그림 4-7] 「철도안전법」 하위 법령체계(4)

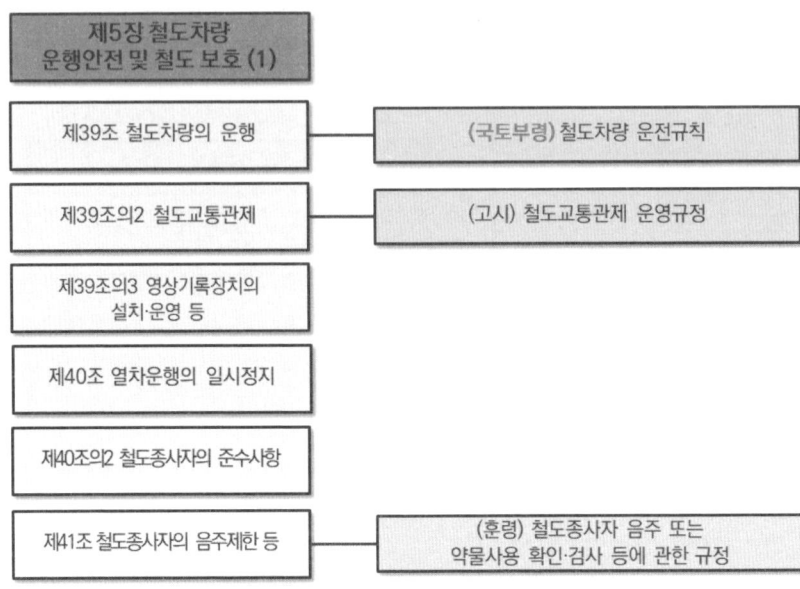

[그림 4-8] 「철도안전법」 하위 법령체계(5)

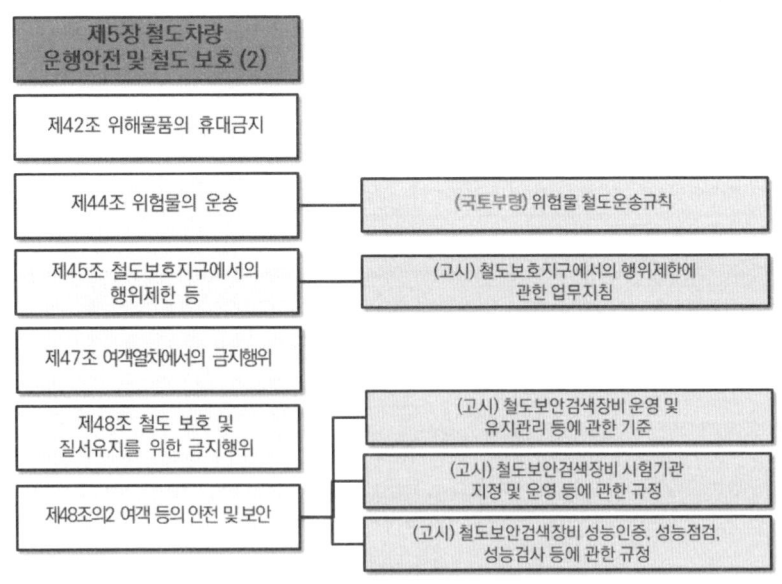

[그림 4-9] 「철도안전법」 하위 법령체계(6)

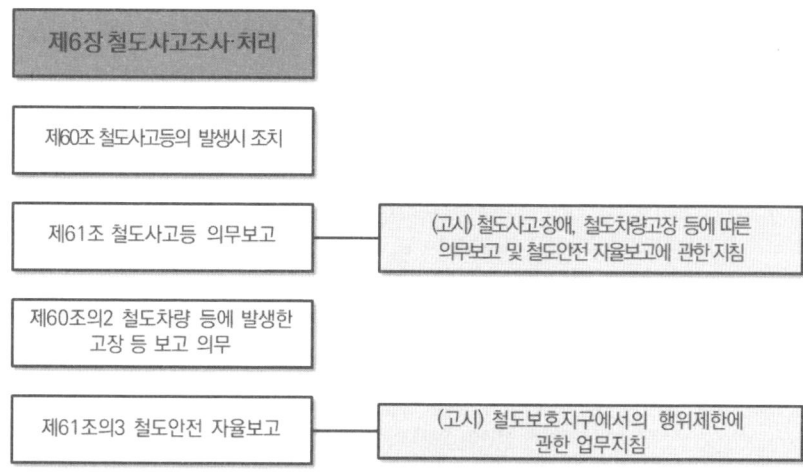

[그림 4-10] 「철도안전법」 하위 법령체계(7)

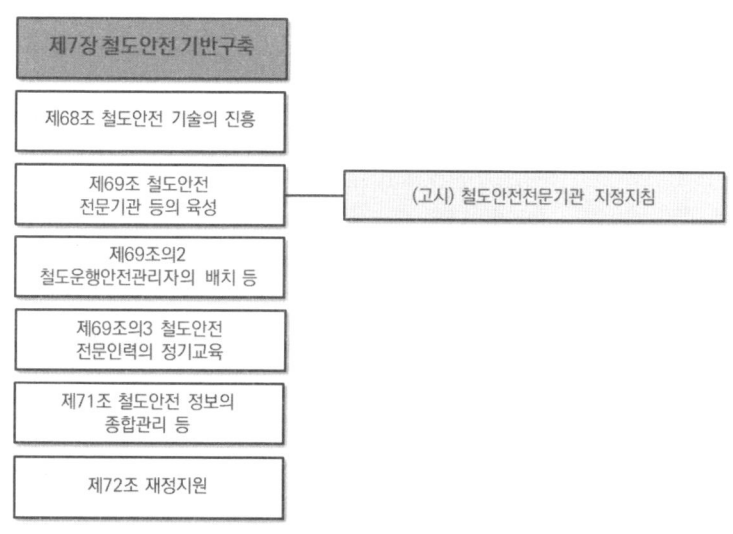

[그림 4-11] 「철도안전법」 하위 법령체계(8)

다음 [표 4-3]은 「철도안전법」의 하위에 있는 국토교통부령, 행정규칙, 기술기준 등의 내용을 간략하게 정리한 것이다.

[표 4-3] 「철도안전법」 하위 행정규칙(국토부령 포함)

구분	규칙명	주요 내용
국토 부령	철도차량 운전규칙	* (목적) 열차의 편성, 철도차량의 운전 및 신호방식 등 철도차량의 안전 운행에 관하여 필요한 사항을 정하기 위함 * (구성) 제6장 제104조로 구성 * (내용) 철도종사자가 받아야 하는 교육 및 훈련, 열차에 탑승해야 하는 철도종사자, 차량의 적재 제한, 특대화물 수송, 열차의 최대 연결량 수, 동력차 연결 위치, 열차의 운전 위치, 열차의 운전방향 지정 및 정거장 외 정차금지 경우, 열차 퇴행운전, 화재발생 시 운전방법, 운전방법 등에 의한 속도제한, 열차 입환방법, 열차 방호 등 열차 간 안전확보, 폐색에 의한 열차 운전, 열차제어장치에 의한 운전, 시계 운전, 철도 신호, 전호, 표지 등
국토 부령	위험물 철도운송규칙	* (목적) 철도에 의한 위험물의 운송에 관하여 필요한 사항을 정하기 위함 * (구성) 제19조로 구성 * (내용) 위험물 운송방법, 화약류 취급방법, 위험물 탁송 방법, 위험물 포장방법, 위험물 표시 및 적재, 위험물 취급 시 주의사항, 위험물 적재 철도차량 연결, 여객 승강장에서 위험물 취급 금지, 적재 차량의 제한, 위험물 운송 시 안전조치, 호송인 동승 등
훈령	철도안전투자 공시 작성지침	* (목적) 철도안전 투자공시의 구체적인 방법 및 절차 등을 규정함으로써 투자공시 의무자가 일관성 있고 효율적으로 공시할 수 있도록 하기 위함 * (구성) 제4장 제17조로 구성 * (내용) 철도안전투자 작성원칙, 투자공시 기준 및 항목, 재원의 구분, 투자공시 절차, 투자공시 항목별 산출기준(철도차량 교체비용, 철도시설 개량비용 등)
기술 기준	철도안전 관리체계 기술기준	* (목적) 철도안전경영, 위험관리, 사고조사 및 보고, 내부점검, 비상대응계획, 비상대응훈련, 교육훈련, 안전정보관리, 운행안전관리, 차량 및 시설의 유지관리 등 철도운영 및 철도시설의 안전관리에 필요한 기준을 정하기 위함 * (구성) 제3장 12항으로 구성 * (내용) 철도안전관리체계 기술기준 세부항목(철도안전경영, 문서화, 위험관리, 요구사항 준수, 사고조사 및 보고, 내부점검, 비상대응, 교육훈련, 안전정보, 안전문화, 운행안전관리, 유지관리)
고시	철도안전 관리체계 승인 및 검사 시행지침	* (목적) 철도운영자 및 철도시설관리자의 철도안전관리체계 승인 또는 변경승인을 위하여 시행하는 서류검사와 현장검사 및 철도안전관리체계의 정기 또는 수시검사에 필요한 기준, 절차, 방법 등 세부사항을 정하기 위함 * (구성) 제8장 제35조로 구성 * (내용) 철도안전관리체계 승인절차, 검사반 구성, 검사관 자격 및 교육, 승인신청, 서류·현장검사 방법, 결과보고, 안전관리체계 변경 승인 및 신고절차, 연간 정기검사계획 수립, 검사계획 수립 등

구분	규칙명	주요 내용
훈령	철도 안전관리 수준평가 시행지침	* (목적) 철도운영자등을 대상으로 철도안전관리 수준평가에 필요한 평가 방법 및 절차 등을 정하기 위함 * (구성) 제5장 제19조로 구성 * (내용) 안전관리 수준평가 원칙, 적용제외, 수준평가 항목, 평가방법, 평가시기 및 주기, 안전성숙도 평가, 평가등급, 우수운영자 지정 등
고시	철도차량 운전면허 갱신에 관한 지침	* (목적) 철도차량운전면허 갱신에 필요한 세부사항을 정하기 위함 * (구성) 제6조로 구성 * (내용) 운전면허 갱신을 위한 경력의 인정범위, 교육훈련 내용 및 방법, 경력의 증명 등
고시	철도종사자 등의 신체검사에 관한 지침	* (목적) 철도차량운전면허 응시자, 관제자격증명 응시자 및 규칙 제40조에 따른 철도종사자에 대한 신체검사의 방법·절차 등에 관하여 필요한 세부사항 등을 정하기 위함 * (구성) 제11조로 구성 * (내용) 신체검사의 신청, 신체검사 방법, 신체검사 판정, 신체검사 판정서의 발급 및 통지 등
고시	철도종사자 등의 적성검사 시행지침	* (목적) 적성검사의 시행에 필요한 사항을 정하기 위함 * (구성) 제4장 제26조로 구성 * (내용) 적성검사 신청, 적성검사 시행절차, 적성검사 판정서 교부 및 재교부, 수수료, 적성검사 기관의 준수사항, 연간 검사계획 및 실적보고, 검사기록의 보존 등
고시	철도차량 운전면허 시험 시행지침	* (목적) 철도차량운전면허 시험의 방법·절차 및 기능시험 평가위원의 선정 등에 관하여 필요한 사항을 정하기 위함 * (구성) 제3장 제28조로 구성 * (내용) 면허시험의 종류, 면허시험 공고, 보안대책 수립, 필기(기능)시험 출제 방법, 범위, 시험문제 선정, 기능시험 장비 등
고시	철도교통 관제자격증명 갱신에 관한 지침	* (목적) 철도교통 관제자격증명 갱신에 필요한 세부사항을 정하기 위함 * (구성) 제6조로 구성 * (내용) 관제자격증명 갱신에 필요한 경력 인정범위, 자격 갱신 교육훈련의 내용 및 방법, 경력증명 등
고시	철도교통 관제자격 증명시험 시행지침	* (목적) 관제자격 증명시험의 방법·절차 및 실기시험 평가위원의 선정 등에 관하여 필요한 세부사항을 정하기 위함 * (구성) 제3장 제28조로 구성 * (내용) 자격시험의 공고, 보안대책, 학과시험 문제출제, 출제방법 및 범위, 시험문제 선정, 응시원서 접수, 실기시험 출제방법, 범위 등
고시	철도종사자 등에 관한 교육훈련 시행지침	* (목적) 철도차량 운전면허 교육·관제자격증명 교육·운전 및 관제업무의 실무수습·철도종사자 안전교육·철도종사자 직무교육·철도차량 정비기술자 정비교육훈련·철도안전 전문인력 교육의 내용·방법·절차·평가·교육훈련의 면제 등에 관하여 필요한 사항을 정하기 위함

구분	규칙명	주요 내용
고시	철도종사자 등에 관한 교육훈련 시행지침	* (구성) 제7장 제25조로 구성 * (내용) 운전면허 및 관제자격 교육방법, 실무수습, 철도종사자의 안전교육 및 직무교육, 철도차량 정비기술자의 교육훈련 등, 철도안전 전문인력의 교육대상자, 교육내용, 교육방법 등
기술 기준	철도차량 기술기준	* (목적) 철도차량 형식승인, 철도차량 제작자승인, 철도차량 완성검사, 형식승인 사후관리 등을 위한 기술상의 기준을 규정 * (구성) Part 1은 총칙, Part 21은 철도차량기술기준의 적용, Part 30시리즈는 고속철도차량(고속철도차량: 동력집중식, 동력분산식), Part 40시리즈는 일반철도차량(일반철도차량: 기관차, 동차, 객차, 화차), Part 50시리즈는 도시철도차량(도시철도차량: 전동차, 경전철), Part 60시리즈는 특수철도차량, Part 71은 철도차량제작자승인기준, Part 81은 안전품목검사기준에 대하여 적용 * (내용) 기술기준 신청자격, 기술기준 적용방법, 기술기준 요구사항, 시험방법, 제작자승인 절차, 제작자승인 요구사항 등
기술 기준	철도용품 기술기준	* (목적) 철도용품 형식승인, 제27조의2의 규정에 따른 철도용품 제작자승인, 제31조 및 제32조의 규정에 따른 형식승인 사후관리 등을 위한 기술상의 기준을 정하기 위함 * (구성) Part 1 총칙, Part 2 기술기준의 적용, Part 3부터 Part 6까지는 분야별 세부 기술기준, Part 7 제작자승인 기술기준으로 구성 * (내용) 기술기준 신청자격, 기술기준 적용방법, 기술기준 요구사항, 시험방법, 제작자승인 절차, 제작자승인 요구사항 등
고시	철도차량 형식승인 · 제작자승인 · 완성검사 시행지침	* (목적) 철도차량 형식승인, 철도차량 제작자승인, 철도차량 완성검사 및 품질관리체계의 유지검사에 관한 세부적인 기준, 절차 및 방법을 정하기 위함 * (구성) 제4장 제46조로 구성 * (내용) 형식승인 사전 기술검토 방법, 형식승인 면제, 형식승인 신청방법, 형식승인 검사 절차, 형식승인 계획서에 포함되어야 할 내용, 형식승인(설계적합성 검사, 합치성 검사, 차량 형식시험) 방법 및 절차, 부적합 사항 관리 방법, 증명서 및 보고서 작성 방법, 제작자승인 검사 방법, 제작자승인 신청 방법, 제작자승인 검사 방법, 철도차량 완성검사 계획 수립, 완성검사 절차 및 방법, 검사결과 보고 등
고시	철도용품 형식승인 · 제작자승인 시행지침	* (목적) 철도용품 형식승인, 철도용품 제작자승인, 철도용품 품질관리체계의 유지에 관한 세부적인 기준, 절차 및 방법을 정하기 위함 * (구성) 제5장 36조로 구성 * (내용) 형식승인 사전기술검토, 형식승인 신청 서류 및 절차, 형식승인 검사의 방법 및 절차, 부적합사항에 대한 관리, 중요사안 검토서 등

구분	규칙명	주요 내용
고시	철도표준 규격관리 시행지침	* (목적) 철도용품 표준규격의 관리 등에 필요한 세부적인 사항을 정하기 위함 * (구성) 제19조로 구성 * (내용) 철도 표준규격(안) 작성방법, 철도표준 규격의 확인 방법, 규격안 처리 방법 및 의견서에 포함될 내용, 규격(안)의 분석 및 시험 방법, 공청회 방법, 검토내역서 작성 방법 등, 철도표준규격의 확정 및 고시 방법, 규격(안)의 검토결과 통보, 철도표준 규격번호 구성, 철도 표준규격의 보급 및 보호, 한국산업규격과의 연계, 철도표준규격 관리계획 수립 등
고시	철도종합시험 운행 시행지침	* (목적) 종합시험운행의 세부적인 시행에 필요한 사항을 정하기 위함 * (구성) 제6장 제36조로 구성 * (내용) 연간계획 수립, 공종별 시험기준 및 시험 항목, 종합시험운행 전 사전협의 및 사전협의, 시설물 검증시험팀 구성, 시설물 검증시험팀 임무, 시설물 검증시험 기간, 시설물 검증시험 계획 수립 및 시행 방법, 시설물 검증시험 결과의 처리, 시설물 검증시험의 안전관리, 영업시운전팀 구성, 영업시운전팀 임무, 영업시운전 기간, 영업시운전 계획 수립 및 시행방법, 영업시운전 결과의 처리, 종합시험운행 결과 검토, 사고 시 대응, 자료 보존 등
고시	철도차량 개조검사 시행지침	* (목적) 철도차량의 개조승인에 관한 기준, 절차 및 방법 등에 필요한 사항을 정하기 위함 * (구성) 제3절 제22조로 구성 * (내용) 개조승인 검사 사전협의 방법, 개조승인 신청방법 및 제출자료, 개조검사 계획서 작성, 개조검사 업무협조, 개조승인 검사 절차, 개조 기술기준 적용 방법, 개조적합성 기술문서 검사, 개조 합치성 검사 방법, 개조 형식시험 방법 및 절차, 부적합 사항 관리 방법, 개조승인 증명서 교부, 개조승인 보고서 작성방법 등
기술 기준	철도차량 이력관리 기술기준	* (목적) 철도차량의 운영 및 정비(유지보수)를 체계적으로 시행하기 위한 철도차량 이력관리의 세부적인 사항을 정하기 위함 * (구성) 제11조로 구성 * (내용) 국토교통부의 철도차량 이력관리 항목, 소유자 등의 철도차량 이력관리 항목·대상·방법·기능, 철도차량 이력관리 방법 및 절차, 철도차량 종류별 주요장치, 철도차량 지표(운행키로 당 사고·장애 건수, 차량 종류별 MKBSF) 관리 기준, 정보활용 목적 등
기술 기준	철도차량정비 기술기준	* (목적) 철도차량을 소유하거나 운영하는 자가 철도차량을 정비하는 때에 준수하여야 할 기준을 정함으로써 철도차량에 의한 운행장애를 예방하는 등 철도안전을 확보하여 공익을 도모함을 목적으로 함 * (구성) 제17조로 구성 * (내용) 철도차량 정비기술기준 수립, 철도차량 정비 이행절차 수립, 부품의 확보, 정비인력 관리, 위탁정비, 차륜의 관리 기준, 비파괴검사 대상 부품의 지정 및 관리, 정비실적 관리, 철도차량 고장방지 목표 관리 등

구분	규칙명	주요 내용
고시	철도차량 정비조직 인증기준	* (목적) 철도차량정비에 필요한 인력·설비 및 검사체계 등에 관한 기준과 정비조직 운영기준에 관하여 필요한 사항을 정하기 위함 * (구성) 제16조로 구성 * (내용) 정비조직인증의 종류, 정비조직인증의 신청방법 및 포함되어야 할 사항, 정비인력 확보, 책임관리자 및 정비확인자 지정, 정비교육훈련, 설비관리, 정비조직의 준수사항 등
고시	철도차량 정비조직 인증검사 시행지침	* (목적) 국토교통부장관으로부터 철도차량 정비조직인증을 받으려는 자 및 정비조직인증을 받은 자가 변경인증을 받으려는 경우 시행하는 서류검사와 현장검사에 필요한 기준, 절차, 방법 등 세부사항을 정하기 위함 * (구성) 제4장 제19조로 구성 * (내용) 검사반 구성, 인증검사 방법, 인증검사 절차, 인증검사 결과보고, 변경인증의 신청, 변경신고 등
고시	철도차량 정밀안전진단 시행지침	* (목적) 철도차량 정밀안전진단의 시행에 필요한 세부적인 사항을 정함을 목적으로 함 * (구성) 제11조로 구성 * (내용) 정밀안전진단 계획 수립, 진단 절차 및 방법, 정밀안전진단 대상, 정밀안전진단 시행방법, 보고서 작성 등
고시	철도교통관제 운영규정	* (목적) 철도교통의 안전과 질서를 도모하기 위해 철도교통 관제업무에 관한 세부적인 기준·절차 및 방법 등을 정하기 위함 * (구성) 제7장 제42조로 구성 * (내용) 관제업무 독립성 확보, 관제업무의 범위, 관제구간 지정, 관제업무 종사자의 권한, 철도종사자의 의무, 관제시설 관리, 관제업무 절차 등, 기상특보에 따른 열차운행 제한, 관제업무 종사자의 자격, 철도사고 등 발생 시 조치
훈령	철도종사자 음주 또는 약물사용 확인·검사 등에 관한 규정	* (목적) 철도종사자의 음주 또는 약물사용 확인·검사의 세부절차와 방법 등에 필요한 사항을 정하기 위함 * (구성) 제4장 제17조로 구성 * (내용) 음주(약물) 철도종사자에 대한 확인 및 검사방법, 음주(약물) 철도종사자에 대한 조치, 혈액 감정의뢰, 혈액감정 결과에 따른 조치, 음주(약물) 측정거부에 대한 조치, 측정장비 관리 등
고시	철도보호지구에서의 행위 제한에 관한 업무지침	* (목적) 철도보호지구에서의 행위 제한에 관한 세부적인 사항을 규정함을 목적으로 함 * (구성) 제14조로 구성 * (내용) 철도보호지구 행위신고, 행위수리, 안전교육, 안전점검, 열차감시인 배치, 긴급상황 시 열차 안전운행 확보 등

구분	규칙명	주요 내용
고시	철도보안 검색장비 운영 및 유지관리 등에 관한 기준	* (목적) 법령에 따라 성능인증을 받은 철도보안 검색장비의 운영 및 유지관리 등에 필요한 사항을 정하기 위함 * (구성) 제13조로 구성 * (내용) 철도보안 검색장비의 운영 및 유지관리 기준, 검색장비의 설치 및 이전 방법, 검색장비의 점검 방법, 검색장비의 유지보수 기준 및 관리 방법, 유지보수 요원의 자격, 검색장비 관리계획 수립, 검색장비의 교체 및 폐기 기준 등
고시	철도보안 검색장비 시험기관 지정 및 운영 등에 관한 규정	* (목적) 철도보안 검색장비의 시험기관 지정, 운영 및 관리 등에 필요한 사항을 정하기 위함 * (구성) 제4장 제11조로 구성 * (내용) 시험기관의 지정기준, 시험기관 지정 방법 및 절차, 시험기관 지정 심사위원회 구성 및 운영방법, 시험기관 운영규정, 시험기관의 적합성 검사 방법 및 시정조치, 시험기관의 업무정지 및 폐지 등
고시	철도보안 검색장비 성능인증, 성능점검, 성능검사 등에 관한 규정	* (목적) 철도보안 검색장비의 성능인증, 성능점검, 성능검사 업무 등에 필요한 사항을 정하기 위함 * (구성) 제6장 제30조로 구성 * (내용) 철도보안 검색장치 성능인증 기준, 성능인증 신청, 성능인증 방법 및 절차, 성능시험 전부 또는 일부 면제 기준, 성능인증심사 및 성능인증서 발급 방법, 성능점검 기준 및 방법, 성능검사 기준, 성능검사 신청 방법, 성능인증 심사위원회 구성, 위원회 운영방법, 위원 해촉 및 자격관리 등
고시	철도사고·장애, 철도차량 고장 등에 따른 의무보고 및 철도안전 자율보고에 관한 지침	* (목적) 철도사고 등의 보고 절차 및 방법 등의 세부사항을 정하는 것을 목적으로 함 * (구성) 제5장 제25조로 구성 * (내용) 철도사고 등의 보고방법, 철도운영자의 사고보고에 관한 조치, 철도차량 등에 발생한 고장보고 방법, 철도안전 자율보고 방법, 자율보고 매뉴얼 작성 방법, 자율보고 업무담당자 지정, 자율보고의 접수, 보고자 개인정보 보호 등
고시	철도안전전문기관 지정지침	* (목적) 안전전문기관의 지정기준 및 철도시설 안전기준에 관한 규칙 제72조의 규정에 의한 관리 등에 관하여 필요한 사항을 정하기 위함 * (구성) 제9조로 구성 * (내용) 철도안전 전문기관 지정취소 및 업무정지 기준 등
훈령	철도안전 행정처분 업무처리 절차에 관한 규정	* (목적) 「철도안전법」 위반행위에 대한 행정처분 업무를 수행함에 있어 처분의 신뢰성과 타당성을 제고하기 위하여 처분의 절차와 그 시행에 필요한 사항을 정하기 위함 * (구성) 제5장 제13조로 구성 * (내용) 행정처분심의위원회 구성, 위원회 심의사항, 재심의, 처분 사전 통지, 처분의 확정 및 시행 등

구분	규칙명	주요 내용
훈령	철도안전감독관 업무규정	* (목적) 철도안전감독관이 철도안전관리체계를 확립하고 이를 유지하는지 확인하기 위한 검사 등 철도안전 확보를 위한 업무를 효율적으로 수행하기 위해 필요한 세부사항을 정하기 위함 * (구성) 제19조로 구성 * (내용) 철도안전감독관의 자격, 감독관 교육훈련, 감독 대상기관, 감독관 업무, 상시점검 및 특별점검의 시행방법, 감독관의 의무, 업무실적 평가, 업무수행 결과의 기록유지 방법 등

2.2 조직

우리나라의 철도안전 관련 조직으로 크게 정부조직과 철도운영기관 등으로 구분이 가능하다. 정부조직은 국토교통부의 철도안전정책관이 있으며 하위 조직으로 항공철도사고조사위원회, 철도특별사법경찰대가 있다. 그리고 철도를 운영하는 철도운영기관과 철도를 건설하는 국가철도공단이 있으며, 유관기관으로 한국교통안전공단, 한국철도기술연구원, 철도안전 전문기관 등이 있다.

2.2.1 국토교통부

(1) 철도안전정책관

우리나라는 2004년 이전에는 철도청에서 철도건설, 운영 및 안전업무를 수행했다. 이후 철도 상하분리에 따라 건설교통부에 2004년 건설, 운영, 시설 및 철도안전을 포함한 철도정책국을 설치하였다. 이때는 철도기술안전과에서 철도안전에 관한 모든 업무를 수행했다. 이후 철도안전을 강화하기 위해서 2012년 임시조직인 철도안전기획단을 발족하고 본격적인 철도안전 업무를 수행하게 되었다. 철도안전기획단은 철도기술안전과, 철도운행관제팀, 철도시스템안전팀의 1과 2팀 체계로 운영되다가 2015년 철도국에 철도안전정책관을 설치하였다.

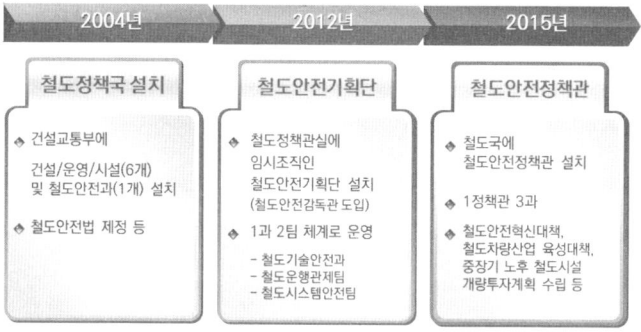

[그림 4-12] 국토교통부 철도안전조직 연혁

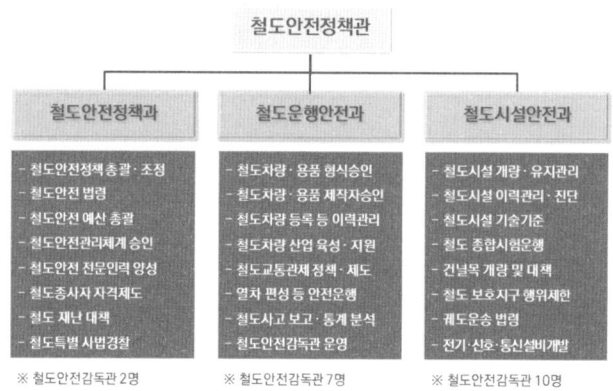

[그림 4-13] 국토교통부 철도안전정책관실 조직

철도안전기획단은 「철도안전법」 개정을 통한 철도안전관리체계, 철도차량 형식승인제도 도입, 철도안전감독관 도입 및 증원 등을 추진하였으며, 그 결과로 철도사고가 감소하고 철도안전 관련 지표도 획기적으로 개선되었다.[100]

철도안전감독관은 2011년 광명역 KTX 탈선사고를 계기로 상시적이며 전문적인 감독체계 구축의 필요성에 따라 도입되게 되었다. 철도안전감독관은 철도 분야의 전문가로 사고 예방을 위한 점검, 장애 또는 사고 시 수습 및 복구지원, 신규노선 안전점검 등을

---

[100] 이 책 2장의 우리나라 철도사고 발생현황을 살펴보면 2011년 철도사고는 277건에서 2018년 98건으로 64.6% 감소하였으며 사망자 수도 2011년 124명에서 2018년 44명으로 64.5% 감소하였다.

시행한다. 철도안전감독관은 최초 철도차량 분야 2명, 신호 분야 1명으로 시작하여 이후 지속적인 증원을 통해 2022년 현재 19명이 근무하고 있다.

이와 비슷한 제도로 항공 분야에는 국토교통부 항공정책실에서 항공안전감독관을 운영 중이며, 해양 분야에서는 해사안전감독관 제도를 운영 중이다. 해외에서도 철도안전감독관 제도를 운영 중인데 미국에서는 연방 철도안전법(Federal railroad safety act)에 의해 DOT(Department of transportation) 산하 FRA(Federal Railroad Administration)에서 철도안전감독관을 운영 중이며 주요 업무로 미연방 법, 규정, 규칙과 표준의 준수여부 조사와 사고조사 및 보고 등을 수행하고 있다. 미국에는 FRA의 8개 권역에 신호, 선로 등 5개 전문분야 약 400명의 감독관이 활동 중이다. 캐나다에서는 캐나다 철도안전법(Railroad safety act)에 의해 장관이 적절한 자격을 갖춘 사람을 안전감독관(Inspector)으로 임명하고 있으며, 운영, 장치, 시설, 건널목 분야의 철도안전, 보안, 환경의 감시와 교육 및 규제활동 등을 수행한다. 캐나다 TC(Transport Canada)의 5개 권역에서 약 60명 활동 중이다. 그리고 영국에서는 약 180명의 철도안전감독관이 현장을 중심으로 근무 중이며, 일본에서는 국토교통성의 철도국에 약 120명의 감독관이 활동하고 있다.

철도안전감독관의 감독 대상은 철도운영자 및 철도시설관리자, 철도차량 형식승인 검사기관(한국철도기술연구원) 및 완성검사기관, 철도차량 운전면허 시행기관(한국교통안전공단) 및 교육훈련기관 등 철도 관련 유관기관을 거의 망라한다. 철도안전감독관의 공통요건은 다음과 같으며 세부 응시자격 요건은 다음 [표 4-4]와 같다.

- ◆ 「국가공무원법」 제33조 각 호의 결격사유에 해당하지 않으며 공무원 임용시험령 등 관계법령에 따른 응시 자격을 정지당하지 아니한 자
- ◆ 대한민국 국적 소지자(복수 국적자는 임용 전까지 외국 국적을 포기하는 경우 임용 가능)
- ◆ 남자의 경우 병역을 필하였거나 면제된 자
- ◆ 20세 이상의 연령에 해당하는 자

[표 4-4] 철도안전감독관 세부 자격요건(2022년, 철도차량 분야)

구분		세부내용
응시자격요건	자격증 요건	(자격증1) 철도차량기술사 자격을 취득한 사람 (자격증2) 철도차량기사 자격을 취득한 후 3년 이상 임용예정 직무분야의 경력이 있는 사람
	학위 요건	(학위1) 임용예정 직무분야 관련 학사학위를 취득한 후 6년 이상 해당분야 경력이 있는 사람 (학위2) 임용예정 직무분야 관련 석사학위를 취득한 후 4년 이상 해당분야 경력이 있는 사람 (학위3) 임용예정 직무분야 관련 박사학위를 취득한 후 2년 이상 해당분야 경력이 있는 사람
	경력 요건	(경력1) 학사학위를 취득한 후 8년 이상 임용예정 직무분야의 경력이 있는 사람 (경력2) 9년 이상 임용예정 직무분야의 경력이 있는 사람 (경력3) 6급 이상 또는 6급 이상에 상당하는 공무원으로서 2년 이상 임용예정 직무분야의 경력이 있는 사람
우대 요건		* 응시자격요건에 필요한 직무분야 경력을 제외한 직무분야 경력(연차별 차등우대) * 직무분야와 관련된 연구논문 실적(건별 차등우대) 　- SCI, SSCI, A&HCI, SCIE, SCOPUS, 한국연구재단 등재학술지에 게재된 논문에 한함(학위논문 제외) * 직무분야와 관련된 표창, 상훈실적(건별 차등 우대) 　- 원서접수마감일 기준 10년 이내 중앙행정기관, 공공기관으로부터 수여받은 표창으로 개인 성명이 기재된 표창(상훈)에 한정(단체 제외) 　- 표창(상훈) 범위: 훈·포장, 대통령·국무총리표창, 중앙행정기관장표창, 공공기관장표창 　- 공공기관 범위: 공공기관 경영정보공개시스템(alio.go.kr)에서 지정된 공공기관

철도안전감독관은 2012년 제도 도입 이후 연간 60회 이상의 상시점검 및 특별점검과 20회 이상의 철도사고 현장 출동 등 사고 대응, 철도운영기관 안전 컨설팅 등을 시행하면서 철도 현장의 안전관리를 책임지고 있다.

(2) 철도특별사법경찰대

철도특별사법경찰대는 「사법경찰직무법」에 따른 특별사법경찰 직무를 수행한다. 철도사고 수사 및 철도종사자의 음주, 약물 복용 단속, 철도보안검색, 폭발물 탐지견 운영 등 철도테러 예방활동을 시행한다. 또한, 경범죄 처벌법 통고처분, 「철도안전법」 위반사항에 대한 과태료 부과 및 징수 업무도 수행한다. 철도특별사법경찰대는 1개 본대, 4개 지방철도 경찰대, 26개 철도경찰센터의 조직을 가지고 있으며, 466명의 정원을 가지고 있다. 관할구역은 4,077km의 철도구역과 704개역이다. 다음 [그림 4-14]는 철도특별사법경찰대의 조직을 나타낸다.

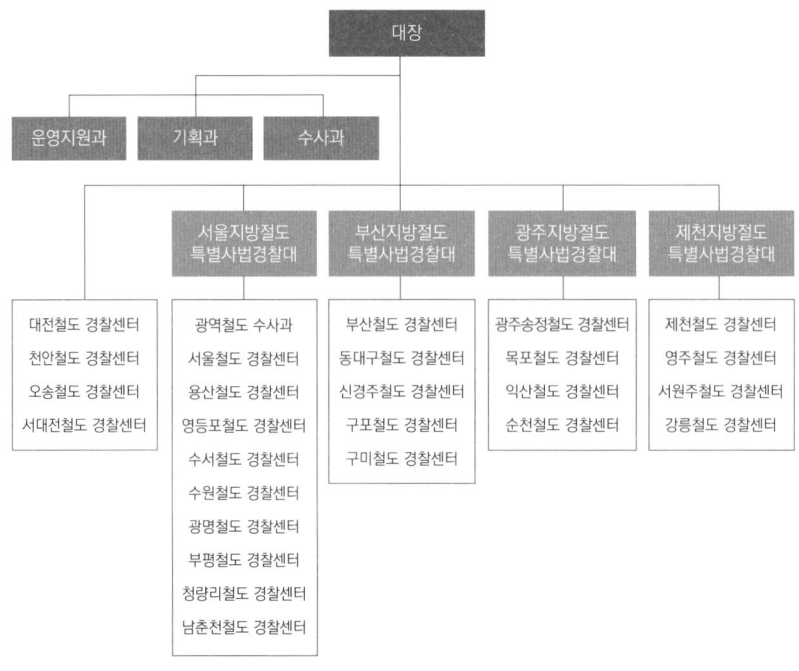

[그림 4-14] 철도경찰대 조직도

(3) 항공철도사고조사위원회

항공철도사고조사위원회는 항공 및 철도 사고 원인을 명확하게 규명하여 향후 유사한 사고를 방지하고, 더 나아가서는 고귀한 인명과 재산을 보호함으로써 국민의 삶의 질을 향상시키기 위해 조직되었다. 항공철도사고조사위원회는 「항공·철도 사고조사에 관한 법률」에 근거하여 철도사고 조사를 시행한다. 같은 법 제2조에서는 철도사고를 다음과 같이 구분하고 있다.[101]

◆ 열차의 충돌 또는 탈선사고
◆ 철도차량 또는 열차에서 화재가 발생하여 운행을 중지시킨 사고
◆ 철도차량 또는 열차의 운행과 관련하여 3명 이상의 사상자가 발생한 사고
◆ 철도차량 또는 열차의 운행과 관련하여 5천만 원 이상의 재산피해가 발생한 사고

[그림 4-15] 항공철도사고조사위원회(홈페이지)

법률에 명시된 항공철도사고조사위원회의 업무는 ▲사고조사 ▲사고조사 보고서의 작성·의결 및 공표 ▲사고조사 결과에 따른 안전권고 등 ▲사고조사에 필요한 조사·연구 ▲사조고사 관련 연구·교육기관의 지정 등이다.

항공철도사고조사위원회는 위원장을 포함한 12인으로 구성되어 있다. 상임위원은 항공정책실장과 철도국장이 각각 겸임하고 있으며, 비상임위원 10인으로 구성된다. 그중 철도사고조사관은 철도안전, 철도차량, 철도신호, 전기철도, 철도시설의 분야별 1명씩 총 5명이 근무 중이다.

---

101 이 법률에 따른 철도사고와 "철도사고·장애, 철도차량 고장 등에 따른 의무보고 및 철도안전 자율보고에 관한 지침"에서 정하고 있는 즉시 보고해야 하는 사고는 동일하다.

2.2.2 외부기관

철도안전 업무를 수행하는 외부기관으로는 한국교통안전공단, 한국철도기술연구원, 철도안전전문기관 등이 있다. 이 외부기관은 「철도안전법」에 따라 정부의 사무를 위탁받은 기관이다. 한국교통안전공단은 철도안전관리체계 승인 및 검사에 관한 전문기관이며, 한국철도기술연구원은 철도차량 및 철도용품 형식승인을 전문적으로 수행한다.

(1) 한국교통안전공단

한국교통안전공단은 국토교통부 산하 공공기관이다. 한국교통안전공단은 도로, 철도, 항공 교통안전관리를 시행하며, 자동차 검사, 자동차 안전시험 및 연구, 교통정보 서비스 제공, 교통안전 체험교육, 자동차사고 피해가족 지원 등의 업무를 수행한다. 이 중 철도와 관련된 업무는 철도안전관리체계 승인 및 검사, 철도종사자 자격시험 등을 국토교통부로부터 위탁받아 수행한다. 한국교통안전공단의 철도와 관련된 주요 위탁 업무는 다음과 같다.

- ▲ 철도안전관리체계 승인
- ▲ 철도안전관리체계 정기 및 수시검사
- ▲ 철도안전관리체계 기술기준 제·개정
- ▲ 종합시험운행 결과검토
- ▲ 철도교통시설 안전진단결과평가
- ▲ 철도종사자 자격시험관리
- ▲ 철도역사 안전 및 이용편의 수준평가

위 업무 중 가장 핵심적인 것은 철도안전관리체계 관련 업무라 할 수 있다. 철도안전관리체계 검사는 우리나라의 24개 철도운영자 및 철도시설관리자가 철도안전과 관련된 요구사항을 잘 이행하는지 정기적으로 검사를 하며 철도사고 발생 시 수시검사를 통해 안전관리체계 위반 여부를 점검하여 과징금을 부과하기 때문이다. 그리고 철도차량 운전면허, 철도교통 관제사 등 철도종사자에 대한 자격시험을 치르고 자격을 관리하고 있다. 철도차량 운전면허 시험은 필기시험과 기능시험으로 구성되며 기능시험은 시뮬레이터를 이용한다.

[그림 4-16] 한국교통안전공단 철도 및 항공 주요 업무(홈페이지)

한국교통안전공단의 철도안전 조직은 교통안전본부에 포함되어 있으며 철도안전처, 철도승인처, 철도기술처, 철도검사처의 4개로 구성되며 총 62명이 근무하고 있다. 한국교통안전공단은 최근 국토교통부로부터 철도차량 및 철도용품 형식승인 기관으로 지정받아 형식승인 업무를 수행하기 위해 준비 중이다.

(2) 한국철도기술연구원

한국철도기술연구원은 철도, 대중교통, 물류 등 공공교통 분야의 연구개발 및 성과확산을 통해 국가 및 산업계 발전에 기여하기 위해 설립된 철도 전문 연구기관이다. 「과학기술분야 정부출연연구기관 등의 설립·운영 및 육성에 관한 법률」에 따라 설립되었으며 주무부처는 과학기술정보통신부이다.

한국철도기술연구원은 고속철도 등 철도시스템의 연구개발, 차세대 대중교통시스템

연구, 철도안전, 표준화, 철도정책 및 물류기술 연구개발, 남북철도 및 대륙철도 연계기술 연구개발, 철도 시험평가 및 인증 등을 수행한다.

한국철도기술연구원은 국토교통부로부터 철도 표준규격 관리를 위탁받아 철도표준규격을 관리하고 있으며, 철도차량 형식승인 기관으로 지정받아 철도차량 및 철도용품 형식승인 업무, 철도차량 제작자승인 업무 등을 시행하고 있다. 연구소 조직은 2개의 연구소, 6개 본부, 2개의 센터로 구성되며 인원은 총 352명이 근무하고 있다.

한국철도기술연구원은 그동안 우리나라에서 국가 R&D로 개발된 고속철도차량, 자기부상열차, 틸팅열차, 무가선 트램 등 다양한 연구 개발에 참여하였으며, 이와 관련된 실용화 사업을 주도하여 많은 성과를 이루어 내고 있다.

[그림 4-17] 한국 틸팅열차(출처: 국토교통부)

(3) 철도안전 전문기관

철도안전 업무를 수행하는 다른 기관으로 철도안전 전문기관이 있다. 철도안전 전문기관은 「철도안전법 시행령」 제63조에서 정한 철도안전 전문인력의 양성 및 자격관리를 하는 기관이다. 철도안전 전문인력은 철도운행안전관리자와 철도안전전문기술자로 구분된다. 철도안전 전문기술자는 철도신호, 전기철도, 철도궤도, 철도차량 분야로 세분화되어 있다. 철도안전 전문인력의 업무 범위와 지정분야 등은 다음 [표 4-5] 및 [표 4-6]과 같다.

[표 4-5] 철도안전 전문기관의 업무범위

구분		업무범위
철도운행 안전 관리자		* 철도차량의 운행선로나 그 인근에서 철도시설의 건설 또는 관리와 관련한 작업을 수행하는 경우에 작업일정의 조정 또는 작업에 필요한 안전장비·안전시설 등의 점검 * 상기 작업이 수행되는 선로를 운행하는 열차가 있는 경우 해당 열차의 운행일정 조정 * 열차접근경보시설이나 열차접근감시인의 배치에 관한 계획 수립·시행 확인 * 철도차량 운전자나 관제업무종사자와 연락체계 구축 등
철도안전전문기술자	전기 철도	* 전기철도 분야 철도시설의 건설이나 관리와 관련된 설계·시공·감리·안전점검 업무나 레일용접 등의 업무
	철도 신호	* 철도신호 분야 철도시설의 건설이나 관리와 관련된 설계·시공·감리·안전점검 업무나 레일용접 등의 업무
	철도 궤도	* 철도궤도 분야 철도시설의 건설이나 관리와 관련된 설계·시공·감리·안전점검 업무나 레일용접 등의 업무
	철도 차량	* 철도차량의 설계·제작·개조·시험검사·정밀안전진단·안전점검 등에 관한 품질관리 및 감리 등의 업무

[표 4-6] 철도안전전문기관 지정분야 등

연번	기관명	지정일자	지정번호	지정분야	소재지
1	(사)한국철도운전기술협회	'06.7.24.	2006-1호	철도운행안전 분야	서울시
2	(사)한국전기철도기술협회	〃	2006-2호	전기철도 분야	광명시
3	(사)한국철도신호기술협회	〃	2006-3호	철도신호 분야	광명시
4	(사)한국철도시설협회	〃	2006-4호	철도궤도 분야	서울시
5	(사)한국철도차량엔지니어링	'19.12.2.	2019-7호	철도차량 분야	수원시

2.3 예산

철도는 사회간접자본(SOC: Social Overhead Capital)으로, 역사, 철도차량 정비기지, 선로 등 광범위한 시설물이 필요하며 철도를 운영하기 위해 일정한 예산의 투입은 반드시 필요하다. 특히 철도 선로의 경우 한번 건설하고 나면 거의 영구적으로 사용하기 때문에 노후 시설물의 관리가 필요하며 철도차량의 경우 기대수명을 지난 차량은 교체해야 한다.

철도를 운영하기 위한 예산은 직원의 인건비, 전기료 등 다양하지만 여기에서는 철도안전과 관련된 정부의 예산을 주로 살펴보기로 한다.

2.3.1 철도안전 예산 개요

철도안전 예산은 시설개량, 유지보수, 시설운영 위탁, 시험선로 구축, 도시철도 내진보강, 노후시설 개선 등으로 이루어진다. 다음 [표 4-7]은 최근 4년간 철도안전 예산 현황을 나타낸다. 우리나라의 철도안전 예산은 2015년 호남고속철도를 건설할 때까지 철도건설 예산의 1/8 수준이었으나, 철도안전 강화를 위해 지속적으로 확대되고 있는 것을 알 수 있다.

[표 4-7] 철도안전예산 현황 (단위: 백만원)

구분	'16년	'17년	'18년	'19년
일반철도 건설 (철도종합시험선로 구축)	40,000	81,400	67,500	0
철도안전(일반)	792,579	857,407	967,211	1,035,962
철도정책지원	3,010	524	0	0
지하철 건설지원	12,366	50,400	94,800	41,400
철도정보화	1,975	2,042	7,376	6,859
합계	849,930	991,773	1,136,887	1,084,221

여기서 철도안전(일반) 예산은 일반철도 시설 유지보수 위탁, 일반철도안전 및 시설개량, 고속철도안전 및 시설개량, 철도교통관제사 시설운영 위탁, 철도사고조사, 철도시설 위탁 및 관리, 철도안전제도 운영 등이다. 철도정책지원 예산은 철도역 환승동선 개선사업 예산이며, 2017년까지 집행되었다.

지하철 건설지원 예산은 도시철도 내진보강 지원, 도시철도 승강장 스크린도어 안전보호벽 개선 지원, 도시철도 노후시설 개선지원 예산이다.[102] 이중 도시철도 노후시설 개선지원 예산은 2018년부터 지원되기 시작한 예산으로, 노후 도시철도에 대하여 국가에서 지원을 시작했다는 것에서 의미가 크다고 할 수 있다.

철도정보화 예산은 철도산업정보센터 위탁운영, 철도안전 정보종합관리시스템 구축, 철도경찰 범죄관리 시스템 구축, 철도차량 및 철도시설 이력관리 정보망 구축 등이 포함된다.

2.3.2 국가 R&D

철도안전과 국가 R&D는 언뜻 보기에 관련이 없어 보이지만 국가철도 상하분리 이후 국토교통부는 철도안전과 국가 R&D 업무를 철도국 내에 1개 과(철도기술안전과)에서 함께 관리하도록 했다. 그래서 그동안 우리나라에서 국가 R&D를 통해 개발된 여러 기술들을 많이 활용하고 있어 지면을 빌어 간단히 소개하고자 한다.

국토교통부에서 시행하는 국가 R&D는 1994년 건설교통 연구개발 사업을 시작으로 지능형 교통체계(ITS), 한국형 고속철도 등 개별 사업 단위로 시작되다가 2000년대 들어 R&D 전문 관리기관인 국토교통과학기술진흥원을 설립하고 연구관리 기반을 구축하였다.[103] 이후 2010년부터 R&D 중장기 전략을 수립하고 투자 효율화 및 성과 확산을 위한 노력을 지속하고 있다. 국토교통부 R&D의 주요 내용으로는 건설, 수자원, 플랜트, 항공, 철도 등 국토교통부 업무와 관련된 대부분의 산업을 포함한다. 그중에서 철도는 매년 900억 원 이상 투자되고 전체의 약 24.2%를 차지하고 있어 다른 분야에 비해 투자금액이 큰 편이다. 다음 [그림 4-18]은 2009년부터 2018년까지 국토교통 분야 국가 R&D

---

102 지하철 건설지원 예산은 이 책의 3장 1.2에서 언급한 철도건설 예산과 구분된다. 철도건설 예산은 신규 철도 노선을 건설할 때 적용하고 있으며, 이 지하철 건설지원 예산은 노후 철도 내진보강, 개량 등에 사용되는 예산이다.

103 국토교통과학기술진흥원은 2002년 한국건설교통기술평가원으로 설립되어, 2004년 준정부기관으로 지정되었고, 같은 해 국토교통과학기술진흥원으로 이름을 바꾸었다. 국토교통부의 R&D를 관리하고 있다.

투자 추이를 나타낸다.[104]

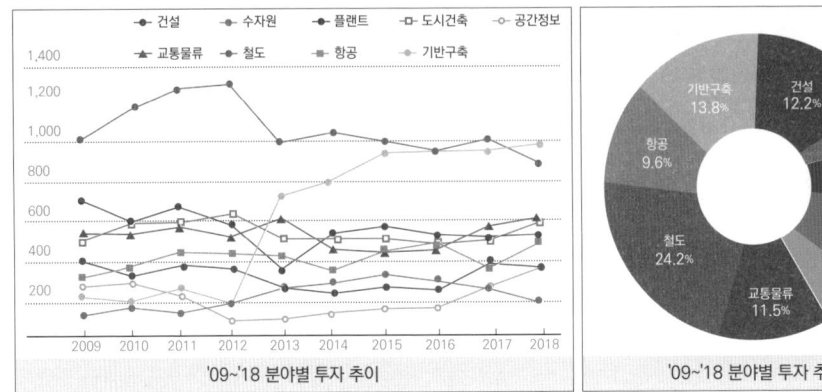

[그림 4-18] 국토교통 분야 국가 R&D 투자 추이(단위: 억 원)

우리나라의 철도와 관련된 대표적인 국가 R&D는 KTX-산천 고속철도 개발사업을 들 수 있다. 일명 G7 프로젝트로 명명된 이 사업을 통해 고속차량을 국산화하는 데 성공했으며, 이후 지속적인 국가 R&D를 통해 400km/h급 동력분산식 고속열차인 HEMU-430X까지 개발하였다.

---

104   제1차 국토교통과학기술 연구개발 종합계획(2018~2027), 국토교통부

[그림 4-19] HEMU-430X(출처: 현대로템 블로그)

철도 분야에 국가 R&D가 필요한 이유는 철도는 시스템 사업이며 시장이 한정되어 일반 산업체에서 기술개발을 하기에는 부담이 크기 때문이다. 그러나 국가적인 측면에서는 철도 노선이 확장되고 현대화되면 경제적인 파급효과가 매우 크고 국민의 편익이 증대되는 이점이 있기 때문에 국가 R&D가 필요하다.

다음은 우리나라 국가 R&D를 통해 개발된 대표적인 성과를 정리하였다. 현재 인천 영종도에서 운행 중인 도시형 자기부상열차, 오송역에 건설된 철도종합시험선로, 무가선 저상트램, 한국형 열차제어시스템 등이 있으며 이 기술은 향후 우리나라의 철도를 선도할 중요할 기술들이다.

이 밖에도 한국형 틸팅열차 신뢰성평가 및 운용기술 개발, 국가 철도전용통합 무선망(LTE-R) 구축, 차세대 첨단 도시철도시스템 기술개발, 도시철도 터널 및 차량의 공기질 개선, 지상 역 승강장의 지능형 승객안전사고 방재시스템 개발, 도시철도차량 탑재용 회생에너지 저장 및 활용 기술개발 등이 있다.

〈 도시형 자기부상열차 실용화 〉

[그림 4-20] 자기부상열차(출처: 국토교통부)

◆ (추진배경) 도시형 자기부상열차 시스템 개발을 통해 국내외 시장진출을 위한 상용화 기반 마련
◆ (지원근거) 「도시철도법」 제14조, 「국가통합교통체계효율화법」 제4조 및 98조, 「과학기술기본법」 제7조

〈 추 진 경 위 〉

* '04. 07.: 도시형자기부상열차 등 국가연구개발 실용화사업 추진 결정(대통령 주재 51회 국정과제회의)
* '06. 10.: 도시형자기부상열차실용화 사업계획확정(과기장관회의)
* '06. 12.: 도시형자기부상열차실용화 착수
* '10. 02.: 도시형자기부사열차 시범노선 건설공사 시공자 선정
* '12. 08.: 양산차량(2량 3편성) 제작 완료 및 시범노선 준공

◆ (사업개요)
- (사업목적) 110km/h급 무인운전 자기부상시스템 개발 및 시범노선 구축
- (주관부처/주관기관) 국토교통부 / 한국기계연구원
- (총사업비) 4,149억 원(R&D 1,000억 원, 시범노선 3,149억 원)
- (사업기간) 2006. 12. ~ 2013. 08. (6년 8개월)

〈 철도종합시험선 구축 〉

[그림 4-21] 오송 철도종합시험선로(출처: 국토교통부)

◈ (추진배경)
- 경부고속철도 침목 균열사고 발생('09.2)으로 국내 철도용품/시스템 검증체계에 대한 근본적 검토 필요성 부각
- 철도용품·기술의 국내 개발 및 세계철도시장 진출을 위한 현장 적용성 평가를 위한 기반 마련 필요

〈 추 진 경 위 〉
* '09. 04.: 철도종합시험선로 구축 기본구상(안) 마련
* '09. 12. ~ '10. 08.: 예비타당성조사
* '10. 12.: 제2차 철도안전종합계획 수립, 반영
* '11. 04.: 제2차 국가철도망구축계획 반영
* '11. 05.: 제2차 철도산업발전기본계획 반영
* '11. 05. ~ '13. 07.: 기본계획 수립용역

◈ (사업개요)
- (사업목적) 궤도, 신호 등 핵심기술의 철도 경쟁력 확보 및 체계적인 성능검증을 위한 종합시험선 구축
- (총사업비 및 사업기간) 2,218억 원, 2011~2016년
- (사업위치) 충북(청원), 충남(연기) 일원
- (사업내용) 철도종합시험선로(14.8km, 단선) 구축

〈 도시형 자기부상열차 실용화 〉

[그림 4-22] 무가선 저상트램(출처: 현대로템 홈페이지)

◆ (사업목적) 저탄소 녹색성장의 시대를 맞이하여 도시의 매연과 소음원인 버스, 택시 등을 대체할 수 있는 친환경 교통시스템의 요구조건을 충족시키기 위하여 무/유가선 혼합형 저상트램을 개발

〈 추 진 경 위 〉

* 1 세부과제
  - 1차년도('09.12.~'10.04.) 무가선 저상트램 시스템 사양결정 및 기본설계 등
  - 2차년도('10.05.~'11.02.) 무가선 저상트램 시스템 구성요소 인터페이스 설계 등
  - 3차년도('11.03.~'12.02.) 무가선 저상트램 시스템 인터페이스 등
* 2 세부과제
  - 1차년도('09.12.~'10.04.) 차량시스템 콘셉트개발 등
  - 2차년도('10.05.~'11.02.) 차량시스템 상세설계 등
  - 3차년도('11.03.~'12.02.) 구성품 제작 등

◆ (사업개요)
 - (연구기관) 현대로템, 갑을오토텍, 대원강업, 유진기공 등
 - (총사업비) 22,229,627천 원(정부 11,107,627천 원, 기업 11,122,000천 원)
 - (사업기간) 2009. 12. 01. ~ 2013. 04. 30.

〈 한국형 열차제어시스템 개발 〉

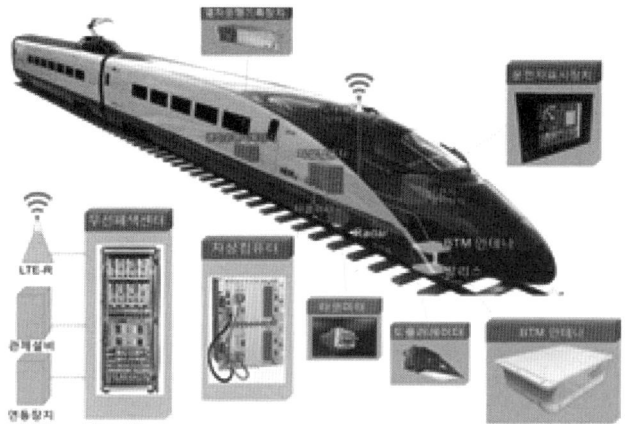

[그림 4-23] 한국형 열차제어시스템(출처: 국가철도공단)

◆ (사업목적) 철도 전용 무선통신망(LTE-R) 기술을 이용한 도시철도, 일반철도, 고속철도용 한국형 무선통신기반 열차제어시스템 개발

〈 추 진 경 위 〉
* '10. 10.: 열차 신호시스템 표준화방안 수립
* '14. 07.: 도시철도용 무선통신기반 열차제어시스템(KRTCS) 개발 완료
* '17. 12.: 일반 및 고속철도용 무선통신 제어시스템 실용화(KTCS)
* '18. 04.: 차세대 한국형 열차제어시스템(KTCS-3) 개발사업 추진
* '18. 10.: 차세대 한국형 열차제어시스템(KTCS-3) 국책연구 사업 연구성과 보고회

◆ (사업개요)
- (1단계) 도시철도용 무선통신기반 열차제어시스템 개발(KRTCS)
- (2단계) 일반 및 고속철도용 무선기반 열차제어시스템(KTCS) 실용화
- (총사업비 및 사업기간) 300억 원, 2014~2017년
- (연구단) 국가철도공단, 한국철도공사, 한국전자통신연구원
- (사업내용) 기존 설비와 연계운영할 수 있는 연동기술 개발, 최고 운영속도에서 무선통신 및 열차제어시스템 성능검증, 호남고속선 테스트 베드 구간 시험선 구축 등

2.4 계획

국토교통부장관은「철도안전법」제5조 및 제6조에 따라 철도안전정책 방향을 제시하는 5년 단위 국가종합계획을 수립해야 한다. 철도안전종합계획이란「철도안전법」제5조에 따라 국토교통부장관이 5년마다 수립하는 철도안전에 관한 종합계획을 말하며, 철도안전종합계획에 따라 국토교통부장관, 시·도지사 및 철도운영자 등이 소관별로 철도안전종합계획의 단계적 시행에 필요한 연차별 계획을 철도안전시행계획이라고 한다.

「철도안전법」제5조에서 정하고 있는 철도안전종합계획에는 '철도안전종합계획의 추진 목표 및 방향', '철도안전에 관한 시설의 확충, 개량 및 점검 등에 관한 사항' 등 8가지 주요 내용이 포함되어야 하며, 그 세부내용은 다음과 같다.

1. 철도안전종합계획의 추진 목표 및 방향
2. 철도안전에 관한 시설의 확충, 개량 및 점검 등에 관한 사항
3. 철도차량의 정비 및 점검 등에 관한 사항
4. 철도안전 관계 법령의 정비 등에 관한 사항
5. 철도안전 관련 전문 인력의 양성 및 수급관리에 관한 사항
6. 철도안전 관련 교육훈련에 관한 사항
7. 철도안전 관련 연구 및 기술개발에 관한 사항
8. 그 밖에 철도안전에 관한 사항으로서 국토교통부장관이 필요하다고 인정하는 사항

철도안전종합계획이 안전관리 수단으로서 의미를 가지는 것은 국가 전체의 철도안전과 관련된 대부분의 정책, 예산 등을 집행하고 주관하는 정부 주도의 안전 관련 계획이기 때문이다. 안전과 관련해서는 대표적으로 규제와 예산이 가장 중요한 항목인데 이 규제와 예산을 어디에 어떻게 반영하겠다고 하는 중장기 계획이 바로 철도안전종합계획이기 때문에 이 계획은 큰 의미를 가진다.

또한 철도안전종합계획에는 계량화된 안전관리 지표를 설정하고 철도안전시행계획을 통해 철도운영기관 등의 철도사고 등의 정보를 정부 차원에서 관리하기 때문에 철도안전과 관련된 가장 공신력 있는 문서 중 하나이다.

그리고 철도안전종합계획은 「철도안전법」이 제정된 이후 우리나라의 철도안전과 관련된 정부의 투자 및 안전관리에 대한 기록과도 같은 문서이므로 우리나라의 철도안전 역사가 어떻게 변화되어 왔는지를 살펴볼 수 있는 사료로서의 가치도 지닌다.

2.4.1 제1차 철도안전종합계획

제1차 철도안전종합계획은 고속철도, 일반철도, 도시철도 등 모든 철도를 대상으로 하며 교통사고, 인적재난, 재해 등 각종 사고를 예방하기 위한 종합적인 안전대책을 포함하고 있다.

제1차 종합계획에서는 철도사고 및 인명피해를 당시 수준의 40%까지 줄이는 목표를 설정하였고, 열차운행 1만 km당 철도사고는 2004년 23.9건에서 2010년까지 14.2건으로 줄이고, 철도종사자를 포함한 사망자 피해도 2004년 249명에서 2010년 149명으로 줄이는 목표를 설정하였다.

특히, '철도종사자의 자질향상 및 근무환경개선', '철도안전시설의 정비 및 확충', '철도차량의 안전성 제고, 예방중심의 철도안전관리 감독 강화', '철도사고 조사 및 위기관리체계 구축', '철도안전 선진기술 개발 및 연구 진흥'의 6개 분야별 세부 시행과제 77개를 발굴하였다. 또한, 이의 시행을 위해 5년간 총 5조 197억 원의 투자를 확정하였다.

제1차 철도안전종합계획에 따른 실적은 사망자 수와 사고율을 40% 저감하였고, 과거 주기적으로 발생하던 대형철도사고 미발생, 계획 예산 대비 96% 집행 등 종합계획이 성공적으로 추진되었다는 평가를 받았다.

2.4.2 제2차 철도안전종합계획

제2차 철도안전종합계획은 제1차 철도안전종합계획에 이어 2011년부터 2015년까지 5년 동안의 철도안전을 위한 종합계획으로, 철도안전정책의 수립과 추진에 대한 기본방향을 설정하고, 광역·기초단체, 철도운영사의 시행에 대한 가이드라인을 제시하며, 철도산업발전 기본계획, 국가교통안전 기본계획 등과의 연계를 고려하여 2010년 12월 확정되었다.

제2차 철도안전종합계획은 '철도안전관리 효율화 및 제도개선', '철도운영기관 자율과 책임 강화', '인적요인의 체계적 관리', '사고 원인분석에 기초한 안전관리'의 4가지 주제를 가지고 추진되었다.

정부는 이 계획을 통해 대형철도사고 발생 Zero화, 1억 km당 열차사고 발생건수를 12건(2009년)에서 10건(2015년)으로 줄이고, 1억 km당 사망자 수를 43명에서 38명으로 줄이는 목표를 수립하였다. 제2차 철도안전종합계획은 대형철도사고 0건, 열차사고 18% 감소, 사망자 수 46% 감소 등 제2차 종합계획의 핵심지표를 달성하였고, 계획예산 대비 170%를 집행하는 등 투자도 확대하였다.

2.4.3 제3차 철도안전종합계획 및 수정계획

제3차 철도안전종합계획(2016~2020년)은 철도안전 혁신대책(2015년 7월), 제3차 철도안전종합계획 수립 연구용역 등을 통해 계획을 수립하고 철도산업위원회 심의를 거쳐 2016년 6월 확정, 고시되었다.

제3차 철도안전종합계획은 안전에 대한 높은 국민적 기대에 부응하고, 철도안전의 체질을 근본적으로 개선하는 데 중심을 두었으며, 이를 위해 안전을 최우선으로 하는 운영자의 자발적 안전관리를 유도하고, 환경변화에 대비하여 운행 전반의 안전 확보를 위한 기반을 조성하기로 하였다.

제3차 철도안전종합계획(2016~2018년)은 대형 철도사고 0건, 철도사고 35% 감소, 사망자 19% 감소 등을 달성하였으나, 2016년 철도사고 목표 및 2018년 사망자 목표 달성에는 실패하였다. 또한 철도안전 투자액은 증가하였으나, 시설물 노후화, 장기사용 철도차량 교체 소요를 충족시키는 데는 미흡하였다. 제1차 계획 기간 중 추진된 안전설비가 노후화되어 유지보수 비용이 급격히 증가하였으며, 3차 계획 기간 중 계획예산 6.22조 대비 4.08조(66%) 집행하였다.

국토교통부는 2016년에 마련한 3차 종합계획이 철도운영기관 중심, 사후대응 중심의 안전관리에 중점을 두어 최근 높아진 국민들 안전의식을 수용하기에는 부족하고, 4차 산업혁명 진전 및 글로벌 환경·정세변화 등 철도안전에 대한 대내외 환경변화에 대응하기 위해 제3차 철도안전종합계획의 수정계획을 수립하여 철도산업위원회의 심의를 거쳐 2019년 12월 확정·고시하였다. 제3차 철도안전종합계획 수정계획(2016~2022년)은 제3차 철도안전종합계획 기간(2016~2020년)과 연계하되, 수정계획은 2020년부터 2022년까지 적용될 예정이다. 다음은 제3차 철도안전종합계획(수정계획)의 개요를 나타낸다.

〈 제3차 철도안전종합계획(수정계획) 〉

◆ (법적 근거) 「철도안전법」 제5조 및 제6조
- 국토교통부장관은 5년마다 철도안전종합계획을 수립(법정계획)
- 국토교통부장관, 시·도지사 및 철도운영자 등은 철도안전종합계획에 따른 연차별 시행계획을 수립(법정계획)

◆ (계획의 성격) 철도안전정책 방향을 제시하는 국가종합계획
- 철도안전정책의 수립과 추진에 대한 기본방향 설정
- 광역·기초단체, 철도운영자 등의 시행에 대한 가이드라인 제시
- 철도산업발전기본계획, 국가교통안전기본계획 등과 연계

◆ (계획의 범위)
- 시간적 범위: 2016~2022년(7개년)
- 공간적 범위: 전국

◆ (계획의 주요 내용) 철도안전 확보를 위한 국가 차원의 실천방향 제시 등

3. 철도안전관리체계

원자력, 우주항공, 해양플랜트, 선박, 국방 등과 같은 대형산업은 사고의 발생빈도는 매우 낮으나, 사고가 발생할 경우 국가 차원의 막대한 피해가 발생할 수 있다. 이러한 산업에서 예기치 못한 사고가 발생할 경우 회사가 없어질 수준으로 피해 규모가 커서 사고예방을 위한 다양한 기법이 고안되었다. 사고 발생 빈도가 매우 낮거나, 관련된 사고 이력이 없는 경우에도 발생 가능한 사고 시나리오를 예상하여 사고 예방대책을 마련하고 있다.

안전관리체계는 위와 같이 안전관리가 중요한 산업에서 사용 중인 안전관리의 공통적인 요소를 모아서 이를 유기적으로 연계하여 관리하는 데서 출발하였다. 따라서 철도안전관리체계의 구성요소는 위에 언급한 원자력, 우주항공, 해양플랜트 등의 안전관리체계의 구성요소와 매우 유사하다.

철도안전관리체계의 시작은 영국에서 1990년대 원자력산업이 쇠락하면서 원자력산업의 안전관리 전문가들이 사고율이 높은 철도산업으로 이직하면서 최초로 적용하였으며, 철도산업의 사고감소 효과가 입증되어 이후 영국전체에 적용되었다. 2004년 이후 유럽과 국내의 철도안전법령에 반영되어 확대되었으며, 2019년 하반기부터 모든 유럽국가에서는 의무적으로 적용 중이다.

3.1 철도안전관리체계 정의

철도안전관리체계 제도란 철도운영자 및 철도시설관리자가 예방적·상시적 안전관리를 위해 안전조직, 비상대응, 차량정비, 유지보수 등 철도운영 및 시설관리에 대한 유기적인 체계를 갖추어 승인을 받고 지속적인 유지 의무를 부과토록 하는 제도를 말한다. 철도안전관리체계 이전에는 「철도안전법」에 따라 철도종합안전심사[105] 제도를 운영하였으나, 2011년 2월 KTX-산천 광명역 탈선사고 이후 연이은 철도 사고·고장 발생에 따른 철도의 안전 확보와 해외 진출을 통한 철도산업 경쟁력 강화에 대한 사회적 요구에 부응하기 위하여 2014년에 철도안전체계 전반에 대한 근본적인 개선을 위해 도입되었다.[106]

철도안전관리체계는 철도안전기준 및 인증체계를 유럽 등 국제기준에 맞추고, 운영·시설 관리에 예방적·상시적 안전관리제도를 도입하였으며, 사후관리 강화를 위하여 과징금 등 제재수단 확보 등 그간 지속적으로 제기되어 왔던 철도안전제도의 문제점을 개선하도록 체계적으로 정비하였다. 철도안전관리체계는 다음 [그림 4-24]와 같이 철도안전관리시스템(SMS), 열차운행체계, 유지관리체계의 3개 모듈로 구분된다.

[그림 4-24] 안전관리체계의 구성

---

105 철도안전 확보를 위해 철도운영기관이 철도안전에 관한 업무를 성실히 수행하고 있는지에 대하여 종합적으로 심사·평가하고 철도안전업무를 개선토록 하는 제도이다. 국토교통부에서 위탁을 받아 한국교통안전공단에서 철도운영자, 철도시설관리자 및 전용철도 운영자를 대상으로 하며 매 2년마다 심사를 시행하였다.

106 철도안전관리체계는 유럽 철도 법령(EU Directive)의 시설관리자를 대상으로 하는 안전승인과 철도운영자를 대상으로 하는 안전인증 제도와 영국 철도시스템 등의 안전규정(ROGS Regulations 2006), 해운분야 안전인증체계, 항공 분야 SMS 등을 참조하여 한국교통안전공단이 연구용역을 수행하여 개발되었다.

3.2 철도안전관리체계 구성

3.2.1 철도안전관리체계

철도안전관리체계의 법령체계는 「철도안전법」 제7조, 제8조, 제9조, 제9조의2로 구성되어 있으며, 같은 법 제77조에서 한국교통안전공단에 안전관리체계 검사 등을 위임하고 있다. 철도안전관리체계의 행정규칙은 '철도안전관리체계 기술기준'과 '철도안전관리체계 승인 및 검사 시행지침'이 있으며 법령체계는 다음 [그림 4-25]와 같이 도시할 수 있다.

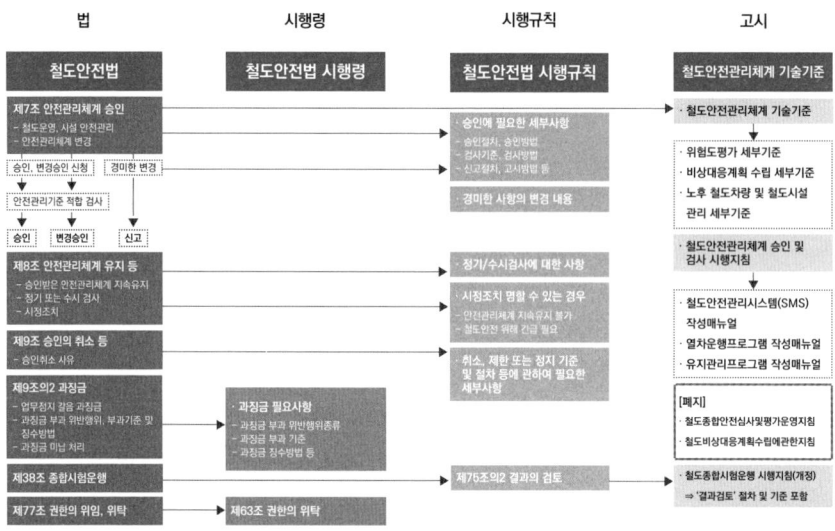

[그림 4-25] 안전관리체계 법령체계

철도안전관리시스템(SMS: Safety Management System)은 안전관리의 조직, 절차, 관리 등을 위하여 철도운영자 및 철도시설관리자가 기본적으로 갖추어야 하는 요구사항을 정의하고 있으며, 철도안전경영, 문서화, 위험관리, 요구사항 준수, 사고조사 및 보고, 내부점검, 비상대응, 교육훈련, 안전정보, 안전문화의 10가지로 구성된다.

열차운행체계(Railway Operation)는 열차의 운행을 위해 필요한 열차운행계획, 관제, 승무 및 역무 등의 요구사항을 정의하고 있으며, 철도사업면허, 열차운행 조직 및 인력, 열차운행 방법 및 절차, 열차운행계획, 승무 및 역무, 철도관제, 철도보호 및 질서유지, 열차운행 기록관리, 계약자 관리의 10개의 소분류로 구성된다.

유지관리체계(Railway Maintenance)는 철도차량과 철도시설 등의 정비와 관련된 항목으로서 유지관리 조직 및 인력, 유지관리 방법 및 절차, 유지관리 시행계획, 유지관리 기록관리, 유지관리 설비 및 장비, 유지관리 부품, 철도차량 제작감독, 계약자 관리의 9개 소분류로 작성되며, 분야별로 각각 작성되어야 한다. 철도안전관리시스템, 열차운행체계, 유지관리체계에 대한 세부 내용을 표로 도시하면 다음과 같다.

철도안전관리체계 제도는 ▲철도사고 발생 시 철도운영기관 등의 책임을 명확히 하기 위한 법적 근거를 마련하고 ▲철도운영기관 등의 경영방침에 안전 경영, 안전 관련 목표 설정 등을 명시하는 등 CEO의 안전 관련 관심과 주의를 촉구하며 ▲철도운영기관 등이 준수해야 하는 안전 관련 요구사항을 체계화하고 ▲그동안 안전관리 부분과 별도로 인식해 왔던 철도차량 및 철도시설의 유지관리가 안전관리의 중요한 요소임을 확인하게 했다는 점에서 큰 의미를 둘 수 있다.

물론 그 이전에도 철도종합안전심사와 철도사고 등 발생 시 정부의 안전 관련 점검은 계속 시행되었지만 안전 요구사항을 체계화하고 이런 내용들을 문서화하도록 규정한 것은 이 안전관리체계가 최초라고 할 수 있다. 특히 철도운영기관 및 철도시설관리자는 안전관리와 관련된 다양한 요구사항을 하나의 문서에서 정리함으로써 조직의 전사적 역량을 집중하는 데 용이하며, 사고나 장애와 관련된 안전지표 등도 선정, 관리하여 소속 직원은 누구나 이런 내용을 확인할 수 있게 된다. 다음 [표 4-8]은 철도종합안전심사 제도와 철도안전관리체계를 비교한 것이다.

[표 4-8] 철도종합안전심사 제도와 철도안전관리체계 비교

구분	철도종합안전심사 제도	철도안전관리체계
승인	철도운영기관은 철도사업면허를 가지고 안전관리규정과 비상대응계획을 정부로부터 승인받으면 철도를 운영할 수 있음	안전관리체계 기술기준에 따라 안전관리 프로그램을 갖추고 정부의 승인을 받아야 함

구분	철도종합안전심사 제도	철도안전관리체계
정기검사	매 2년마다 종합안전심사를 받음	매년 철도안전관리체계를 유지하고 있는지 승인받음
변경	별다른 규정 없음	철도안전관리체계 변경 시 승인을 받아야 함(조직, 규정 등)
위반 시	제재할 수 있는 근거가 미약	처벌규정이 명확

다만, 철도안전관리체계도 약간의 문제점이 있는데 그것은 안전 관련 요구사항이 다양한 만큼 요구사항을 준수하기 위해서는 잘 훈련되고 전문적인 지식을 가진 사람을 업무에 투입해야 하는데 지자체의 소규모 철도운영기관에서는 예산이나 운영상의 문제로 인해 많은 인력과 전문적 지식을 가진 사람을 안전관리체계 관리에 투입하기에 한계가 있는 것이 현실이다. 왜냐하면 아무리 작은 기관이라 하더라도 안전관리체계에서 요구하는 사항을 모두 수행해야 하기 때문이다. 특히 한국철도공사와 같이 직원인 2만 7천 명이 되는 큰 기관이나 직원이 200~300명인 소규모 운영기관이 동일한 기준에 따라 관리하도록 규정하고 있어 실질적인 문서의 질과 관리 정도는 차이가 발생한다.

[표 4-9] 철도안전관리체계 구성

구분	내용
철도안전관리 시스템 (10개 분류)	1. **(철도안전경영)** 철도안전관리시스템(SMS), 안전경영방침, 안전목표, 안전계획, 안전경영검토, 역할과 책임 2. **(문서화)** 문서화 및 관리 3. **(위험관리)** 위험도 평가 및 관리, 안전대책, 변경관리 4. **(요구사항 준수)** 요구사항 파악, 요구사항 변경관리, 요구사항 준수 5. **(사고조사 및 보고)** 사고·장애 보고, 사고 및 장애 조사, 재발방지대책 6. **(내부점검)** 심사, 점검 및 모니터링, 심사/점검 및 모니터링 결과관리 7. **(비상대응)** 비상대응계획, 비상대응훈련, 사이버테러 8. **(교육훈련)** 인적자원관리 프로그램, 교육훈련 9. **(안전정보)** 안전정보관리, 위험보장 10. **(안전문화)** 안전 지도력, 안전문화 증진

구분	내용
열차운행체계	11. **(열차운행체계)** 11.1 열차운행체계 11.2 철도사업면허 11.3 열차운행 조직 및 인력
열차운행체계	11.4 열차운전 방법 및 절차 11.5 열차운행계획 11.6 승무 및 역무 11.7 철도관제 11.8 철도보호 및 질서유지 11.9 열차운행 기록관리 11.10 위탁계약자 감독 등 위탁업무 관리에 관한 사항
유지관리체계	12. **(유지관리체계)** 12.1 유지관리체계 12.2 유지관리 조직 및 인력 12.3 유지관리 방법 및 절차 12.4 유지관리 시행계획 12.5 유지관리 기록관리 12.6 유지관리 설비 및 장비 12.7 유지관리 부품 12.8 철도차량 제작 감독 12.9 위탁계약자 감독 등 위탁업무 관리에 관한 사항

국내에서 철도를 운영하기 위해서는 「철도안전법」에 따라 철도안전관리체계를 갖추고 있는지 여부를 심사받아야 한다. 2014년 철도안전관리체계 제도를 도입하여 한국철도공사 등 철도운영기관은 철도안전관리체계 승인을 받았으며 매년마다 안전관리체계를 유지하고 있는지 정기검사를 받는다. 우리나라에서 철도안전관리체계 승인을 받은 기관은 철도시설관리자가 3개 기관이며, 철도운영자가 20개 기관으로 총 23개 기관이 안전관리체계 승인을 받았다. 다음 [표 4-10]은 안전관리체계 승인을 받은 국내 철도운영기관을 나타낸다.

[표 4-10] 철도안전관리체계 승인현황

번호	철도운영자등	승인증명 발급	비고
1	대구도시철도공사	'14.10.23.	
2	서울메트로	'14.12.29.	
-	서울특별시도시철도공사	'14.12.29.	서울교통공사와 통합('17.5.30.)
3	한국철도공사	'14.12.29.	
4	대전광역시도시철도공사	'14.12.31.	
5	부산·김해경전철(주)	'14.12.19.	
6	부산교통공사	'14.12.31.	
7	공항철도(주)	'14.12.31.	
8	인천교통공사	'14.12.31.	
9	광주광역시도시철도공사	'14.12.31.	
10	국가철도공단	'15.02.13	시설관리자
11	서울시메트로9호선(주)	'15.03.18.	
12	용인경전철(주)	'15.03.18.	
13	신분당선(주)	'15.03.18.	
14	전라선철도(주)	'15.03.18.	시설관리자
15	가야철도(주)	'15.03.18.	시설관리자
-	의정부경전철(주)	'15.03.18.	인천교통공사가 통합운영('17.9.29.)
16	인천국제공항공사	'16.02.02.	
17	경기철도(주)	'16.01.28.	
-	서울메트로9호선운영(주)	'16.02.25.	서울교통공사와 통합('18.11.26.)
18	에스알(주)	'16.12.09.	
19	우이신설경전철(주)	'17.09.01.	
20	이레일(주)	'18.06.15.	
21	서부광역철도(주)	'18.06.15.	
22	의정부경량전철(주)	'19.04.30.	
23	김포골드라인운영(주)	'19.09.24.	

3.2.2 철도안전관리체계 기술기준

철도안전관리체계 기술기준은 철도안전관리체계 승인 또는 변경승인을 하기 위해 해당 안전관리체계가 「철도안전법」 제7조 제5항의 규정에 따른 철도안전경영, 위험관리, 사고조사 및 보고, 내부점검, 비상대응계획, 비상대응훈련, 교육훈련, 안전정보관리, 운행안전관리, 차량 및 시설의 유지관리 등 철도운영 및 철도시설의 안전관리 기준에 적합한지를 검사하기 위한 기준을 말한다. 이 기술기준은 철도안전관리시스템, 열차운행체계 및 유지관리체계로 구성된다. 기술기준의 세부 항목은 다음 [표 4-11]과 같다.

[표 4-11] 철도안전관리체계 세부항목

체계	대분류	소분류	항목수	소계	해당항목 철도운영	해당항목 시설관리
철도안전관리시스템 (SMS)	1. 철도안전경영	1.1 철도안전관리시스템 프로그램	1	16	○	○
		1.2 안전경영방침	3			
		1.3 안전목표	2			
		1.4 안전계획	2			
		1.5 안전경영검토	3			
		1.6 역할과 책임	5			
	2. 문서화	2.1 문서화 및 관리	3	3	○	○
	3. 위험관리	3.1 위험도 평가 및 관리	5	12	○	○
		3.2 안전대책	5			
		3.3 변경관리	2			
	4. 요구사항 준수	4.1 요구사항 파악	1	8	○	○
		4.2 요구사항 변경관리	3			
		4.3 요구사항 준수	4			
	5. 사고 조사 및 보고	5.1 사고 및 장애 보고	2	6	○	○
		5.2 사고 및 장애 조사	2			
		5.3 재발방지대책	2			

체계	대분류	소분류	항목수	소계	해당항목 철도운영	해당항목 시설관리
철도안전관리시스템(SMS)	6. 내부점검	6.1 심사	1	5	○	○
		6.2 점검 및 모니터링	2			
		6.3 심사, 점검 및 모니터링 결과관리	2			
	7. 비상대응	7.1 비상대응계획	3	5	○	△
		7.2 비상대응훈련	1			
		7.3 사이버 테러	1			
	8. 교육훈련	8.1 인적자원관리 프로그램	3	6	○	○
		8.2 교육훈련	3			
	9. 안전정보	9.1 안전정보 관리	3	4	○	○
		9.2 위험보장	1			
	10. 안전문화	10.1 안전 지도력	1	2	○	○
		10.2 안전문화 증진	1			
열차운행체계	11. 운행안전관리	11.1 열차운행 프로그램	1	30	○	△
		11.2 철도사업면허	1			
		11.3 열차운행 조직 및 인력	5			
		11.4 열차운행 방법 및 절차	6			
		11.5 열차운행계획	1			
		11.6 승무 및 역무	2			
		11.7 철도관제	6			
		11.8 철도보호 및 질서유지	2			
		11.9 열차운행 기록관리	2			
		11.10 위탁계약자 감독 등 위탁업무 관리에 관한 사항	4			
유지관리체계	12. 유지관리	12.1 유지관리 프로그램	1	27	△	○
		12.2 유지관리 조직 및 인력	4			
		12.3 유지관리 방법 및 절차	4			
		12.4 유지관리 이행계획	1			
		12.5 유지관리 기록관리	3			

체계	대분류	소분류	항목수	소계	해당항목	
					철도운영	시설관리
유지관리 체계	12. 유지관리	12.6 유지관리 설비 및 장비	4	27	△	○
		12.7 유지관리 부품	2			
		12.8 철도차량 제작 감독	4			
		12.9 위탁계약자 감독 등 위탁업무 관리에 관한 사항	4			
		항 목 계	124	124		

○: 적용, △: 해당업무 수행 시 적용

3.3 철도안전관리체계와 철도운영기관 등의 내부 규정과의 관계

철도운영기관 및 철도시설관리자는 철도안전관리체계 항목에 맞추어 철도안전관리체계 프로그램을 작성해야 한다. 안전관리체계 프로그램에는 철도운영기관 등이 준수해야 하는 사항을 관련 법령, 철도운영기관의 내부 규정 또는 지침, 매뉴얼 등과 연계하고 있는 체계로 구성된다. 철도안전관리체계와 철도운영기관 등의 내부 규정과의 관계는 다음 [그림 4-26]과 같다.

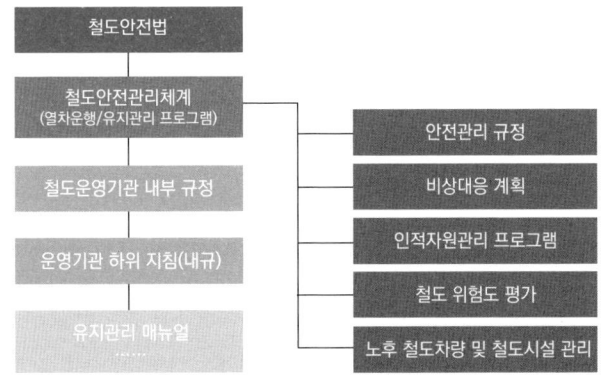

[그림 4-26] 철도안전관리체계와 철도운영기관 등의 내부 규정과의 관계

다음 [그림 4-27]은 한국철도공사 철도안전관리 프로그램이 어떻게 내부 규정을 연계하여 법적인 요구사항으로 정하고 있는지 보여 준다. 이 그림은 철도안전관리 프로그램 중 열차운행 프로그램의 일부이며 여기서 열차운행정보 제공 절차 및 방법은 '철도교통관제 운영세칙'의 각 조문을 따르도록 규정하고 있는 것을 알 수 있다. 그리고 운행정보의 활용은 운전취급규정의 각 조문을 따르도록 규정하고 있다.

따라서 철도운영기관 등의 직원이 철도차량 또는 철도시설을 유지보수하면서 내부 규정을 지키지 않는다면 철도안전관리체계를 위반하는 것이 되며, 만약 이로 인해 철도사고가 발생했다면 과징금 등이 부과되는 구조로 되어 있다.

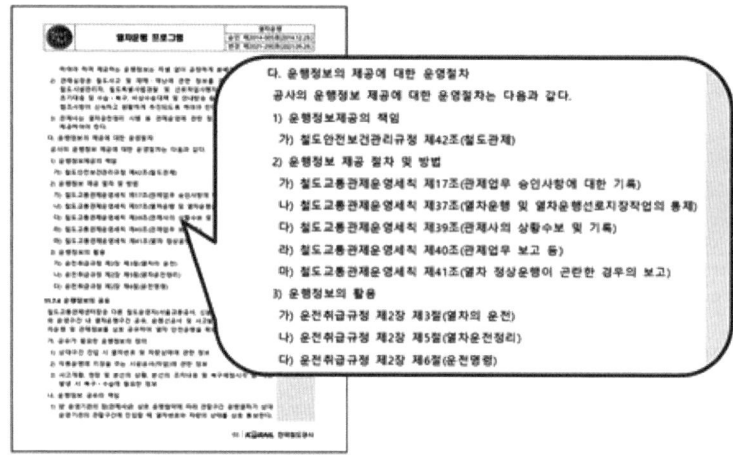

[그림 4-27] 한국철도공사 철도안전관리체계 프로그램

3.4 제도 위반에 대한 제재기준

종합안전심사 제도에서 철도안전관리체계 제도로 바뀌면서 가장 큰 차이점은 철도안전관리체계 제도가 철도운영기관 등이 준수해야 하는 안전 요구사항을 체계화하면서 제재도 강화했다는 것을 들 수 있다. 철도안전관리체계는 정부의 승인을 받지 않고 안전관리체계를 변경하면 업무정지 등의 제재를 받게 되며, 시정조치 명령을 불이행하는 경우

에도 업무정지 등의 제재를 받는다. 그리고 안전관리체계를 제대로 유지하지 않아 인적 피해나 물적 피해가 발생해도 과징금을 부과하도록 되어 있다.

철도안전관리체계 제도 이전에는 철도를 운영하기 위해 「철도안전법」에서 '안전관리규정'과 '비상대응계획'만을 갖추면 되었으며, 철도사고 등이 발생하여도 별다른 제재를 받지 않았다. 그러나 철도안전관리체계 도입으로 철도운영기관 등은 안전관리체계 기술기준에서 요구하는 법적 요구사항을 충족해야 하며, 철도사고 등도 줄이기 위한 전반적인 노력이 필요하게 되었다. 안전관리체계 행정절차 위반과 관련된 제재기준과 인적, 물적 피해와 관련된 제재기준은 다음 [표 4-12] 및 [표 4-13]과 같다.

[표 4-12] 안전관리체계 행정절차 위반에 따른 제재기준

구분	위반행위	업무정지 기간(과징금)			
		1차 위반	2차 위반	3차 위반	4차 위반
1	거짓·부정 승인	승인취소 (5백만 원)			
2	변경승인 없이 안전관리체계 변경	1개월 (5백만 원)	2개월 (15백만 원)	4개월 (30백만 원)	6개월 (50백만 원)
3	변경신고 없이 안전관리체계 변경	경고 (5백만 원)	1개월 (15백만 원)	2개월 (30백만 원)	4개월
4	시정조치명령 불이행	1개월 (5백만 원)	2개월 (15백만 원)	4개월 (30백만 원)	6개월 (50백만 원)

[표 4-13] 안전관리체계 인적, 물적 피해와 관련된 제재기준

구분	위반행위	업무정지 기간	과징금
사망자	10명 이상	6개월	20억 원
	5~9명	4개월	12억 원
	3~4명	2개월	6억 원
	1~2명	1개월	2억 원
재산 피해	20억 원 이상	2개월	6억 원
	10억 원 이상 ~ 20억 원 미만	1개월	2억 원
	5억 원 이상 ~ 10억 원 미만	15일	1억 원

철도안전관리체계 제도의 의미는 안전요구사항을 정립하고 철도운영기관의 제재를 강화했다는 것만이 아니라 철도안전과 관련된 정책과 실행, 관련 자료의 문서화 등을 체계적으로 정리하고 관리하는 기능에 있다. 우리나라의 철도는 100년 이상의 역사에도 불구하고 철도에 대한 자료를 정리하고 보존하는 것에 소홀해 왔다. 일례로 국내에 하나뿐인 경기도 의왕시 소재 철도박물관은 국가에서 관리하는 것이 아니라 철도운영기관이 관리하고 있으며, 그 내용도 옆 나라 일본에 비하면 부실하기 짝이 없다.[107] 더군다나 철도박물관의 규모도 작아 역사적 유물로 가치가 있는 오래된 기관차나 국가 R&D 차량 등을 전시하지 못하고 여기저기에 방치하고 있는 실정[108]이다.

그리고 한국철도의 차량이나 시설 유지관리 기술 역시 도제식으로 사람과 사람으로 구전되면서 100년의 유지관리 기술과 노하우를 체계적으로 문서화하는 데 소홀했다고 생각한다. 다행히 2004년 고속철도가 도입되면서 유럽의 유지관리 시스템을 문서화하기 시작했으며, 2014년 철도안전관리체계를 도입하면서 유지관리 노하우를 문서화하면서 정리가 되기 시작한 것이다.

---

107 일본의 경우 사이타마시에 있는 철도박물관의 규모는 우리나라 철도박물관의 몇 배이며, 전국적으로 JR 히가시니혼 철도박물관, JR 도카이 리니어 철도관, 도쿄 메트로 철도박물관 등 10개 이상의 철도박물관이 있다.

108 우리나라에 최초로 도입된 디젤전기기관차 2001호는 우리나라의 디젤기관차 시대를 여는 데 중요한 역할을 했음에도 불구하고 전시할 공간이 없어 부산차량정비단 한켠에 보관되어 있으며, KTX-산천을 개발하기 위해 국가 R&D로 개발한 HSR-350x는 의왕 호수 인근 등에 전시(방치?)되어 있다.

4. 어떻게 철도사고를 예방할 것인가?

지금까지 살펴본 대한민국의 철도안전관리 수단과 방법들은 그동안의 철도안전지표 개선 등을 통해 어느 정도 그 효과가 입증되었고 앞으로도 지속적으로 관리될 것으로 예상된다. 그럼에도 불구하고 최근에는 철도안전지표 개선이 정체되고 있어 안전관리 수준을 한 단계 업그레이드할 필요가 있다. 그래서 이번에는 '어떻게 하면 철도안전관리체계를 고도화할 것인가?'를 고민하기 위해 현재 우리나라의 철도안전관리시스템에 부족한 것이 무엇인지 살펴보고자 한다.

[그림 4-28] 전차선 편위 높이 조정작업(출처: 국가철도공단)

4.1 안전문화(Safety Culture)

안전문화를 정의하기 전에 조직문화의 정의를 먼저 살펴보고자 한다. 안전문화라는 단어는 조직문화의 개념에서 파생되어 새롭게 출현한 단어로서 조직문화라는 포괄적인 의미에서 조직의 목표와 성과를 달성하기 위하여 조직 문화를 구성하고 있는 요소들의 초점이 안전에 맞추어지는 것을 의미하기 때문이다.[109] 조직 문화는 다음과 같이 다양하게 정의된다.[110]

> ◆ 조직체의 전통과 분위기라고 정의하고, 조직의 가치관과 신조 그리고 행동패턴을 규정하는 기준
>   – Ouich(1981)
> ◆ 다양한 조직체 상황하에서 구성원들이 어떻게 행동해야 할지를 명시해 주는 비공식적인 지침
>   – Deal & Kennedy(1983)
> ◆ 조직 구성원에게 공유되고, 새로운 구성원들에게 옳은 것으로 전승되는 가치, 신념, 이해의 총체
>   – Duncan(1989)
> ◆ 조직 사회시스템을 구성하는 조직의 광범위한 가치관 – Dygert & Jacobs(2004)

안전문화(Safety Culture)는 사업자나 개인이 작업 환경에서 '안전'이라는 목표에 도달하는 방식의 하나로서 '안전에 관하여 근로자들이 공유하는 태도나 신념, 인식, 가치관'을 통칭하는 개념이라고 정의한다.[111] 그러나 이 정의에는 '조직문화의 정의'에 포함된 해당 조직의 구성원이 어떻게 행동해야 하는지에 대한 구체적인 행동지침이 누락되어 있다. 따라서 이 책에서는 안전문화를 '안전에 관하여 근로자들이 공유하는 태도나 신념, 인식, 가치관'과 '안전과 관련된 행동방식'을 통칭하는 개념이라고 정의하고자 한다.

인간은 편해지려고 하는 본성을 가지고 있기 때문에 작업을 하면서 일일이 안전과 관련된 규정을 지키는 것을 번거롭고 귀찮은 일로 여긴다. 그러나 안전과 관련된 통일된 행동방식이 안전문화가 되면 조직원은 그 문화를 번거롭게 생각하지 않고 자연스럽게 받아들이고 행동하게 된다. 이것이 바로 안전문화가 필요한 이유이다. 또한 안전문화는 근로자의 행동 자체가 정부의 안전지표를 향상시키거나 회사의 산업 무재해 달성률만을 높이는 게 아니라 근로자가 산재 등으로부터 스스로를 지켜 인간으로서의 행복한 생활을 영

---

109 「국내 철도안전문화 증진을 위한 안전리더십 요인에 관한 연구」, 박홍준, 박사학위 논문, 2014
110 「안전문화와 안전행동 및 역할내 성과와의 관계 : 예방초점 및 운명주의의 조절효과」, 황선철, 박사학위 논문, 2016
111 Cox, S. & Cox, T. (1991) The structure of employee attitudes to safety – a European example Work and Stress, 5, 93 – 106.

위할 수 있는 기초를 제공한다는 것을 이해해야 한다. 철도종사자가 차량기지나 역에서 선로를 건널 때 선로 양쪽을 지적, 확인하고 건너는 것은 다른 무엇보다 나를 재해로부터 지키는 것이기 때문이다.

제3장에서 살펴본 밀양역 작업자 사상사고와 같이 안전문화가 성숙하지 못하면 사고는 언제든지 발생할 수 있으며, 지금도 우리 주변에서 우리에게 '어제까지도 괜찮았으니까 늘 하던 대로 편하게 해~'라고 달콤한 유혹을 하고 있는지도 모른다. 늘상 하던 일을 바꾸는 일은 매우 힘들고 새로운 문화를 만들기 위해서는 현재의 틀을 벗어나야 한다. 다시 말해 모든 직원이 전사적인 역량을 모아야 한다는 것이다.

결국 세계적인 추세에 따라 안전관리를 좀 더 고도화하고 철도사고 지표를 선진국 수준으로 향상시키기 위해서는 사람을 연구하고 우리 철도 문화를 연구하는 것에 투자해야 한다. 그리고 중요한 것은 이러한 투자는 반드시 정부 주도로 철도운영기관이 참여하는 형태로 이루어져야 한다. 국가 R&D에 기업이 참여하는 것은 매우 바람직한 일이지만 R&D 성과물을 자기 것마냥 마음대로 사용하는 것은 지양되어야 한다. 국가 R&D에는 실제로 연구결과를 활용할 철도운영기관이 적극적으로 참여하고 스스로 변화되기 위해 노력해야 한다.

사람과 안전문화에 대한 연구와 투자는 우리 철도의 안전 수준을 한 단계 향상시키는 초석이 될 것이다. 국제적으로 안전관리 방법이 현재의 시스템적 접근방법에서 앞으로는 안전문화적 접근방법으로 발전해 나아가기 때문이다.

4.2 부품조달 및 품질관리

철도는 철도차량과 철도시설로 구분되며 철도차량은 역과 역 사이를 움직이기 때문에 당연하게 철도시설보다 고장이 많이 발생한다. 철도차량은 운행시간이 길고 진동과 온도의 영향을 많이 받기 때문에 고품질의 부품을 사용해야 한다. 예를 들어 도시철도차량의 공기식 출입문 장치의 도어엔진에 사용되는 고무패킹은 1개의 단가로 치면 매우 사소한 부품이지만 일반 범용의 고무패킹을 사용하면 한 달도 사용하지 못하고 패킹이 제 기능을 못하고 망가져 버리게 된다. 이 경우 운행 중인 차량은 출입문 도어엔진 고장 때문에 한 달에 몇 번씩 차량을 교체해야 하는 불상사가 생기게 된다.

철도는 수명주기가 최소 20년 이상인 시스템으로 철도차량이나 철도신호 장비는 여러 가지 전기 또는 전자부품으로 이루어져 있다. 이러한 콘덴서나 IC, 반도체 등은 일반적으로 수명이 10년 정도이기 때문에 철도시스템을 운영하다 보면 이들 소자의 수명이 다해 고장이 증가하게 되며, 추진제어장치 등 하부 시스템의 교체나 교환이 필요하다. 결국 철도 부품의 구매 수요가 발생하게 된다.

철도운영기관의 부품 구매는 「국가를 당사자로 하는 계약에 관한 법률」이나 「지방자치단체를 당사자로 하는 계약에 관한 법률」을 따르고 있어 해당 법률에서 정하는 계약 방법에 따라야 한다. 대부분 경쟁입찰이나 2단계 입찰 방식을 사용하고 있으며, 발주 규격을 제작하는 부서와 물품을 구매하는 부서가 구분되어 기술력이 뛰어나거나 해당 철도시스템에 적합한 업체의 물품을 기술부서에서 원하는 대로 구매하기 매우 어렵다.

경쟁입찰의 경우 최저가로 구매하는 것이 원칙이기 때문에 기술력이 없는 업체가 낙찰되는 경우도 있으며, 2단계 입찰의 경우 대부분 기술요건을 충족하는 업체끼리의 경쟁이며, 결국 최저가 입찰과 동일한 효과를 내기 때문에 우수한 업체의 부품을 구매하기 어려워진다. 또한 물품구매 부서는 상위부서 또는 자체 감사(監査, Audit)를 의식하여 발주 규격을 제작하고 관리하는 기술부서의 의도를 배제하고 원칙대로 업무를 처리하기 때문에 정작 필요하고 품질이 우수한 부품을 구매하기는 쉽지 않다.[112]

다시 말해 현재의 물품 구매 시스템에서는 기술부서에서 원하는 품질이 우수한 부품을 구매할 수 있는 확률은 그리 높지 않다. 이러한 문제를 해결하기 위해 「철도안전법 시행규칙」을 개정하여 철도차량 부품을 안정적으로 공급할 수 있도록 다음과 같이 근거조항

---

112 물론 원칙대로 업무를 처리하는 것이 나쁘다는 의미는 아니다. 필자는 개인적으로 물품구매 절차가 이렇게 까다롭게 된 것은 감사의 역기능 중 하나라고 생각한다. 안전 관점에서 철도운영기관의 직원들은 품질이 우수한 부품을 구매해서 고장 없이 철도를 운영하는 것이 가장 중요한 덕목이 되어야 한다.

을 마련하였지만 일부 부품에 한정되고 철도차량 제작사로 한정하고 있어 그 효용은 크지 않다. 게다가 이 시행규칙과 「국가계약법」이 충돌할 경우에는 당연히 「국가계약법」을 따를 수밖에 없다. 결국 이 조문은 선언적인 기능밖에 하지 못하는 규정이라고 생각된다.

> **제72조의2(철도차량 부품의 안정적 공급 등)**
> ① 법 제31조제4항에 따라 철도차량 완성검사를 받아 해당 철도차량을 판매한 자는 그 철도차량의 완성검사를 받은 날부터 20년 이상 다음 각 호에 따른 부품을 해당 철도차량을 구매한 자에게 공급해야 한다. 다만, 철도차량 판매자가 철도차량 구매자와 협의하여 철도차량 판매자가 공급하는 부품 외의 다른 부품의 사용이 가능하다고 약정하는 경우에는 철도차량 판매자는 해당 부품을 철도차량 구매자에게 공급하지 않을 수 있다.
> 1. 「철도안전법」 제26조에 따라 국토교통부장관이 형식승인 대상으로 고시하는 철도용품
> 2. 철도차량의 동력전달장치(엔진, 변속기, 감속기, 견인전동기 등), 주행·제동장치 또는 제어장치 등이 고장 난 경우 해당 철도차량 자력(自力)으로 계속 운행이 불가능하여 다른 철도차량의 견인을 받아야 운행할 수 있는 부품
> 3. 그 밖에 철도차량 판매자와 철도차량 구매자의 계약에 따라 공급하기로 약정한 부품
> ② 제1항에 따라 철도차량 판매자가 철도차량 구매자에게 제공하는 부품의 형식 및 규격은 철도차량 판매자가 판매한 철도차량과 일치해야 한다.
> ③ 철도차량 판매자는 자신이 판매 또는 공급하는 부품의 가격을 결정할 때 해당 부품의 제조원가(개발비용을 포함한다) 등을 고려하여 신의성실의 원칙에 따라 합리적으로 결정해야 한다.

철도에 사용되는 부품의 고장을 줄이기 위해서는 품질이 우수한 부품을 구매할 수 있는 길을 열어 주어야 한다. 그러기 위해서는 부품의 구매 제도를 검토하여 현재의 제도 안에서 적극적으로 품질이 좋은 부품을 구매할 수 있는 방안을 모색해야 한다.

4.3 의사전달 방법 체계화

철도 현장에서는 무선통신에 의한 의사전달이 수시로 일어난다. 관제사와 기관사, 역 운전취급자와[113] 기관사, 차량 입환을 위한 수송원과 기관사 등 지금 이 순간에도 무선통신을 사용하여 열차의 진로와 이동 여부를 결정한다. 그러나 우리나라 철도는 110년의 역사에도 불구하고 무선통신에 대한 표준화된 절차나 방식이 정립된 것이 없다. 대부분의 철도사고 원인을 살펴보면 통신의 문제가 어떤 형태로든 사고에 기여했음에도 무선통신에 대한 관심을 기울이지 않고 있다.

실제로 말로써 의사를 전달하는 것은 매우 어려운 기술이다. 의사전달은 말하는 사람이 정확한 언어, 즉 자신과 상대방이 공통으로 이해할 수 있는 언어를 사용해야 하며 전달하는 내용이 빠짐없이 전달되어야 한다.[114] 예를 들어 기관차의 진행방향 쪽이 아닌 후부 쪽에 객차를 연결한 후 추진운전[115]을 하려고 하는데 "진행방향으로 역행"하라고 하면 누구나 혼란이 오게 된다. 왜냐하면 기관사는 진행방향이 어디인지 정보가 부족할 수 있으며 일반적으로 기관차의 진행방향은 앞쪽으로 생각할 수도 있기 때문이다.

[그림 4-29] 4400호대 디젤기관차

---

113 아직도 현장에서는 로컬관제원이라는 용어를 사용하고 있지만 관련 법령에 따라 '역 운전취급자'로 명명하는 것이 맞다. 「철도안전법」에서는 역사에서 선로전환기를 취급하는 사람을 관제사가 아닌 역 운전취급자로 정의한다.

114 『안전인간공학의 이론과 기술』, 고마츠바라 아키노리, 세진사, 2018

115 기관차가 앞에서 객차를 끄는 것이 아니라 기관차가 객차 뒤에서 밀면서 운전하는 것을 말한다.

이렇게 무전을 통해 의사를 전달하는 일은 목적을 달성하는 것이 매우 어려운 일이며 매년 많은 사고를 발생시키고 있음에도 이와 관련한 제대로 된 교육은 만들어지지도 않고 시행되지도 않고 있다.

일본 와세다 대학교 고마츠바라 아키노리 교수는 『안전인간 공학의 이론과 기술』이라는 책에서 다음과 같이 오류를 유발할 수 있는 언어 사용방법을 지적했다. 이것을 보면 우리가 실생활에서 사용하는 언어가 얼마나 많은 오해를 불러일으키고, 이런 언어를 무선으로 한다면 얼마나 많은 오류를 유발할 수 있을지 가늠이 된다.

[표 4-14] 인적오류를 유발할 수 있는 언어 사용방법

기술	예시
숫자에는 단위를 정확하게 붙인다.	· 의사가 "5밀리 주세요"라고 주사약을 지시할 때에는 5밀리미터인지 5밀리그램인지 알 수 없다.
의미가 하나인 단어를 사용한다.	· '전부 청소'라고 작업지시를 할 때에는 '모든 부분인지 앞부분'인지를 알 수 없다.
긍정표현을 한다.	· 비 오는 날 이외에는 사용하지 마십시오. → 비 오는 날 사용하십시오. (비정형이나 부정적인 표현은 이해하기 어렵다.)
동시에 여러 질문을 하지 않는다.	· 의사가 초면인 환자에게 환자 상태 확인을 위해 "○○씨, 춥지 않으신가요?"라고 물어보자 환자는 "춥지 않아요"라고 대답은 하였지만 사실 그 환자는 ○○씨가 아니었다. → "○○씨 맞나요? 춥지 않으신가요?"라고 나누어 질문해야 한다.

수많은 사고 사례를 살펴보면 종사자 간의 의사소통, 특히 무선통신이 제대로 이루어지지 않은 것이 주요한 사고의 원인 중 하나임에도 우리는 '늘 해 오던 방식', '이 정도면 안전한 수준'이라고 소홀히 생각하고, 외면하고 있는 게 사실이다. 지금이라도 관제사, 기관사, 역 운전취급자 등이 정확히 사용할 수 있는 표준화된 무선통신 방법을 만들고 적극적으로 사용해야 한다. 그렇지 않으면 우리 안전관리는 이 수준을 벗어나지 못하게 될 것이다.

제5장

인적오류란 무엇인가?

1. 인적오류(Human Error)의 정의

2. 타 분야의 인적오류 관리 현황

3. 인적오류로 인한 사고 사례

4. 인적오류 저감 방법

5. 인적오류 분석 방법론

제5장 인적오류란 무엇인가?

1. 인적오류(Human Error)의 정의

1.1 인적오류(Human Error) 개요

사전적 의미로 인적오류(Human Error)는 산업심리학 및 조직심리학, 산업안전 및 재해와 관련하여 사용되는 용어로, 특정한 목적을 달성하기 위한 일련의 수행 과정이나 목표를 수립하는 과정에서 사람에 의해 일어나는 오류를 의미한다.[116] 인적오류는 자극을 받아들이는 인간의 감각기에서의 오류, 정보전달 과정에서의 오류, 의사결정 단계에서의 오류, 외부요인에 의한 주의 분산 등 다양한 원인에 의해 발생한다. 이는 달성하고자 했던 결과를 성취하지 못하도록 하며, 개인, 직업, 조직 등 다양한 수준에서 일어날 수 있다.

심리학 분야에서는 '어떤 기계, 시스템 등에 의해 기대되는 기능을 발휘하지 못하고 부적절하게 반응하여 효율성, 안전성, 성과 등을 감소시키는 인간의 결정이나 행동'이라고 정의하고 있다. 또한 '인간이 어떤 목적을 달성하기 위한 의도를 가지고 감지하고 판단하여 행동하는 도중 본인의 의지와는 관계없이 목표를 달성하지 못한 경우의, 감지·판단·의사결정 및 행동'을 통틀어 인적오류라고 정의하였다.[117] 다른 연구자들은 인적오류

---

116   네이버 지식백과(두산백과)
117   『휴먼에러의 예방과 관리』, 이관석, 임헌교, 신승헌, 장성록, 김유창, 이동경, 이광원, 한솔아카데미, 2011, pp.20-23

를 다음과 같이 정의하였다.[118]

> ◆ 행위자에 의해 의도되지 않았고, 규정 또는 외부 관찰자가 원하지 않는 것이 행해지거나 해당 과업 또는 시스템의 수용 가능한 제한 범위를 넘어서는 것: Senders & Moray(1991)
> ◆ 오류를 계획한 정신적 또는 육체적 행동이 의도한 성과를 얻는데 실패하고 실패가 몇몇 기회 수단으로 중재되지 못하였을 때 등을 포함하는 포괄적 용어: Reason(1990)
> ◆ 돌이켜 봤을 때 당시 수행하였거나 생략한 행동이 정상에서 벗어난 것으로 분명히 관찰되고 의심의 여지가 없을 경우로서 매우 분명하고 확실하게 표준에서 벗어난 인간 능력의 특별한 변화: Wood(1994)
> ◆ 잘못된 행동은 예상된 결과를 산출하는 데 실패하여 원하지 않는 결과를 초래한 행동: Hollnagel(1993)

인적오류는 일반적으로 사람의 부주의에 의해 발생하는 것으로 생각하기 쉽지만 사실 인적오류는 사고가 발생한 '원인'이 아니라 여러 가지 요인들로 인해 발생한 '결과'로 보아야 한다. 그러나 아직까지도 우리 철도 현장에서는 인적오류를 사고가 발생한 원인으로 다루고 있는 곳이 있다. 이렇게 사고의 원인으로 인적오류를 다루게 되면 그 오류가 어떤 문제로 인해 발생했는지 파악하지 못하게 된다. 결국 사고의 원인을 찾지 못하게 되고 땜질식 처방을 하게 되는 것이다.

인적오류는 결국 인간으로부터 발생하는 것이다. 따라서 인적오류의 본질을 이해하기 위해서는 인간의 고유한 특성을 살펴보아야 한다. 인간은 외부의 모든 자극에 반응하는 것 같아 보이지만 실제로는 개인이 반응할 수 있는 범위의 자극에 대해서만 반응한다.[119] 청각의 경우 인간이 들을 수 있는 주파수 범위는 20Hz부터 20,000Hz까지에 불과하며 시각이나 후각도 다른 동물에 비해 그렇게 좋은 편은 아니다. 더군다나 이런 기능은 인간마다 차이가 있다. 그리고 인간은 단위 시간당 처리할 수 있는 정보처리 능력에 한계가 있으며 심리적으로 스트레스를 받거나 시간의 압박을 받게 되면 정보처리 능력이 더더욱

---

118 「국내 헬리콥터 사고의 인적오류 분석 기법 및 예방에 관한 연구」, 유태정, 한국항공대학교 박사논문, 2020
119 『안전공학 개론』, 심창섭 외 7명, 동화기술, 2015

떨어지게 된다. 그리고 인간의 신체적 특징 중 하나는 신체리듬을 가진다는 점이다. 인간은 주간과 야간에 각각 다른 신체리듬을 가지고 있다. 그래서 야간작업 시에는 각성 수준이 떨어져 안전사고가 많이 발생하기도 한다. 이런 인간의 특성을 이해하고 있어야 인적오류에 대응할 수 있게 된다.

1.2 인적요인(Human Factors)

인적요인(Human Factors)이란 인간의 피로, 자만심, 스트레스 등의 인간의 상태를 일반적으로 인적요인이라고 한다. 국제민간항공기구(ICAO)의 사고방지 매뉴얼에 따르면 인적요인이란 사고, 준사고, 사고방지와 관련된 인간관계 및 인간능력을 총칭하는 것이라고 정의하고 있다.

인적요인과 관련된 학문으로는 대표적으로 심리학(Psychology), 공학(Engineering), 산업디자인(Industrial Design), 통계학(Statistics), 운영 분석(Operations Research) 및 인체 측정학(Anthropometry) 등이 있다. 이처럼 인적요인은 여러 학문 분야에 걸친 종합적인 분야라고 할 수 있다. 그리고 인적요인은 인간능력의 속성을 이해하는 과학을 포괄하는 용어로서 설계와 개발에 적용하고, 시스템과 서비스의 구축에 응용하여 정비작업 환경에 인적요인 원리의 성공적인 적용을 보장하는 기술(Art)이라고 정의하기도 한다.[120]

국토교통부의 제3차 철도안전종합계획에 따르면 우리나라 철도사고의 70% 이상이 인적과실에 의해 발생하고 있다고 한다.[121] 그러나 이와 관련한 제대로 된 연구가 이루어지

---

120 항공정비 일반(General for AMEs) 11, 인적요인
121 제3차 철도안전종합계획, 그러나 이 책 2장의 국내 사고 통계에서 인적오류로 인한 사고 비율이 여기의 인적과실 70%와 다른 것은 사고가 발생했을 때 고장 원인을 차량, 시설 등으로 1차적으로만 구분하고 있기 때문이다. 실제로 차량이나 시설에서 발생한 사고의 원인이 인적요인에 의해 정비불량으로 일어날 수 있는데 국내 사고 통계는 이런 방식으로 구분하지 않고 있다.

지 않고 있어 그동안의 안전대책은 차량 또는 철도시설의 개선 등을 위주로 추진되어 왔다. 물론 그동안 정부와 철도 운영기관의 지속적인 노력으로 철도사고는 대폭으로 감소하였으며 우리나라 철도사고 지표는 유럽의 선진국 수준으로 진입했다. 여기서 그치지 않고 철도안전을 고도화하기 위해서는 정부 주도의 인적요인 분석을 위한 R&D가 이루어져야 한다. 왜냐하면 앞에서 살펴본 것처럼 인적요인을 분석하는 것은 공학뿐만 아니라 다양한 학문분야를 다루는 종합적인 연구가 필요하기 때문이다.

1.3 인적오류의 구분

인적오류는 크게 "의도하지 않은 행동"과 "의도한 행동"으로 구분한다.[122] 인적오류를 분류하는 데 있어 의도(Intention)는 매우 중요한 개념으로, 의도하지 않은 행동은 실수와 망각으로 구분되며, 의도한 행동은 착오와 위반으로 구분된다. 여기서 실수(Slips)란 부주의(Carelessness)에 의한 실수를 의미하며, 익숙한 환경에서 잘 훈련된 작업자에게 나타나는 특징으로서 계획된 목적 수행에 필요한 행위를 실행하다가 오류가 발생하는 것이다. 망각(Lapses)이란 장소를 잊는 등 기억의 실패에 의한 망각을 의미한다.

착오(Mistakes)는 규칙 기반의 착오와 지식 기반의 착오로 구분한다. 규칙 기반 착오는 특정 규칙을 사용하거나 무시하여 원하지 않는 결과를 초래하는 상황을 나타낸다. 어떤 한 상황에서 사용하기에 적절한 규칙이 다른 상황에서는 부적절한 것을 말한다. 그리고 지식 기반 착오는 불완전하거나 부정확한 이해, 과신 또는 인식 압박으로 인해 발생하는 착오를 말한다. 위에서 언급한 바와 같이 같은 인적오류라도 발생한 원인이 상이하기 때문에 이를 예방하기 위한 대책 역시 상이하다. 예로서 빈번하게 발생하는 인간의 실수를 예방하기 위한 대책과 빈번하게 위반되는 사항에 대한 대책은 상이하다. 다음 [그림 5-1]은 인적오류를 구분한 것이다.[123]

122, 123 『휴먼에러(사람은 왜 에러를 범할 수밖에 없는가?)』, 제임스 리즌, YOUNG, 2016

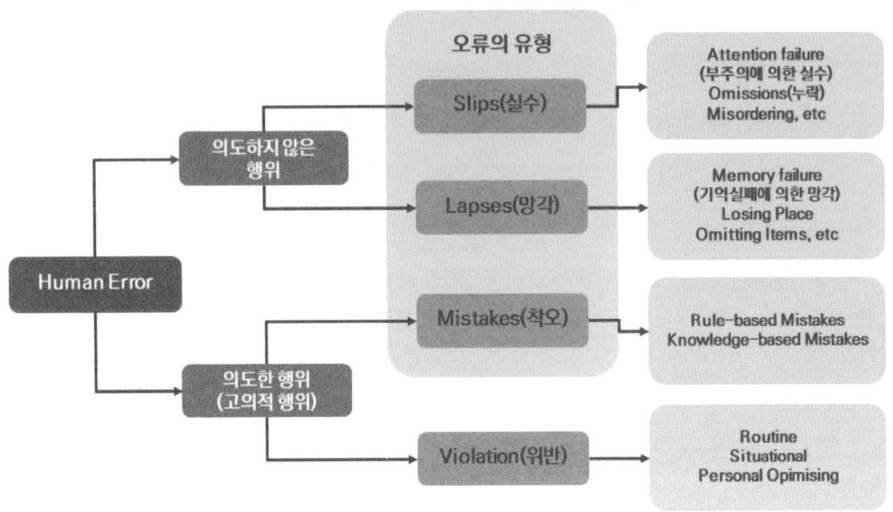

[그림 5-1] 인적오류의 구분

2. 타 분야의 인적오류 관리 현황

2.1 원자력 분야

원자력 분야는 1979년 Three Miles Island(TMI) 사고 이후 인적오류에 대하여 본격적인 관심을 기울이기 시작했다. 이 사고는 미국의 원전산업 역사상 가장 최악의 사고로 이후 구소련 체르노빌 원전사고, 일본 후쿠시마 원전사고와 함께 대표적인 원자력 사고로 기록되고 있다.

이 사고 이후 원자력과 같은 대형 시스템 산업의 안전활동과 정부의 규제 등 체계적이고 지속적인 관심과 투자 등이 시작되었다. 사고 후속조치로 플랜트 설계 및 장비 요건이 강화되었고 운전원의 직무수행을 저해하는 요인에 대한 식별, 운전원의 시스템 조작에 대한 인터페이스 설계요건 강화, 비상대응 역량 강화, 위험도 평가기술 적용, 정부의 검사 기구 설립, 중요한 안전 관련 문제 발생 시 관련 데이터 수집 및 평가, 원자력 안전에 관한 강화된 지식을 다른 나라와 공유하기 위한 국제활동 강화 등이 시행되었다.[124] 특히 인간공학 측면에서 가동 중이거나 인허가 중인 모든 발전소에 대하여 주제어실은 인간공학적 설계를 하도록 지침을 개발하였다.

〈 Three Miles Island 사고 〉

Three Miles Island 사고는 1979년 3월 28일 새벽 4시경 미국 펜실베니아 해리스버그 시에서 16km 떨어진 도핀 카운티의 서스쿼해나 강 가운데 있는 Three Miles 섬에서 발생한 원자력 발전소 2호기(TMI-2)에서 일어난 노심융해(nuclear meltdown) 사고이다. 노심융해란 원자력 발전소 등에서 사용하는 원자로의 노심(nuclear reactor core) 냉각이 불충분한 상태가 계속되거나, 또는 노심의 이상 출력으로 인해 노심 온도가 상승하여 노심이 녹아내리는 현상을 말한다. 이 현상이 발생하면 원자로 압력용기 안의 핵물질이 외부로 노출되기 때문에 매우 위험한 결과를 초래하게 된다.
이 사고는 원전 2호기에서 증기발생기에 물을 공급하는 펌프가 중단된 것이 발단이었다. 원전에 물 공급이 중단되면 증기발생기에서 열을 식히는 기능이 작동되지 않았고, 그로 인해 터빈과 원자로가 정지되었다. 이로 인해 원전의 내부 압력이 높아졌고 압력 완화용 안전밸브(ECCS: 비상 노심 냉각 시스템)가 가동되어 원자로를 식히고 있었는데 이를 정상이라고 판단한 운전원이 안전밸브를 꺼 버리게 된다. 결국 원전의 냉각수가 유출되기 시작하고 원자로 내의 온도가 올라가 원자로의 노심이 녹기 시작하였다. 다행히 수동으로 냉각 펌프를 작동시킨 후 간신히 사태를 진정시킬 수 있었다.
이 사고로 다행히 사망자나 피폭자는 발생하지 않았으나 원자로를 폐쇄하고 복구하는 데 약 13년 6개월이 소요되었으며, 1990년 가치로 2억 2,900만 달러(한화 2,732억 원)의 비용이 소요되었다.

우리나라에서도 이 사고 이후 원자력 안전을 강화하기 위해 1981년 원자력 연구소 내 부조직으로 원자력 안전센터를 발족하였으며, 1987년 원자력 안전센터로 확대 개편하였다가 1990년 원자력 안전기술원으로 분리 독립하게 되었다. 그리고 가동 중인 발전소에 대해 미국 규제기관의 지침을 참고하여 주제어실이 인체공학적으로 설계되었는지 검토하도록 하였으며, 건설 중인 신규 발전소에 대해서는 설계단계에서부터 인간공학을 적용

---

124 원자력 산업의 인적요인 관리, 구인수, 2011

하도록 요구하였다.

2.2 항공 분야

항공 분야에서는 일찍이 인적오류의 중요성을 파악하고 인적요인의 관리를 시행 중에 있다. 항공정비 매뉴얼에 따르면 '보편적으로 정비오류의 80%가 인적요인에 의해 발생한다'고 하며 이러한 인적요인으로 피로, 자만심, 스트레스 등을 언급하였다. 항공정비사는 늦은 시간이나 이른 새벽에 높은 플랫폼 또는 열악한 온도와 습도 등의 제한된 공간에서 작업을 하기 때문에 세심한 주의 집중이 요구된다. 그리고 일반적으로 작업을 수행하는 시간보다 작업을 준비하는 과정에서 더 많은 시간을 할애한다고 밝히고 있다.

1988년 미국 Aloha 항공의 B737 항공기 사고 이후 항공정비 분야의 인적요인에 대해 관심을 갖기 시작한 이래 미국, 영국, 캐나다 등에서는 항공정비 분야의 인적요인에 대하여 꾸준한 연구가 진행되어 왔다.

2.2.1 CRM(Crew Resource Management)

항공 분야는 항공기의 이착륙이 조종사들마다 조금씩 다르고 항공사고의 70~80%가 인적오류에 의해 발생하고 있다는 문제점을 해결하기 위해 CRM(Crew Resource Management) 프로그램을 개발했다. CRM은 운항승무원이 애매한 단어로 의사소통을 하거나 확실한 정보를 믿지 않고 의사결정을 하여 치명적인 대형사고를 일으키는 것에 착안하여 조종실 내에서 얻을 수 있는 사람, 장비, 정보 등 이용 가능한 모든 자원을 유효하며 효과적으로 활용하고 팀 멤버의 능력을 결집하여 팀 업무의 수행능력을 향상시키는 것으로 정의한다.[125] CRM은 팀원들 간의 협업을 증진시킬 목적으로 인적 중복성

---

125   CAA(Civil Aviation Authority), 'CAP 737 : CRM Training', 2006

(Human Redundancy)의 방법론을 고안한 것이다. 개인이 인지하고 판단하고 행동하는 것보다는 집단이 인지하고 판단하고 행동하는 것이 더욱 안전하다는 것이다.

CRM은 개인 수준이 아닌 팀 수준의 교육훈련, 평가, 피드백의 닫힌 루프를 통해 구현된다. CRM 교육훈련은 직무 관련 인적 요소의 개념을 이해하고 원활히 의사소통을 할 수 있도록 하며, 이를 통해 직무에 그 개념을 운용할 수 있도록 하는 것을 목적으로 한다. CRM은 처음에 항공 조종사들을 위해 개발되었고 이후 승무원, 정비사, 관제사 등 다른 구성원들로 확대되었다.

2.2.2 항공 정비 분야 인적요인 관리

항공 정비 분야에서는 1990년대 초반 대다수의 정비와 관련된 항공사고가 정비오류를 유발하는 12개의 인적요인과 관련이 있다는 것을 밝혀냈다. 이 12개의 인적요인을 더티 더즌(Dirty Dozen)이라고 하며 항공정비 분야에서 인적오류를 관리하는 데 있어 유용하게 활용되고 있다. 더티 더즌은 의사소통 결여, 팀워크 결여, 스트레스, 자신과잉 등 12가지 요인으로 구성되어 있으며 각 요인의 간략한 설명은 다음 [표 5-1]과 같다.

[표 5-1] 더티 더즌의 종류 및 설명

연번	종류	설명
1	의사소통의 결여 (Lack of Communication)	· 정비사들 간의 의사소통의 부재는 정비오류를 발생시켜서 대형 항공사고를 초래할 수 있으므로 항공정비사들 간의 의사소통은 대단히 중요하다. · 어떠한 단계도 생략하지 않고 모든 작업을 마칠 수 있도록 정확하고 완벽한 정보교환이 필수적이다. · 정비절차의 각 단계는 마치 한 명이 작업한 것처럼 공인된 지침에 따라 실행되어야 한다.
2	자만심 (Complacency)	· 자만심은 전형적으로 경력이 쌓이면서 생기는 항공정비 인적요인 중의 하나이다. · 반복되는 업무 특히 검사항목 같은 경우에는 정비사들이 결함이 발견되지 않는 검사 직무를 수없이 수행하다 보면 검사항목을 빼먹거나 건너뛸 수도 있다. 즉 중요하지 않은 검사항목이라고 자위적으로 해석하는 것이다.

연번	종류	설명
2	자만심 (Complacency)	· 자만심에 대처하기 위해서는 정비사는 처음에 검사한 항목에서 결함을 찾겠다는 각오를 다지는 자아훈련을 하여야 하며 수행하고 있는 직무에 정신을 집중하여야 한다.
3	지식의 결여 (Lack of Knowledge)	· 항공기 정비를 수행할 때 지식의 결여는 비극적인 재앙을 불러올 수 있는 불완전한 수리를 초래할 수 있다. · 불확실한 경우 정비진행을 미루는 것은 부적절하게 작업하여 사고를 일으키는 것보다는 훨씬 낫다.
4	주의산만 (Distraction)	· 항공 정비 관련 오류의 15%가 주의산만에 의해 발생하는 것으로 추정하고 있다. · 산만할 때 작업과정의 세 단계 전으로 돌아가서 그 지점에서 작업을 다시 시작하거나 상세하게 단계별로 작성된 절차의 사용과 단계별로 작업이 완료될 때마다 서명하는 등의 방법이 도움을 준다.
5	팀워크의 결여 (Lack of Teamwork)	· 정비사 간에 지식을 공유하고, 정비의 기능을 조정하며, 교대 근무 시 작업의 인수인계 등을 비롯하여 고장탐구를 위한 운항승무원과의 시험비행 등은 바람직한 팀워크이다. · 정비 분야에서 팀워크의 결여는 모든 업무를 더욱 어렵게 만들며, 항공기의 감항성에 영향을 주는 오류를 발생시킬 수 있다.
6	피로 (Fatigue)	· 사고를 초래하는 정비오류에 기여하는 주요한 인적요인 중 하나이다. · 피로는 심리적이거나 물리적으로 나타날 수 있다. 또한, 감정적 피로도 존재하는 정신적으로나 신체적 활동에 영향을 준다. · 피로는 민첩성을 감소시키며, 때로는 수행하고 있는 직무에 집중하고 주의를 끌 수 있는 개인의 능력을 감소시킨다. · 피로의 주된 원인은 수면 부족으로서 약물이나 알코올의 도움 없이 충분한 숙면을 취하는 것은 피로를 방지하기 위해서 인간에게는 매우 필수적이다.
7	자원의 부족 (Lack of Resources)	· 부품 등을 비롯한 제자원의 수급과 지원이 원활하지 못해서 작업자로 하여금 직무를 제대로 수행할 수 없도록 만드는 것이다. · 정비작업을 안전하게 수행하는 데 필요한 특정자원의 부족은 치명적이든 치명적이지 않든 간에 모든 사고의 원인이다.
8	압박 (Pressure)	· 항공정비 작업은 실수나 사소한 결함을 허용하지 않으면서 신속하게 작업을 수행해야 하는 지속적인 압박을 받는 환경에서 이루어지며 이러한 작업에 대한 압박의 유형은 작업을 올바르게 수행하려는 정비 작업자의 능력에 영향을 줄 수 있다. · 조직은 항공기 정비사들에게 시간압박을 주고 있다는 것을 인식하고 정비사들이 서두르지 않고 궁극적인 목표인 안전한 방법으로 정확하게 적시에 작업이 완료될 수 있도록 모든 작업시간을 정비사에게 맡겨야 한다.

연번	종류	설명
9	자기주장의 결여 (Lack of Assertiveness)	· 자기주장(Assertiveness)은 자신의 감정, 의견, 신념 및 긍정적인 요구사항을 표현하는 능력을 말한다. · 잘못된 것이라고 생각하는 것을 당당하게 말하지 못하는 자기주장의 결여는 치명적인 사고를 불러온다. · 항공정비사들은 감독자와 관리자가 정비사들의 원활한 직무수행을 지원할 수 있도록 일종의 피드백을 해 주어야 한다.
10	스트레스 (Stress)	· 스트레스의 원인은 스트레스 요인과 관련이 있으며, 물리적, 심리적 그리고 생리적인 스트레스 요인으로 분류한다. · 작업장 온도, 소음, 조명, 협소한 공간 등 물리적 스트레스 요인은 개인의 작업부하에 따라 더해지며, 작업 환경을 불편하게 만든다. · 심리적 스트레스 요인은 가족의 사망이나 질병, 직무에 대한 걱정, 가족, 동료, 상사와의 원만하지 않은 대인 관계 및 재정적인 근심 등과 같은 정서적 요인과 관련이 있다. · 생리적인 스트레스 요인들은 피로, 허약한 몸 상태, 배고픔 및 질병을 포함한다.
11	인식의 결여 (Lack of Awareness)	· 인식의 결여는 모든 행동의 결과를 인지하는 것을 실패하거나 통찰력이 부족한 것으로 정의된다. · 동일한 작업을 여러 번 반복하고 나면, 정비사들은 주의집중이 떨어져서 자기가 하고 있는 일과 주변에 대한 인식이 떨어지게 된다. 그러므로 매번 작업을 완료할 때마다 처음 작업하는 것처럼 마음가짐을 가져야 한다.
12	관행 (Norms)	· 관행은 오래전부터 해 오는 대로 관례에 따라서 일반적으로 행하는 일의 방식으로서 대부분 조직에 의해 따르거나 묵인되는 불문율 같은 것이다. 부정적인 관행은 확립된 안전기준을 떨어뜨려서 사고를 유발시킬 수 있다. · 애매모호한 상황에 직면했을 때, 개인은 자신의 반응을 형성하기 위해 주변의 다른 사람의 행동을 따라 하게 된다. 이러한 과정이 계속되면 집단적인 관행이 생겨나고 고착되게 된다. · 일부 관행들은 비생산적이거나 집단의 생산성을 저하시킬 정도로 불안하다. 항공 정비작업을 기억에 의존해서 작업하거나 절차를 따르지 않고, 손쉬운 방법으로 작업하는 행위 등은 불안전한 관행의 사례들이다.

이 중 관행(Norms)과 자기주장의 결여(Lack of Assertiveness)를 정비 분야 인적 요인 중 하나로 포함시킨 것을 우리는 눈여겨볼 필요가 있다. 관행은 '일반적으로 조직에 의해 따르거나 묵인되는 불문율'이라고 정의하고 있는데, 그중 부정적인 관행이 사고를 유발시킬 수 있다는 것이다. 이러한 형태는 시스템의 유지관리 분야에서 주로 관찰되

고 있으며 시스템을 도입한 이후 10년 이상이 지나면 시스템을 완벽하게 정비하려는 초창기와 달리 시스템의 고장에 대부분 익숙해지면서 유지관리의 매너리즘에 빠지게 된다. 우리 철도차량, 전기 등 유지관리 분야에서도 매뉴얼에 따라 정비하지 않거나 육안으로 확인해야 하는 가벼운 경정비를 소홀히 하는 등의 형태로 발생하고 있다.

자기주장의 결여는 집단적으로 정비작업을 하는 정비사는 일반적으로 선임자들이 작업을 주도적으로 시행하는데 잘못된 방법이나 절차로 정비를 하는 경우 선임자의 지식과 노하우의 권위에 올바른 주장을 하지 못하는 것이라고 정의할 수 있다. 항공기는 기장과 부기장이 함께 조종을 하고 있지만 대부분의 사고는 기장이 일으키고 있으며 이때 부기장이 기장의 잘못된 행동이나 절차에 대해 지적하지 못하고 사고를 일으키는 것과 동일한 유형이라고 할 수 있다.

3. 인적오류로 인한 사고 사례

3.1 개요

최근 국내에서 발생한 대형 철도사고의 대부분은 인적오류를 통해 발생했다. 국내의 철도시스템은 이미 많은 안전장치들이 설치되어 있어 대형사고는 시스템에서 기본적으로 막아 주도록 되어 있다. 그러나 국내에서 발생한 대형 철도사고를 살펴보면 기관사나 유지보수자가 임의로 안전장치의 기능을 해제하거나 규정을 위반하여 발생했다. 2011년 발생한 광명역 KTX 탈선사고, 2014년 발생한 태백~문곡역 간 열차 충돌사고, 2015년 발생한 대구역 KTX 충돌사고 등 대형 철도사고의 원인을 살펴보면 그 중심에는 '사람'이 있는 것을 알 수 있다.

해외사례로는 2005년에 일본 후쿠치야마선 탈선사고가 대표적인 인적오류에 의한 사고이다. 이 사고로 기관사를 포함하여 107명이 숨지고 562명이 부상을 당했다. 이 사고는 기관사가 지연시간을 만회하기 위해 과속을 한 것이 원인인데 사고의 이면에는 JR 서일본 회사가 정시운행을 위해 기관사를 압박한 것으로 드러나 충격을 주었다. 현장에서 사망한 기관사는 이후 재판에서 무죄 판결이 났다.

3.2 인적오류 발생 원인

철도사고가 왜 발생했는지 사고조사를 하다 보면 직접적인 원인과 이런 원인의 배경으로 작용하는 간접적인 원인도 있는 것을 알 수 있다. 철도는 하나의 거대한 시스템이기 때문에 사고 발생의 원인이 1개 또는 2개 등으로 단순화되지 않는다. 반드시 기여요인이 존재하게 되는데 인적오류 역시 대부분의 많은 사고에서 기여요인으로 작용한다. 그런데 여기서 중요한 것은 인적오류를 사고의 원인으로 치부하고 사고조사를 끝내면 안 된다는 것이다. 왜냐하면 인적오류는 사고의 원인이 아니라 어떠한 것들이 사람으로 하여금 오류를 유발하게 한 결과로 이해해야 한다. 다시 말해 사고의 재발방지를 위해서는 인적오류가 왜 발생했는지 확인해서 인적오류를 발생하게 한 원인을 제거해야 하기 때문이다. 다음은 인적오류를 유발할 수 있는 원인에 대해 검토해 보고자 한다.

〈 태백선 문곡–태백역 간 열차 충돌사고 〉

[그림 5-2] 태백선 문곡–태백역 간 열차 충돌사고(출처: 국토교통부)

우리나라에서 인적오류로 인해 발생한 대표적인 철도사고로 2014년 태백선 문곡~태백역 간에서 발생한 열차충돌사고를 들 수 있다. 이 사고는 2014년 7월 22일 17시 51분경 태백선 문곡역 사이에서 교행 대기 중이던 무궁화호 제1637열차와 중부내륙 순환열차(O-Train) 제4852열차가 정면 충돌한 사고다.
이 사고로 승객 1명이 사망하고, 100명이 경상을 당하는 등 인명피해가 발생했으며, 기관차 1량, 객차 6량이 파손되었고 선로전환기 텅레일 파손 등 약 42억 원의 피해가 발생하였다.
사고의 원인은 중부내륙 순환열차의 기관사가 문곡역에서 신호에 따라 정차한 후 교행을 위해 대기해야 하나, ATS 차상신호 장치의 경고벨이 울렸음에도 불구하고 수동으로 복귀시키고 그대로 역을 통과하는 등 신호를 무시하고 운행하였다. 또한 로컬관제원과 건널목 관리원의 반복된 비상정차 무선호출도 듣지 못하는 등 제반 규정을 지키지 않았으며, 운전 중 휴대전화를 사용하여 메신저를 한 것으로 밝혀졌다. 이것은 인적오류의 분류 중 의도한 행동(위반)으로 발생한 대표적인 사례라 할 수 있다.
사고 이후 국토교통부에서는 철도안전대책 합동점검회의 및 철도안전실태에 대한 특별안전점검을 시행하고 이듬해 철도안전 혁신대책을 마련하였다. 철도안전 혁신대책에는 ▲자발적 안전관리체계 정착 ▲안심하고 탈 수 있는 운행안전 확보 ▲튼튼하고 안전한 철도인프라 확충 ▲스마트 철도시스템 개발 및 인적과실 예방체계 구축 ▲철도보안 및 재난대응역량 강화 ▲철도안전정책 추진기반 강화의 6개 분야 30개 중과제를 선정하였다. 이 대책으로 공공기관 경영평가에 안전관리 목표가 추가되었으며, 철도차량 자격제도 도입, 노후 철도차량 교체 지원, 안전투자 확대 등이 추진되었다.

⟨ 전라선 율촌역 구내 무궁화호 탈선사고 ⟩

[그림 5-3] 율촌역 탈선사고(출처: 국토교통부)

2016년 4월 22일 오전 3시 41분경 용산역을 출발해 여수엑스포역으로 향하던 무궁화호 제1517열차가 성산역과 율촌역 사이 선로전환기에서 탈선한 사고이다.
이 사고로 승객 1명이 사망하고, 6명이 부상당했으며 기관차 1량, 객차 4량 전파, 궤도 400m, 선로전환기 부속품 2대, 전철주 4본, 전차선 2,300m, 조명탑 1기 등이 파손되었다.
사고 원인은 기관사가 운전취급규정의 운전제한속도(45km/h)를 무시하고 과속(128km/h)하여 건넘선에서 원심력을 견디지 못하고 탈선, 전복되었다.
사고의 기여원인으로는 선로일시 사용중지 등으로 인한 대용폐색 방식을 적용한 운전명령을 시행할 경우 운전취급규정 등을 적용하여 '대용폐색 구간을 순천역~덕양역으로 지정하고 율촌역 북쪽부터 상치신호기를 이용하여 율촌역~역양역까지는 하선으로 운행'한다는 내용을 계획 운전명령에 포함시키지 않았으며, 승무적합성 검사를 시행하는 순천기관차승무사업소는 열차 운전과 직접적으로 관련된 율촌역에서 하선으로 선로를 변경하는 사항을 교육하지 않았다. 그리고 사고열차 기관사들은 "동력차 승무원 지도운용 내규"를 지키지 않고 순천기관차승무사업소 자체 내규인 "운전작업 내규"에 따라 사전에 개인별 승무근무표에 지정된 업무분장대로 업무를 시행하지 않은 것으로 밝혀졌다.

> ⟨ **일본 JR서일본 후쿠치야마선 탈선사고** ⟩
>
> 일본에서 발생한 후쿠치야마선 탈선사고는 2005년 4월 25일 09시 19분경 서일본 여객철도(JR 서일본)의 후쿠치야마선(JR 다카라즈카선) 쓰카구치역~아마가사키역 간에 발생한 열차 탈선 사고이다. 이 사고로 승객과 기관사 등 107명이 숨지고 562명이 부상당했으며, 객차 등이 심하게 파손되었다.
>
> 사고의 원인은 기관사가 지연시간을 만회하기 위해 제한속도가 70km/h인 곡선구간에서 116km/h로 과속한 것(인적오류 중 위반)으로 밝혀졌다. 기관사는 사고 발생이 일어나기 전 몇 정거장 전 역에서 정차위치를 통과해 정차위치를 되돌리는 과정에서 열차 지연이 발생한 것으로 나타났다.
>
> 그러나 이 사고는 기관사가 왜 무리해서 과속을 했는지 사고의 배경을 자세히 살펴볼 필요가 있다. 사고가 일어난 관서(오사카를 포함한 간사이 지방) 지방은 예로부터 철도가 발달하여 국영철도와 사유철도 간의 경쟁이 치열했다. 그러다 보니 높은 정시율과 빠른 표정속도 등 서비스 향상을 위해 초(秒) 단위의 정시운행을 목표로 하였다. 그래서 열차를 지연시키는 기관사는 회사에서 "일근교육"이라는 징벌적인 교육(남들 눈에 잘 띄는 곳에서 리포트 쓰기, 사규 옮겨 적기, 제초 작업)을 받아야 했으며, 사고가 발생하기 전에는 이것 때문에 자살하는 기관사도 생기는 정도였다.
>
> 또한 JR 서일본은 일본 국유철도 민영화 이후 인건비 절감 등의 이유로 다른 JR 회사에 비해 중견 및 베테랑 기관사를 줄이고 신입사원 중심으로 운영해 왔으며, 운전기술을 가르치는 경력직 기관사도 적었다. 사고를 낸 기관사 역시 운전 경력 11개월의 초보 기관사였다.
>
> 이 사고는 인적오류와 관련하여 우리에게 많은 교훈을 준다. 기관사가 과속을 할 수밖에 없도록 만드는 조직문화, 과속을 방지하는 최신 신호장치를 설치하지 않고 경력이 부족한 기관사를 실무에 바로 투입하는 경영환경 등 인적오류를 유발시키는 배경이 얼마나 다양한지 말해 주는 대표적인 사례라고 할 수 있다.

3.2.1 너무 복잡한 시스템(Complex system)

고속철도는 전용 고속철도 노선만을 운행하는 것이 이상적이다. 고속철도 노선에는 고속철도에 최적화된 설비들이 갖추어져 있기 때문이다. 그러나 국내 고속철도는 지자체의 요구 등으로 일반 노선까지 운행할 수밖에 없으며, 고속철도가 일반 노선을 운행하기 위해서는 일반 노선에 필요한 신호시스템과 통신시스템 등을 차량에 추가로 설치해야 한다. 이것은 결국 철도차량에 너무 많은 시스템을 탑재해야 하며 이런 복잡한 시스템은 인적오류를 유발할 수밖에 없다.

국내 KTX 차량에는 세 종류의 무전기가 설치되어 있으며, 신호시스템도 고속철도용 ATC(Automatic Train Control)[126] 신호장치와 일반철도 운행을 위한 ATP(Automatic Train Protection)[127]가 추가로 설치되어 있다. 기관사는 선로 제한속도에 맞추어 열차를 운전해야 하며, 관제 등의 통신에 귀 기울여야 하고, 선로 상황에 따라 절연구간과 작업구간을 적절하게 통과해야 하며, 차량에서 발생한 고장신호 등에도 적절하게 대처하면서 정해진 시간 내에 목적지에 도착해야 한다. 이처럼 기관사는 한정된 공간 안에서 제한된 시간 안에 동시다발적으로 많은 일을 처리해야 하는데 동일한 기능을 하는 장치가 추가된다면 혼란스럽게 된다. 이런 것이 인적오류를 일으키는 요인으로 작용할 수 있다. 실제로 2018년 7월 한국철도공사 소속의 기관사는 포항-서울행 KTX-산천 차량을 운행하면서 일반선인 포항선에서 고속선으로 변경되는 건천 연결선에서 신호시스템을 변경하기 위한 스위치를 누르지 않고 다른 스위치를 눌러 비상제동이 체결, 정거장이 아닌 곳에서 정차하여 과태료를 부과받은 사례가 있다. 만약 고속철도가 동대구에서 일반선인 포항까지 운행하지 않았다면 기관사가 이런 실수를 하지 않았을 것이다.

그리고 우리나라 철도는 1989년 경인선을 개통하면서 일본의 시스템을 도입함에 따라 좌측통행을 채택하여 발전해 왔다. 1974년 서울 1호선 지하철도 일본시스템을 도입하여 좌측통행으로 설계되었으나, 이후 2호선부터 우측통행으로 건설하였다. 이것은 지하철을 건설하는 당시에는 크게 문제가 되지 않았으나 서울 도시철도를 확대하면서 수원 등 위성도시로 철도를 연장하자 문제가 발생되었다. 대표적인 사례가 서울4호선으로, 서울에서 사당역까지는 우측통행으로 운행하다가 남태령역부터 좌측통행을 하게 된다. 이것은 열차를 운전하는 기관사에게는 신호기의 위치 변경 등으로 매우 큰 혼란을 야기할 수 있는 것이다.

인간이 제한된 시간 안에 처리할 수 있는 능력은 한계가 있다. 그래서 사람이 조작하는

---

[126] 지상신호기의 현시상태를 확인하는 데 시간적 여유가 없는 고속철도를 위하여 개발되었으며, 궤도회로를 따라 레일 또는 루프코일을 사용하여 구간별 속도정보를 차량에 전송하는 신호장치
[127] 열차운행에 필요한 각종 디지털 정보를 지상신호장치를 통해 차량으로 전송하면 차량의 컴퓨터가 일정속도 이상을 초과하여 운행 시 자동으로 정지시키는 장치

기계의 운전실은 가급적 쉽고 직관적으로 설계되어야 한다. 뒤에서 설명하겠지만 사람과 기계장치를 다루기 위한 조작환경인 MMI(Man Machine Interface)가 중요한 이유가 바로 거기에 있는 것이다. 사람이 다루기 어려운 너무 복잡한 시스템은 좋은 시스템이 아니다. 복잡한 시스템은 반드시 사람으로 하여금 인적오류를 일으키기 때문이다.

3.2.2 시스템 설계오류(System design flaws)

철도차량을 설계하는 사람은 발주사양(Requirement specification)에서 요구하는 기능적인 측면-발주자가 요구한 기능이 정상적으로 동작하는지만 집중하여 차량을 설계한다. 다시 말해 시스템을 사용하는 사람이 어떻게 하면 편리하게 기기 또는 장치를 조작하는가에 대해서는 전혀 고려하지 않는다. 이러한 이유로 실제로 어떤 시스템의 설계는 초창기에는 사용자가 사용하기 불편한 많은 문제점을 가지고 있게 된다. 그래서 오랜 테스트 시간을 거치면서 사용자 및 유지보수자의 요구사항을 반영하게 되고 시스템의 개선이 이루어지면서 비로소 시스템이 안정화되게 된다. 이런 사례는 운전석의 조작장치가 조작 순서에 맞지 않게 배치되어 기관사의 오조작이나 오동작을 유발하여 조작장치를 사후 변경하거나, 시스템을 도입한 후 유지보수를 하려고 보니 주위 공간이 너무 좁아 유지보수 공구가 들어가지 않아 시스템을 추가로 교체하는 사례 등 주변에서 쉽게 찾아볼 수 있다. 이처럼 시스템의 설계오류는 새로운 시스템을 도입하는 과정에서 빈번히 발생하고 있으며 이것은 인적오류를 유발하게 하는 원인으로 작용할 수 있다.

물론 시스템을 설계하는 사람도 인간이기 때문에 시스템의 설계오류는 언제든지 발생할 수 있다. 따라서 설계오류를 개선하기 위해서는 설계 단계에서 적극적인 개입을 통해 오류를 줄이는 방법과 시스템의 운영 중에 시스템 개선을 통해 오류를 개선하는 방법이 있을 수 있다. 물론 전자가 훨씬 적은 노력과 비용으로 큰 효과를 낼 수 있지만 인적오류를 유발하는 문제는 운영상에서 주로 발생하는 문제이기 때문에 철도차량을 운영하는 운전 분야 등에서 설계에 개입하기 매우 힘들다. 그렇기 때문에 대부분 시스템을 도입한 이후 운행 초기에 설계상의 오류나 운영하면서 불편한 점 등의 개선이 시행된다. 예로서 기관사가 졸음이나 신체이상으로 정상적인 운행이 불가능한 상황 발생 시 자동으로 정지하는 기관사 경계장치의 설계가 있다. 이 장치는 오작동을 방지하기 위해 일반적으로 중앙제어대의 측면과 기관실 벽면에 설치된다. 그러나 국내의 경우 기관실 제어대 상판에 설치되어 가방이나, 서류에 의해 오작동 되는 사례가 있다. 이외에 비상시 사용하는 버튼의 색상을 적색이 아닌 버튼으로 설치하거나, 자주 사용하는 버튼 옆에 응급상황에서 사용하는 버튼을 배치하여, 운행 중 실수를 유발할 수 있다.

[그림 5-4] 8500호대 전기기관차 운전실

3.2.3 인적오류를 유발하게 만드는 환경(Environment)

철도차량 및 철도시설의 정비는 외부 환경의 영향을 많이 받는다. 한국철도차량기지는 건설된 지 오래되어 검수고가 낡은 곳이 많으며, 일부 기지는 제한정비(LI: Limited Inspection)[128]를 위한 검수고가 없이 외부에 노출된 곳에서 비나 눈을 맞으며 검사를 시행하는 곳도 있다. 철도시설 역시 넓은 곳에 분포되어 있어 내부 규정에서 정하고 있는

---

128 한국철도공사에서 철도차량을 정비하기 위한 검사의 하나로 고속차량은 150,000km 또는 4개월, 전기동차는 30,000km 또는 3개월마다 시행하는 정비를 말한다. (전기동차는 LI-2, LI-3 등으로 차종에 따라 정비주기 등을 따로 구분하며 디젤기관차 등도 따로 정하고 있다.)

관리를 위해 선로 변에서 점검을 시행해야 하기 때문에 온도나 기후의 영향을 직접적으로 받을 수밖에 없다.

철도 유지보수자는 이런 곳에서 제한된 시간 내에 규정에 따른 정비와 수리를 시행할 때 환경이 좋지 않은 경우 스트레스를 받게 되고 인적오류를 발생시킬 개연성이 커지게 된다. 따라서 유지보수자를 위한 환경은 정책적으로 관리되어야 하며 지속적으로 개선되어야 한다. 그리고 운전실 환경 중에서 대부분의 사람들이 간과하고 있는 것이 있는데 대표적인 것이 운전실 전면창과 햇빛 가리개를 들 수 있다. 철도차량에서 사용하고 있는 와이퍼는 모터를 구동하는 방식이 아닌 공기를 이용하는 방식으로 와이퍼의 성능이 매우 좋지 않다. 철도공사 광역철도 와이퍼는 질 낮은 고무를 사용하여 와이퍼가 전면창을 긁어 전방 주시가 잘되지 않는 차량이 많으며, 햇빛 가리개는 폭이 작아 출퇴근 시간에 일정 구간을 운행하는 경우 기관사의 시야를 방해하는 경우가 발생한다.

이와 관련하여 철도공사 승무처에서는 운전에 악영향을 미치기 때문에 차량처에 지속적으로 개선을 요구하였으나 예산 부족 등의 사유로 번번이 개선이 거절되어 왔다. 실제로 차량을 유지보수하는 사람들은 주행이나 제동 등 중요한 기능을 유지하는 것이 이러한 사소한 불만을 처리하는 것보다 중요하다고 판단하고 있으며 와이퍼 교체 등을 경미하게 생각하고 있는 것이 사실이다. 그러나 사고 사례를 자세히 살펴보다 보면 이러한 사소한 것에서 사고가 발생하는 것을 알 수 있으며, 이것에 대한 보다 적극적인 개선이 필요하다.

따라서 이러한 인적오류를 유발할 수 있는 환경을 개선하는 것은 1~2개 소속에서 시행하기보다는 회사의 전사적인 역량을 발휘할 수 있는 조직에서 주관해야 한다. 그렇기 때문에 인적오류를 예방하는 것은 어렵다.

기업의 조직환경은 철도를 정비하고 운영하는 기술적인 부분을 포함한 모든 것이 포함된다고 할 수 있다. 대표적인 것이 앞에서 설명한 일본 후쿠시야마선 탈선사고가 발생한 JR 서일본의 사내 문화를 들 수 있다. JR 서일본은 정시운행을 하지 못한 기관사에게 불합리한 교육을 통해 압박을 주었는데 이것은 회사 자체적으로 인적오류를 유발할 수 있는 환경을 만든 것이라고 볼 수 있다.

그리고 또 하나의 대표적인 조직환경으로 노사문화를 들 수 있다. 사측의 과도한 경영방침이나 사측의 업무지시에 대하여 노측의 태업, 업무거부 등의 문제도 철도안전을 위협하는 중요한 원인으로 작용할 수 있다. 실제로 철도운영기관은 노사합의에 의해 결정되는 것이 의외로 많아서 노측에서 협상을 해 주지 않을 경우 사고 예방을 위한 개선이 잘 이루어지지 않는 경우도 많다.[129]

3.3 인적오류 발생 사례

이번에는 우리 철도에서 인적오류로 인해 발생한 장애사례를 정리해 보았다. 사고 개황과 사고 원인, 그리고 해당 철도운영기관의 재발방지대책 등을 통해 인적오류의 배경을 검토하고자 한다. 다음 [표 5-2]는 국내에서 발생한 장애 사례를 분석한 것이다.

[표 5-2] 국내 장애 사례

장애개요	장애원인	○○공사의 재발방지대책	인적오류 배경	
			원인1	원인2
('14.1.18.) 제○○○○ 무궁화 열차가 경부선 밀양~삼랑진역 사이 운행 중 밀양 절연구간 내 정차	절연구간을 통과 시 운전자 경계장치가 동작되어 절연구간 안내 음성만 나옴에 따라 운전자 경계장치 확인 취급 지연 → 비상제동 체결(안내음성 중복 시 1개만 알림)	동력차 승무원 절연구간 취급절차 일제 재교육 시스템 불안전 요인 보완요청(○○○○→차량처)	기술적 오류 (설계오류)	조직 (정보교류, 교육훈련 부족)

129　야마 노우치 슈우이치로는 『철도사고 왜 일어나는가?』라는 책에서 일본 철도도 '열차시간표 개정, 새로운 차량의 도입, 새로운 선로의 개통, 임시열차의 운전이나 시운전 등 모든 사항에 대해서 노동조합과 힘든 교섭을 하지 않으면 안 되었다'고 밝히고 있다.

장애개요	장애원인	○○공사의 재발방지대책	인적오류 배경	
			원인1	원인2
('14.2.10.) 제1916 무궁화 열차가 정차역인 경전선 창원중앙역을 통과하여 약 3km 지나 정차	정차역 운전취급에 집중하지 않아 정차역실념 및 제동취급 지연 (당일 새벽에 자녀가 아파 병원에 다녀온 일 때문에 생각을 하면서 운전취급 하였다고 진술)	정차역 통과 방지를 위한 사고 사례 교육 정차역 무선교신 및 안전조치 엄정 이행 지적확인 등 이행실태 점검 강화	조직(안전시스템 부족-실효성 없는 승무적합성 검사)	조직(감사-대구역 사고 이후 취급부주의 사고 빈발에 따른 부담감)
('15.1.22.) 제K671전동 열차가 경부선 지하서울역~남영역 사이 절연구간 정차	절연구간 통과 시 운전핸들을 제동위치로 놓아 절연구간에 정차	원핸들 주간제어기 교육 강화	조직(안전시스템 결함-시스템 개선으로 보완이 가능)	조직 (정보교류, 교육훈련 부족)
('16.5.14.) 제H4905 건설무궁화 회송열차가 신촌~서울역 사이 ATP 동작으로 절연구간 앞에 비상정차	신촌역 출발신호기 경계신호에 출발(취급 부주의)	신촌~서울역 간 운전취급 방법 및 신호체계 개선을 위한 합동회의(서울본부), 승무원 승무지도 강화, 사고 사례 전파교육	기술적 오류 (설계오류-상(上)구배에 절연구간이 위치)	조직 (정보교류, 교육훈련 부족)

　국내 한국철도에서 운영 중인 8200호대 전기기관차는 운전실 내 스피커가 하나 있다. 이 스피커를 통해 기관사에게 각종 비프음(Beep) 정보를 주거나 청각적인 경고를 주는 데 사용되고 있으나, 운전실에는 이 스피커가 하나밖에 없다. 그러다 보니 절연구간을 통과할 때 운전자 경계장치[130]가 동작하는 경우 1개의 안내 음성만 나오게 되고 기관사가 오인하여 절연구간에 정차한 장애가 발생하고 있다. 물론 선로에는 절연구간을 앞두고 예고표지가 설치되어 있으며, 기관사는 운전자 경계장치를 지속적으로 터치하면서 제동이 걸리지 않도록 해야 하는 것이 정상적인 것이나 이런 요인들도 인적오류를 유발하는

---

[130] 기관사가 열차를 운행하다가 정신을 잃거나 졸아서 마스콘 등 운전제어장치에서 손을 떼는 경우 경고음이 발생하고 경고음이 발생하였음에도 아무런 조치가 없는 경우 열차를 비상정지시키는 장치

원인 중의 하나임에는 분명하다.

중요한 것은 8200호대 전기기관차에서는 이와 유사한 사고가 가끔씩 발생하고 있으며 대부분의 기관사와 차량분야 직원들은 이 사실을 알고 있음에도 개량이 되지 않고 있다는 점이다. 그리고 인적오류가 발생하여 대책으로 제시한 재발방지대책 중 하나가 가장 쉽고 예산이 수반되지 않는 "교육 강화"라는 점도 우리나라 철도운영기관이 인적오류를 대하는 태도를 여실히 보여 주는 사례이다.

4. 인적오류 저감 방법

4.1 인적오류 방지를 위한 시스템 설계

앞에서 살펴본 바와 같이 인적오류란 가장 예측하기 힘든 '인간의 행동'과 관련된 것이기 때문에 변수가 많고 해석이 어렵다는 특징이 있다. 인적오류를 저감하기 위해서는 인간을 이해하기 위해 인간에 대한 연구가 필요한 부분도 있으며, 시스템을 설계할 때 인간을 고려해 설계하는 방법도 연구되고 있다. 이번에는 인적오류를 저감하기 위해 일반적으로 많이 사용되는 시스템 설계 방법에 대해 알아보고자 한다.

불완전한 존재인 인간이 실수하는 것을 방지하고자 많은 시스템 안전장치들이 개발되었다. 그 대표적인 것이 '경보장치'이다. 경보장치는 인간의 순간적인 잊어버림(Slips)을 자각할 수 있도록 우리가 사용하는 많은 장치에 설치되어 있다. 가장 가까이 냉장고와 자동차의 예를 들 수 있다. 냉장고를 사용하고 문을 닫지 않으면 경고음이 울리고, 자동차에 타서 안전벨트를 하지 않으면 지속적으로 경고음을 울려 승객이 안전벨트를 하도록 만든다. 그리고 우리가 전자레인지를 사용하고 안에 넣어 둔 물건을 꺼내지 않으면 전자레인지는 일정 시간 동안 경보음을 울려 우리에게 전자레인지에 물건이 있음을 알려 준다. 이처럼 우리 주위에는 인간의 잊어버림과 실수를 방지하기 위한 여러 가지 시스템 설계 방법들이 있다.

나카타 도오루는 인간의 실수를 방지하는 시각적 효과, 말로 인한 착각과 혼돈을 방지하는 방법, 정확한 의미를 전달하는 언어 습관을 키우는 방법 등을 인적오류를 방지하기 위한 사례로 제시하였다.[131]

저자는 실수를 방지하는 시각적 효과에 대하여 출현 특징(Emergent Feature)을 설명하였다. 출현 특징은 매우 강하게 눈에 들어오는 이상을 감지할 수 있는 시각적 효과를 말한다.

일반적으로 철도차량의 운전실 배전반에 많이 사용되고 있는 NFB(No Fuse Breaker)를 설계하는 경우 NFB의 배치에 따라 시각적으로 효과를 극대화시킬 수 있다는 것이다. [그림 5-7]의 왼쪽의 그림처럼 NFB를 세로로 배치하게 되면 시각화 효과가 떨어지게 된다. 그리고 오른쪽 그림처럼 Off 되어 있는 것과 On 되어 있는 것을 구분하여 배치하게 되면 시각적 효과를 극대화시킬 수 있으며 평상시와 달리 고장 난 경우 어디에서 문제가 있는지 쉽게 발견할 수 있게 되는 것이다.

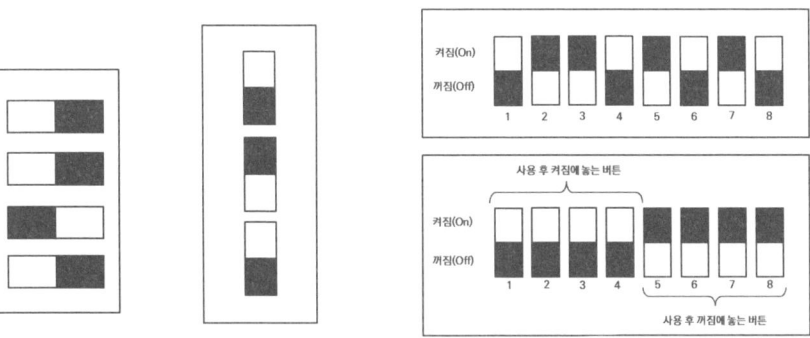

[그림 5-5] NFB 배치에 따른 시각적 효과

---

131 「휴먼에러 방지를 위한 사례연구」, 나카타 도오루

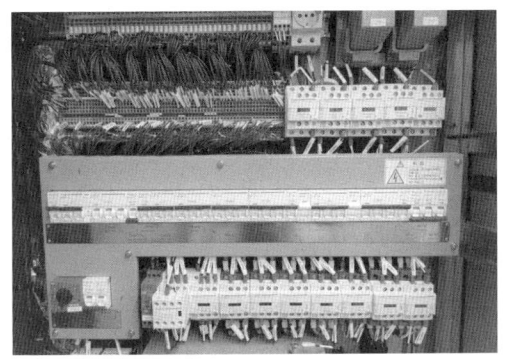

[그림 5-6] 철도차량 배전반 NFB

4.1.1 양립성(Compatibility) 설계

양립성(Compatibility)이란 입력과 출력이 인간의 기대와 같은 것을 말한다. 사람은 오른쪽 화살표를 보면 오른쪽을 보거나 오른쪽으로 이동한다. 이것이 사람들 간의 일반적인 약속이기 때문이다. 이렇듯 사람이 기대할 수 있는 일반적이며 보편적인 약속을 양립성 설계라고 한다.

대표적으로 냉온정수기에는 빨간색 버튼과 파란색 버튼이 구분되어 있으며 빨간색 버튼을 누르면 뜨거운 물이 나오고 파란색은 차가운 물이 나온다. 다음 [그림 5-8]의 가스레인지는 제일 왼쪽 스위치를 돌리면 제일 왼쪽 가스에서 불이 켜진다. 이것은 가장 쉬우면서도 기본적인 양립성 설계 기법이다.

[그림 5-7] 가스레인지

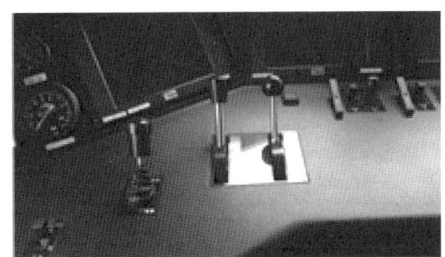

[그림 5-8] 운전실 역전기

철도에서는 가장 대표적인 양립성 예로 전동열차 운전실의 역전기와 주간제어기를 들 수 있다. 역전기는 열차의 진행방향을 결정하는 스위치로 앞으로 동작시키면 앞으로 진행한다. 주간제어기 역시 기관사 쪽으로 당기면 역행하고 앞으로 밀면 제동이 체결되는 방식으로 양립성을 적용한 사례로 볼 수 있다.

4.1.2 Fool Proof 설계

인적오류 방지를 위한 대표적인 시스템 설계방법으로 Fool Proof 방법이 있다. 이것은 글자 그대로 해석하면 '바보 입증' 또는 '바보 인증' 정도로 해석될 수 있으며, 아무리 바보라 하더라도 사용 중 고장이나 오작동이 발생하지 않도록 설계하는 것을 말한다. 다시 말해 작업자의 실수를 시스템이 막아 주도록 설계하는 것으로, 대표적인 사례가 220V 전기콘센트와 110V 전기콘센트의 형상을 아예 다르게 만들어 사고의 위험을 제거하는 것을 들 수 있다.

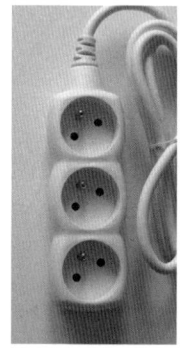

[그림 5-9] 110V 콘센트와 220V 콘센트

Fool Proof의 다른 사례로 프레스 작업장에서 동작 버튼 두 개를 양쪽에 배치하여 작업자가 두 손을 이용해 두 개의 버튼을 동시에 눌러야만 프레스 기계가 동작하도록 하거나 레이저 등을 이용해 작업자의 손이 프레스 근처에 있으면 동작이 되지 않도록 하는 것이 있다. 이것은 프레스가 동작할 때 손을 위험지역에서 자연스럽게 멀어지게 함으로써 작업자의 안전을 확보하기 위한 장치이다.

좀 더 확장된 의미로 인터록킹(Inter Locking)도 Fool Proof의 한 사례라고 할 수 있는데 대표적인 예로 우리가 집에서 사용하는 세탁기가 동작 중에는 문이 열리지 않는 것을 들 수 있다. 인터록킹의 사례는 산업 현장 등에서 자주 찾아볼 수 있다. 터빈, 컴프레서 등 윤활이 필요한 개소에 제대로 윤활이 되지 않으면 시스템 보호를 위해 시스템의 동작을 멈추게 하거나 동력전달 장치의 덮개를 벗기면 운전이 정지된다거나 로봇이 설치된 작업장에 방책 문을 닫지 않으면 로봇이 동작하지 않는 등 많은 적용 사례를 찾을 수 있다.

그리고 우발적인 접촉에 의한 기기 작동을 멈추게 하는 방법도 있는데 대표적인 것으로 화재경보기에 플라스틱 커버를 씌워 실수로 작동하지 않도록 하거나 정수기에서 뜨거운 물을 받을 때 빨간색 버튼을 눌러야 뜨거운 물이 나오도록 설계한 것 등이 있다.

4.1.3 Fail-Safe 설계

Fail-Safe란 시스템에 고장이 발생한 경우, 시스템이나 관련된 다른 장치에 고장으로 인한 피해를 줄이거나 피해를 최소한으로 하기 위한 장치(Feature)나 시스템상의 설계(Design)를 말한다. 철도 신호 분야에서는 '시스템의 일부에 고장이 생기거나 오조작을 했을 때, 시스템 전체에 악영향을 미치지 않고, 안전 측으로 동작되도록 고려한 방법(In the event of system failure or improper operation, it is a mechanism that enables the system to continue to operate in safe mode, without affecting the whole system)'이라고 정의하고 있다.[132]

다시 말해 Fail-Safe 시스템이란, 고장이 발생하여도 시스템 전체에 미치는 영향이 적고, 일정기간 동안 시스템의 기능을 계속 사용하는 것이 가능한 시스템을 말한다. 예전부터 철도 신호에서는 신호시스템이 고장 난 경우 시스템이 항상 안전한 방향(Fail-

---

132   철도신호 용어 편람

Safe)으로 동작하도록 철도신호용 전자릴레이를 항상 적색으로 점등되도록 설계했다. 신호기가 고장이 나면 적색을 표시하기 때문에 열차는 정지하게 되고 철도 신호가 정상이 될 때까지 기다리거나 추가적인 조치를 해야 하기 때문에 안전하다는 것이다. 이것이 신호시스템의 고장으로 인해 발생할 수 있는 중대 사고를 원천적으로 차단하기 위한 설계방법이다.[133]

철도차량 분야에 사용되는 공기제동 시스템도 Fail-Safe의 한 종류로 볼 수 있다. 도시철도에 사용되는 전기 차량은 주 공기 라인을 통해 각 차량에 공기를 공급하고, 제동통은 공기통에 공기가 완충되어야 완해되는 시스템으로 구성되어 있다. 만약 열차가 분리되어 주 공기 라인에 공기가 빠진다면 각 차량의 제동통의 공기가 빠져 버려 열차는 제동이 체결되도록 되어 있다. 이러한 형태의 공기제동 시스템은 국내 일반철도에도 동일하게 적용되어 있으며 평상시 디젤기관차나 전기기관차는 객차에 공기를 공급하고 공기가 일정 수준 이상 완충되어야 제동이 완해되어 움직일 수 있게 된다.

항공 분야에서는 주 날개의 구조를 Fail-Safe로 설계하였는데 주 날개를 여러 개의 구조 요소로 결합되도록 하여 어느 부분이 피로 파괴가 되거나 일부분이 파괴되어도 나머지 구조가 작용하는 하중을 견딜 수 있게 하여 치명적인 파괴나 과도한 변형을 가져오지 않게 함으로써 항공기 구조상 위험이나 파손을 보완할 수 있도록 하였다.

Fail-Safe가 Fool Proof와 다른 점은 '인적 원인'이 아닌 '물적 원인'으로 인한 사고를 예방한다는 데 있다. Fool Proof가 인간의 실수를 인정한다는 것이라면 Fail-Safe는 기계의 고장을 인정한다는 것이라 할 수 있다.[134] 다시 말해 Fail-Safe는 기계가 고장 나는 경우를 대비하여 추가로 발생할 수 있는 사고를 예방하는 데 그 목적이 있다.

---

133 야마 노우치 슈우이치로는 『철도사고 왜 일어나는가?』라는 책에서 "필요한 조건이 어느 하나라도 누락되고 있지는 않는지, 이상이 있으면 즉시 신호회로의 전류를 차단하고 신호기에 정지신호를 현시하는 것이 신호시스템 페일세이프의 기본"이라고 하였다.

134 산업안전보건공단 블로그, https://blog.naver.com/koshablog/222060441638

4.1.4 Tamper Proof 설계

Tamper Proof란 방호장치의 임의 해체를 방지하기 위한 설계방법을 말한다. 일반적인 기계장치 중에는 육각나사가 아닌 별 모양의 나사를 사용하여 전용공구를 가지고 있지 않은 사람이 시스템을 분해할 수 없도록 하거나 방호장치를 경보 시스템과 연결해 다른 사람이 방호장치를 해체하려고 하면 경보를 울리게 하는 등의 설계방법을 말한다.

4.1.5 중복설계(Redundancy)

중복설계(Redundancy)란 예비 시스템을 말한다. 주 시스템의 결함 시를 대비해 보조시스템을 두는 것으로, 만약의 경우 주 시스템에 이상이 있는 경우에 사용하지 않던 보조시스템을 작동시켜 시스템을 멈추지 않고 계속 운행되도록 하는 것을 말한다. 중복설계의 대표적인 예는 열차의 속도를 제한속도 이하로 자동 제어하는 차상 신호(ATC) 장치를 들 수 있다. 차상신호장치는 동일한 시스템을 두 개 설치하고 상시 상호 감시하도록 설계하여 만약 하나의 시스템이 고장 나더라도 다른 하나의 시스템이 그 기능을 계속 유지할 수 있도록 함으로써 시스템의 신뢰성을 높인 것이다.

4.2 종사자 교육 강화

종사자에 의해 철도사고가 발생하면 가장 쉽고 간단한 재발방지대책은 종사자에 대한 교육이다. 철도기관사의 역량은 모두 달라서 동일한 고장이 차량에서 발생한다 하더라도 어떤 기관사는 스스로 고장을 조치해서 목적지까지 운행을 시키는 반면 어떤 기관사는 다른 장치를 만져서 구원운전을 하도록 한다. 교육이란 이런 기관사들의 차이를 없애고 일정 수준 이상의 역량을 키우는 것이라 할 수 있다.

그러나 종사자의 교육은 대부분 회사 내에서 OJT(On the Job Training) 교육으로 이루어지기 때문에 태생적으로 한계가 있다. OJT 교육은 업무시간을 일부 할애하여 시행하는 것이 대부분이며, 교관은 직장의 관리감독자가 된다. 직장의 관리감독자는 일은 능숙할지 모르지만 가르치는 요령이 미숙하여 알찬 교육이 이루어지지 않을 우려가 있으며 전문적인 강의 기술이 없기 때문에 단편적이고 형식적인 교육이 될 수 있다.[135] 그러므로 철도종사자의 역량을 강화하기 위해서는 우선적으로 직장 내 교육 체계를 개선할 필요가 있다.

그리고 지적확인 환호응답처럼 안전운행에 필수 불가결한 사항을 반복적으로 학습하도록 하여 몸에 익혀 안전을 확보하도록 하는 것도 필요하다. 이 방법은 다른 말로 복명복창이라고도 하며 질의-응답 시스템이라고도 한다. 이것은 지시사항이나 의사소통 사항에 대하여 복창함으로써 소통하는 정보가 틀렸을 경우 바로잡기 위한 것으로 항공 등 여러 분야에서 사용 중인 방법이다. 이 때문에 국내 모든 철도운영기관에서는 기관사가 지적확인 환호응답을 반드시 시행하도록 운영기관 규정에 포함하고 있으며, 철도 운전면허 교육훈련 기관에서도 이 교육을 시행하고 있다.

〈 복명복창, 지적확인환호 〉

1900년대 초 산업공학자인 프랭크(Frank)와 길브레스(Lilian Gilbreth)는 의학에서 인간의 오류를 줄이기 위해 노력했다. 그들은 수술실에서의 대화를 복명복창 개념으로 발전시켰다. 예를 들어 수술실에서 의사가 "메스"라고 말하면, 간호사는 "메스"라고 복창하고 의사에게 메스를 건네준다. 이를 질의-응답 시스템(Challenge-Response System)이라 불렀다. 이 시스템은 만약 의사가 요구한 도구가 제대로 요청되지 않았다면 그들이 스스로 바로잡을 수 있는 기회를 제공한다는 측면에서 사람과 사람의 의사소통 과정에서 발생할 수 있는 오류를 정정할 수 있는 시스템이다.

이 질의-응답 시스템은 최근에도 항공에서도 사용된다. 항공 분야는 조종사들이 항공교통관제의 지시사항을 정확하게 수신하였다는 것을 확인하기 위하여 지시사항이나 관제승인에 대하여 복창(Readback)을 실시함으로써 정보가 틀렸을 경우 항공교통관제에서 바로잡을 수 있는 기회를 준다.

군대에서는 상급자가 내린 명령이나 지시를 되풀이하여 말하는 것을 복명복창이라고 한다. 이를 통하여 명령과 지시가 정확하게 전달되었음을 확인할 수 있다.

---

135 권영국 외 2명은 『핵심안전공학』이라는 책에서 직장 내 교육의 한계에 대하여 이와 같이 주장하였다. p.118

철도 분야에서는 "지적확인 환호응답"이라는 명칭으로 사용된다. "지적확인"이란 "작업을 안전하게 오조작 없이 하기 위하여 작업 공정이 요소요소에서 자신의 행동을 눈이나 귀 등 오관의 감각기능을 총동원해서 작업의 정확성과 안전을 확인하는 것으로 [… 좋아!] 하고 대상을 지적하며 확인하는 것을 말한다"라고 정의한다. 지적확인 환호응답은 철도 분야에서 안전을 확보하기 위해 가장 먼저 지켜지는 기본적인 수칙으로 동작된다. 철도에서는 기관사가 신호를 확인하면 이에 대해 부기관사가 한 번 더 확인하기 위해 사용하고 있으며, 현장에서 자리 잡아 단독 승무를 하는 경우에도 신호 등을 확인하기 위한 절차로 활용되고 있다. 이 지적확인 환호응답은 전 세계 철도기관사가 공통으로 사용하고 있는 것을 알 수 있는데 웹사이트 나무위키(https://namu.wiki)에는 지적확인 환호응답으로 검색할 경우 독일, 일본 등 기관사들이 열차를 운행하면서 지적확인 환호응답을 시행하는 동영상을 볼 수 있다.

4.3 인적오류에 대한 투자

인적오류를 방지하는 대책을 마련하는 것은 철도운영기관의 어느 한 부서만 가지고는 효과적인 결과를 이끌어 내기 어렵다. 국내 모든 철도운영기관은 「철도안전법」에서 요구하는 법적 요구사항 이행 등 안전 관련 업무를 수행하기 위해 안전 전담부서를 두고 있다. 그리고 안전 전담부서는 대표이사의 직속 기구로써 그 역할을 보장하도록 요구하고 있다. 그럼에도 인적오류를 줄이거나 방지하기 위한 활동은 안전 전담부서만으로 부족한 것이 현실이다. 인적오류를 유발하는 환경은 우리 철도를 유지관리하고 운영하는 부서뿐만 아니라 조직문화적인 문제까지 내포하고 있기 때문이다.

국내에서 철도 인적오류와 관련된 정부 지원 연구가 시작된 것은 2003년 대구지하철 열차 방화사건으로 철도에 대한 종합적인 안전대책 수립을 위해 시행된 철도종합안전 기술개발사업이 최초라고 판단된다. 철도종합안전 기술개발사업은 대구지하철 화재사고 이후 철도에 대한 종합적인 안전대책 수립이 필요하다는 문제제기에 따라 정부 R&D로 추진되었다. 다음은 철도종합안전 기술개발사업이 추진된 경과이다.

〈 철도종합안전 기술개발사업 추진경과 〉

◆ '03. 02. 18.: 대구지하철 열차방화사건(사망 198명, 직접피해 516억)
　☞ 철도에 대한 종합적인 안전대책 수립 등의 문제 제기
◆ '03. 05. 22.: 철도종합안전기술개발사업 추진계획 방침결정
◆ '04. 04. 30.: 철도종합안전기술개발사업 신규사업(R&D) 추진 방침결정
　☞ 3개 분야 17개 과제(6년, 948억)
◆ '04. 06. 22.: 국가과학기술위원회(위원장: 대통령) 심의결과 A등급
◆ '04. 08. 27.: 기본계획('04 ~'09년) 및 '04년 시행계획 수립
◆ '06. 08. 08.: 3차년도 철도종합안전기술개발사업 착수(6개 과제)
◆ '07. 08.: 철도종합안전기술개발사업단 구성 및 사업 착수
◆ '07. 11.: 성과발표회 및 국제세미나 개최
◆ '08. 08.: 5차년도 철도종합안전기술개발사업 착수
◆ '08. 11.: 성과발표회 및 국제세미나 개최
◆ '09. 07.: 6차년도 철도종합안전기술개발사업 착수
◆ '10. 12.: 제2차 철도안전종합계획 수립지원
◆ '11. 02.: 연구성과 실용화 중간점검 및 철도안전종합계획 수립 지원('11. 03.)
◆ '11. 06. 30.: 최종보고서 제출, 철안사 사업완료

　철도종합안전 기술개발사업의 주요 내용은 ▲철도안전 시스템 엔지니어링 ▲철도차량 안전기준 및 체계구축 ▲철도시설 안전기준 및 체계구축 ▲철도 소프트웨어 안전기준 및 체계 구축 ▲인적오류 관리 및 평가기준 개발 ▲철도사고 및 비상대응 관리체계 구축 ▲위험물 수송 안전기준 및 체계 구축 ▲철도사고 위험도 분석 및 평가체계 구축 ▲열차제어시스템 안전성능 평가 및 사고방지 기술개발 ▲철도차량 충돌 안전성능 평가 및 피해저감 기술개발 ▲철도화재 안전성능 평가 및 사고방지 ▲철도차량 탈선 안전성능 평가 및 사고방지 ▲철도건널목 지능화를 통한 사고예방 및 피해저감 ▲안전업무종사자 교육훈련 체계구축 등이다. 철도종합안전 기술개발사업의 성과물을 토대로「철도안전법」에서 부족했던 기술적인 기준들이 만들어졌으며 이로 인해 철도안전 분야는 비약적인 발전을 한 것이 사실이다.

　특히 이 기술개발사업에 포함된 '인적오류 관리 및 평가기준 개발' 사업은 국내에서 최

초로 철도 인적오류에 대한 체계적인 연구라는 점에서 의의가 있으나 이 철도종합안전기술개발사업이 종료되면서 함께 종료되어 많은 아쉬움이 있다. 따라서 지금이라도 '사람 관리에 대한 투자'를 시작해야 한다. 인적오류에 의한 사고비율이 60~70%를 차지하고 있음에도 사고 재발방지대책이란 고작 '교육'이 전부이다. 물론 잘 교육된 역량 있는 기관사는 사고를 발생시킬 확률이 낮다. 하지만 열악한 환경과 불규칙한 근무시간, 고도의 집중력이 요구되는 기관사의 업무는 사람이 실수를 일으킬 수 있는 단초를 제공하기에 충분하다. 따라서 지금이라도 사람에 대한 연구와 투자를 해야 한다. 이것이 바로 인적요인 관리다.

4.4 비기술적 역량(NTS: Non Technical Skills) 관리

해외의 경우 안전관리와 관련된 연구는 기존의 공학적 기법도 연구되고 있지만 경영학, 심리학, 통계학 등의 사회과학적 기법도 꾸준히 연구되고 있다. 이 중에서 대표적인 사례로 NTS(Non Technical Skills)[136]를 들 수 있다.

NTS(Non Technical Skills)란 기술적인 기능을 보완하고 안전하고 효율적인 임무수행에 기여하는 인지적, 사회적, 개인 자원의 기능으로 정의할 수 있다. 다시 말해 어떤 업무를 수행하는 데 필요한 기술적이고 전문적인 능력이 아닌 조직 구성원으로서 함께 업무를 수행하는 능력이라고 할 수 있다. 한마디로 표현하면 '대인관계 역량' 정도로 이해가 가능하며 상황인식, 의사결정, 의사전달, 팀워크, 리더십, 스트레스 관리, 피로관리 등의 역량을 의미한다.

최근 일부 기업에서는 직원을 채용하기 위해 그 사람이 가지고 있는 해당 분야의 기술적인 능력 외에 기업의 목표를 원활하게 달성하기 위해 비기술적 역량을 평가하기도 한다. 비기술적 역량의 예로 커뮤니케이션 능력, 협력, 적응성, 조직, 협업, 창의성, 시간 관

---

136 NTS는 우리말로 번역하면 '비기술적 역량' 정도로 표현이 가능하며 원자력, 항공, 해양 시추, 의료 등 다양한 고위험 산업 분야에서 활용되고 있다.

리, 우선순위 선정, 열정, 감성, 지능 등이 포함된다. 다음은 선박 분야에서 관리하고 있는 비기술적 역량을 나타낸다.

[표 5-3] 선박분야 비기술적 역량

구분	설명
상황인식 (Situational Awareness)	상황인식이란, 간단히 말해서 자신의 주위에 일어나고 있는 상황을 파악하고 있는 것을 말한다. 즉 지각(perception)이나 주의(attention)라고도 할 수 있다. 이러한 기량을 추구하는 이유는 상황인식에 영향을 주는 요소를 잘 이해하고 위험도가 높은 업무에서 상황인식 능력을 높이고 평가하기 위해서이다.
의사결정 (Decision-Making)	의사결정이란 주어진 상황에 맞춰서 필요로 하는 행동노선(대응방침)을 선택하는 것을 의미한다. 의사결정은 직장에서도 중요한 역량이지만, 특히 위험도가 높은 현장에서 중요하다. 의사결정은 상황인식을 계속적으로 유지하면서 업무를 둘러싸고 있는 상황에 따른 변화를 살펴서 파악함으로써 이루어진다. 의사결정의 기본 단계는 상황인식, 행동노선의 선택과 평가로 구성된다.
의사전달 (Communication)	의사소통 역량은 안전하고 효과적인 업무수행을 위하여 기술적 역량뿐만 아니라 비기술적 역량에서도 꼭 필요하다. 의사전달은 직장에서뿐만 아니라 모든 계층에서 대단히 중요하다. 효과적인 의사소통 역량은 배우고 발전시켜서 개선할 수 있다.
리더십 (Leadership)	리더에 필요한 능력과 역량, 지식 등을 말한다. 높은 신뢰성이 요구되는 조직의 리더는 안전하고 효과적인 팀 성과의 열쇠가 된다. 리더는 만들어질 수 있다. 적정한 훈련을 통해서, 팀을 단순히 리드만 하는 것이 아니라 보다 뛰어나게 리드하는 리더십 능력을 키울 수가 있다. 팀 리더의 핵심 역할은, 팀의 전망을 분명히 보여 주고 방향성을 주는 것이다. 팀의 성공을 위하여 팀을 지도하고 지원한다. 팀으로서 함께 움직이는 상황을 만든다. 팀을 구성하고 유지한다.
팀워크 (Teamwork)	팀이란 '서로가 어떤 공통의 가치가 있는 목표나 목적을 향하여 동적으로 서로 의존하면서 적응적으로 상호작용하고 각자가 실행해야 할 특정 역할과 기능을 부담하고 한시적인 구성원으로서 활동하는 2인 이상의 명백한 집단'을 의미한다. 팀워크란 '2명 이상의 사람이 어떠한 목표를 공유해 함께 힘을 합해 활동하는 것'을 말한다. 높은 기량을 가진 개인의 집합을 뛰어넘어 하나의 팀으로서 장점을 실현하기 위해서는 팀의 협동, 즉 팀워크가 필요하다.
스트레스 관리 (Stress Management)	스트레스는 위험도가 높은 근무환경에서 일하고 있는 사람들과 밀접한 관계가 있다. 스트레스 요인에 제대로 대처하지 않으면 실수의 증가나 생산성의 저하를 초래하여 팀이나 조직의 성과를 낮추게 된다. 그러나 스트레스 요인을 명확하게 파악하고 경감시키거나 효과적인 훈련을 통해서 개인이나 팀의 성과에 대한 스트레스의 영향을 최소한으로 할 수가 있다. 업무상 스트레스의 영향을 경감하기 위해서는, 스트레스의 발생 원인, 개재된 요인과 대응자원, 스트레스의 징후나 증상, 그리고 스트레스 원인이 개인, 팀, 조직에 미치는 영향을 이해할 필요가 있다.

구분	설명
피로의 관리 (Fatigue Management)	근무자의 피로는 인지능력, 운동능력, 의사소통능력, 사회적 역량을 저하시켜서 개인은 물론 현장의 사고 원인이 되고 안전성과 생산성을 떨어트린다. 피로가 인간의 작업성과에 미치는 영향을 분석하여 작업스케줄을 변화시켜 정상적인 리듬으로 회복하는 시간을 단축하게 하는 등의 전략적인 방법이 연구되어야 한다.

영국의 철도안전위원회(RSSB: Rail Safety and Standards Board)는 인적요인과 관련하여 철도차량 운전실에 대한 인간공학 평가 및 설계기술 개발 등의 사업을 추진하고 있다. 그리고 철도종사자의 인적 신뢰도 평가(HRA, Human Reliability Assessment), 철도업무 신뢰도 평가(RARA, Railway Action Reliability Assessment) 등의 분석 방법도 연구하고 있다.

그리고 영국의 철도안전위원회는 인적오류와 관련하여 철도 유관기관의 안전관리자 등을 대상으로 인적요인 인식 교육과정(Human Factors Awareness Course)과 NTS(Non Technical Skills) 교육과정을 운영하고 있다. 인적요인 인식 교육과정은 처음에는 사고조사자를 위한 코스로 개발되었으나 이후 안전관리자, 규제자(regulator), 감독자(inspector) 등을 대상으로 교육을 시행하고 있다. 이 교육과정은 실제 사례와 사례 연구(Case Study)를 적용한 중요 원인의 판별 과정, 인적 요인 분석 기법 소개 등을 포함하며, 사고나 장애에 기여하는 인적 요인의 경각심을 증대하고, 인적오류와 위반을 구분하는 실행능력을 제공하는 등의 교육효과를 기대하고 있다.

NTS(Non Technical Skills) 교육과정은 철도에서 업무를 수행하면서 당면할 수 있는 위험을 검토하여 비기술적 능력의 지식을 습득하고 위험을 판별하고 완화시키는 방법을 학습할 수 있도록 하는 과정이다. 이 교육은 기관사나 현장 직원들에게 왜 일이 잘못될 수 있는지에 대한 이유와 위험도의 예측, 위험을 관리하고 경감하는 데 NTS가 어떻게 적용될 수 있는지에 대한 과정이다. 다음은 영국 철도안전위원회에서 제시하는 NTS를 나타낸다.

[표 5-4] 영국 철도안전위원회에서 제시하는 NTS

NTS Category	NTS Skill
1. Situational awareness (상황 인식)	1.1 Attention to detail (세부 사항에 대한 주의) 1.2 Overall awareness (전반적인 인식) 1.3 Maintain concentration (집중력 유지) 1.4 Retain information(during shift) (정보 유지(교대 중)) 1.5 Anticipation of risk (위험 예측)
2. Conscientiousness (성실성)	2.1 Systematic and thorough approach (체계적이고 철저한 접근) 2.2 Checking (확인) 2.3 Positive attitude towards rules and procedures (규칙과 절차에 대한 긍정적인 태도)
3. Communication (커뮤니케이션)	3.1 Listening(people not stimuli) (듣기(자극이 아닌 사람)) 3.2 Clarity (명확성) 3.3 Assertiveness (자기 주장) 3.4 Sharing information (정보 공유)
4. Decision making and action (의사결정과 행동)	4.1 Effective decisions (효과적인 결정) 4.2 Timely decisions (시기적절한 결정) 4.3 Diagnosing and solving problems (문제 진단 및 해결)
5. Cooperation and working with others (다른 사람과의 협력)	5.1 Considering others' needs (다른 사람의 필요를 고려) 5.2 Supporting others (타인 지원) 5.3 Treating others with respect (다른 사람을 존중하는 마음으로 대하기) 5.4 Dealing with conflict/aggressive behaviour (갈등/공격적 행동 다루기)
6. Workload management (업무량 관리)	6.1 Multi-tasking and selective attention (멀티태스킹과 선택적 주의) 6.2 Prioritising (우선순위 지정) 6.3 Calm under pressure (압박하에서 진정)
7. Self-management (자기관리)	7.1 Motivation (동기) 7.2 Confidence and initiative (자신감과 주도권) 7.3 Maintain and develop skills and knowledge (기술과 지식의 유지 및 개발) 7.4 Prepared and organised (준비 및 조직화)

5. 인적오류 분석 방법론

5.1 SHELL 모델

SHELL(Software, Hardware, Environment, Liveware) 모델은 영국 안전보건청(HSE)에서 사용하는 분석방법론이다.[137] 영국 안전보건청(HSE)은 인적 요인을 환경적, 조직적, 업무적 요인들, 그리고 건강과 안전에 영향을 주는 요소로서 업무에서부터 행동에 이르기까지 영향을 미치는 인적 그리고 개인적 특성으로 정의하였다. SHELL 모델은 각각 Software, Hardware, Environment, Liveware를 나타낸다. 이 모델에서 가운데의 Liveware와 주변의 요소들은 상호 밀접하게 관계하면서 시시각각 변화하는데 가운데의 Liveware와 틈이 발생했을 때 오류가 발생한다고 설명한다.

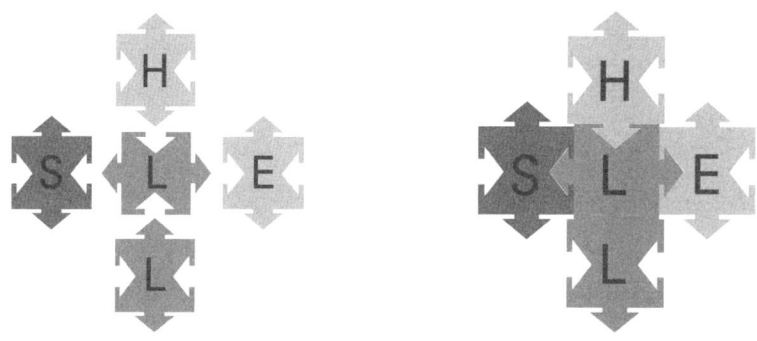

[그림 5-10] SHELL 모델

Software는 정책, 작업절차, 규정, 표준, 매뉴얼, 작업지시서, 정보 등을 포함한다.

---

137 SHELL 모델은 1972년 미국의 심리학 교수인 Elwyn Edwards가 운항승무원과 항공기 기기사이에 상호작용 관계를 종합적으로 나타내는 도표로 고안한 모델이다. 이후 1975년 네덜란드 Frank. H. Hawkins가 이 모델을 수정하여 새로운 SHELL 모델을 제시하였으며, 항공기 사고 원인을 밝히는 이론적 근거가 되었으며 현재 ICAO에서 추진하고 있는 인적요인 이론의 모태가 되고 있다.

만약 작업절차나 매뉴얼이 잘못되어 있으면 Liveware가 올바른 행동을 하는 데 영향을 줄 수 있다.

Hardware는 장비와 도구의 설계 및 배치를 포함하며 물리적, 정신적 양쪽 모두의 활용성 문제를 포함한다. 대표적인 것이 운전실의 제어기기를 들 수 있으며 제어기기가 인체공학적으로 설계되어 있지 않으면 인적오류를 유발할 수 있다.

Environment는 조명, 소음, 온도, 습도, 작업공간의 넓이 등 작업환경에 관련된 요소 및 작업이 수행되는 물리적 조건을 의미한다. 이 작업환경은 실제로 인적오류를 유발하는 매우 중요한 요소로 인식되고 있다.

Liveware는 컴퓨터 하드웨어나 소프트웨어와 대조적으로 써서 컴퓨터를 운용하는 사람들을 가리키는 용어로 위의 그림에서 중앙의 Liveware는 기기를 동작시키거나 유지관리를 시행하는 사람을 나타내며, 다른 Liveware는 중앙의 Liveware와 협업하는 과정에서 초래되는 인적 성능에 영향을 미칠 수 있는 팀워크, 의사소통 등을 나타낸다.

5.2 항공정비 페어 모델(The Pear Model)

항공정비 분야에서는 페어 모델을 사용하여 인적요인을 설명하였다. 페어 모델(The Pear Model)은 인적요인을 작업자(People who do the job), 작업환경(Environment in which they work), 작업자 행동(Actions they perform), 작업에 필요한 자원(Resources necessary to complete a job)의 네 가지 요소로 구분하고 있다.

첫 번째로 작업자(People)는 항공정비를 수행하는 정비인력의 신체적(Physical), 생리학적(Physiological), 심리학적(Psychological), 심리 사회학적인(Psychosocial) 면에 초점을 맞추고 있다. 신체적인 특성은 물리적 크기, 성별, 연령, 근력 등이 있다. 생리학적인 특징은 업무 부하, 경험, 지식, 훈련, 태도, 정신력 또는 감성 등이 있다. 심리학적인 특징은 영양 요소, 건강, 생활 양식, 피로, 화학적 의존성 등이 있다. 심리 사회학적인 특징은 대인 갈등이 대표적이다.

일반적으로 작업량을 분석하고 계획할 때 한 사람의 일량을 기준으로 작업을 부여하지만 사람의 상태는 작업자 모두 각자 다르며 하루하루 다를 수밖에 없다. 이상적인 작업계획은 개인의 한계 및 제약조건을 고려하여 각 작업자별로 업무를 부여하는 것이다. 그러나 바쁜 현장에서 이러한 것은 지켜지기 힘들다. 인적요인을 업무에 적용할 때 간과해서는 안 되는 부분은 정기적인 휴식이다. 작업자는 다양한 작업 조건 속에서 신체적, 정신적 피로를 느낀다. 따라서 정기적인 휴식은 작업의 긴장감을 완화시키는 역할을 하며 작업자에게 충전할 시간을 제공한다.

두 번째 환경(Environment)이란 계류장, 격납고, 수리작업장 같은 물리적 환경(Physical Environment)과 기업 내의 조직적 환경(Organizational Environment)으로 구분이 가능하다. 물리적 환경은 온도, 습도, 조도, 소음, 청결도, 작업장 설계 등이 대표적인 요인이다. 조직적 환경은 직원, 감독, 노사관계, 압력, 승무원 구조, 회사 규모, 수익성, 사기, 기업 문화 등으로 설명이 가능하다. 인적요인은 이 두 가지 환경이 모두 고려되어야 한다.

세 번째 요소는 행동(Actions)으로 인적요인의 관리가 성공하기 위해서는 모든 작업자의 행동을 세밀하게 분석해야 한다. 작업자의 행동과 관련된 인적요인은 작업 수행 단계, 활동 순서, 관련된 사람들의 수, 정보 관리 요구사항, 지식 요구사항, 기술 요구사항, 고도 요구사항, 인증 요구사항, 검사 요구사항 등과 관련된다. 작업자의 행동을 세밀하게 분석하는 것은 작업 수행에 필요한 지식, 기술 및 자세를 파악하기 위한 전형적인 인적용인 분석 방법에 해당한다.

네 번째는 자원(Resources)이다. 자원(Resources)은 앞에서 다룬 다른 요소와 독립적으로 구분시키기 어렵다. 일반적으로 작업자, 환경, 행동이 자원을 결정한다. 공구, 시험장비, 컴퓨터, 기술도서 등과 같이 대부분은 유형적 자원이지만 작업자의 인원 및 자질, 할당된 작업시간, 감독자 등의 무형적 자원도 고려 대상이다. 절차/작업 카드, 기술 매뉴얼, 다른 사람, 테스트 장비, 도구, 컴퓨터/소프트웨어, 서류 작업/승인, 지상 취급 장비, 작업대 및 리프트, 비품, 재료, 작업 조명, 훈련, 품질 시스템 등이 포함된다.

5.3 인적오류 분석 및 저감 기법(HEAR)

HEAR(Human Error Analysis and Reduction)는 철도사고 및 장애에 개입된 인적오류행위들의 발생 경위 및 원인을 체계적으로 분석하여 유사 인적오류로 인한 사고의 재발을 방지할 수 있는 효과적인 예방대책을 마련하기 위해 개발되었다. 이 기법은 정부의 철도 종합 안전기술개발사업(2004~2011년)의 세부과제에서 KAIST, 한양대학교에서 국내외 인적오류 분석기법을 분석하여 국내 실정에 맞도록 개발한 철도 인적오류 전문 분석기법이다.

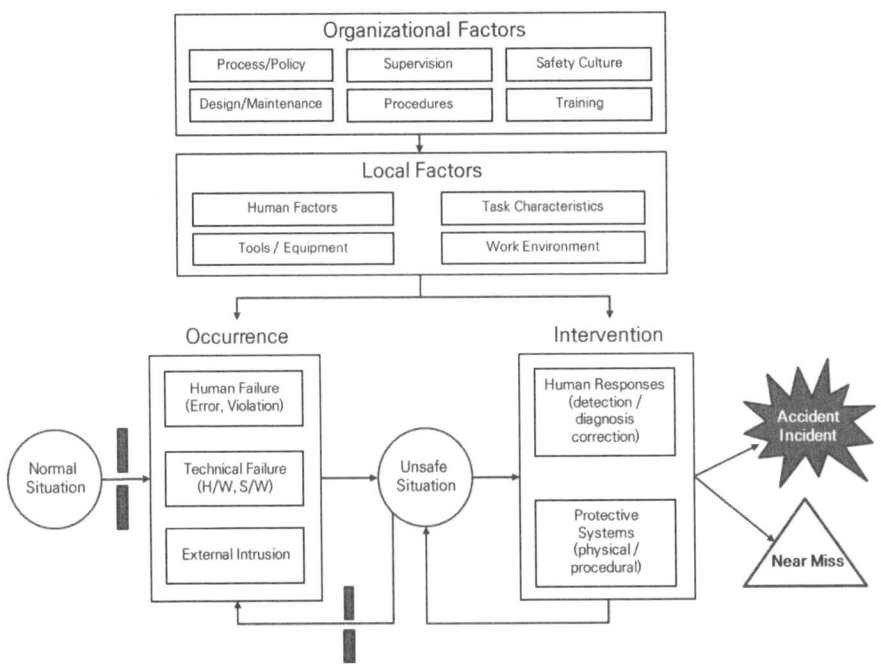

[그림 5-11] Human Error Analysis and Reduction

사고 발생의 인과관계는 처음에는 아무런 문제가 없는 정상적인 상황(Normal Situation)에서 초기 사건(Initiating Event)이 발생함으로써 시작된다. 초기 사건은 인적오류와 위반 행위를 포함한 사람의 잘못(Human Failure), 하드웨어나 소프트웨어의 오작동 또는 고장(Technical Failure), 선로 위로 사람이 무단 진입하거나 장애물이 떨어지는 등의 외부침입(External Intrusion)으로 구분할 수 있다. 하나의 단위 사건(Event)이 발생하면 운행 중인 전체 시스템은 불안전한 상황(Unsafe Situation)에 처하게 된다.

불안전한 상황에서는 발생한 단위사건을 감지(Detection)하고, 상황을 진단(Diagnosis)하여, 문제를 해결(Correction)하는 중재(Intervention) 과정이 일어나거나 또 다른 단위 사건이 발생할 수 있다. 중재과정은 사람이 직접 대응(Human Response)하거나 미리 설계된 방어 시스템(Protective System)이 그 역할을 대신할 수 있다. 이러한 중재과정이 어떻게 이루어지느냐에 따라 사고(Accident) 또는 사건(Incident)으로 이어질 수 있고 아차 사례(Near Miss)에 그칠 수도 있다. 또는 사건이 종결되지 않고 불안전한 상황(Unsafe Situation)에서 계속 운행되다가 또 다른 단위 사건의 발생이나 또 다른 중재과정으로 이어질 수 있다. 이 모형에서 인적오류에 해당하는 부분은 단위사건으로서의 인간실패(Human Failure)와 중재 역할로서의 인간대응(Human Response) 부분이다.[138]

이러한 인적오류의 발생에는 다양한 요인들이 영향을 미칠 수 있다. 직접적인 요인으로는 작업자의 신체적 상태, 정신적 상태, 지식·경험·능력 등을 포함하는 인적 요인(Human Factors), 작업자가 수행하는 직무의 특성(Task Characteristics), 밝기, 온도, 소음 등 작업 환경의 특성, 작업자가 직무를 수행하는 사용하는 장비 및 MMI(Man-Machine Interface) 등이 있다. 또한 이러한 직접 요인들에 영향을 미치는 간접적인 요인들로 조직의 안전문화, 관리·감독·계획·스케줄링, 시스템 설계·유지보수, 규정·절차서, 교육·훈련 등의 조직적인 요인들이 있다.

---

[138] 「철도기관사의 인적오류 원인분석과 개선방안에 관한 연구(서울도시철도를 중심으로)」, 이용만, 학위 논문, 2014.8.

제6장

위기관리란 무엇인가?

1. 위기(Crisis)의 정의

2. 위기관리(Crisis Management)

3. 해외 사례 및 타 분야 현황

4. 철도 위기관리 체계

5. 철도 위기관리 매뉴얼의 구성

6. 국내 철도 위기대응 훈련의 성과 및 개선방안

7. 철도사고를 통해 살펴본 위기관리의 중요성

제6장 위기관리란 무엇인가?

1. 위기(Crisis)의 정의

위기(Crisis)란 사전적 의미로는 '위험한 고비나 시기'라고 정의하며, 어떤 상태의 안정에 부정적으로 영향을 주는 정세의 급격한 변화 또는 어떤 사상의 결정적이고도 중대한 단계[139]라고 정의하기도 한다. 다른 정의로 해외에서는 '위기란 예측하지 못한 상태에서 발생한 사건이며, 잘못 대처할 경우 조직, 산업 또는 이해당사자 들에게 부정적인 영향을 미칠 수 있는 중대한 위협'이라고 정의하였다.[140]

[그림 6-1] 강릉역 KTX 탈선사고

---

139 두산백과

140 해외 위기관리 분야에서 활발한 활동을 펼치고 있는 티모시 쿰즈(Timothy Coombs) 교수는 위기관리에 대하여 위와 같이 정의했다.

위기는 정치, 경제, 사회, 문화, 국방, 기업이나 조직, 그리고 개인 등 모든 분야의 상황 변화를 표현하는 데 널리 사용된다. 위기상황이 되기 위한 전제조건으로는 어떠한 상황의 변화가 기업이나 조직 또는 개인에게 심각한 위협이 되어야 하고, 상황변화에 대한 불확실성이 높은 상태이어야 하며, 긴급한 행동이나 대응이 필요한 경우일 때, 우리는 그 현상을 위기라고 부른다. 위기란 예측하지 못한 상태에서 발생하며, 중대하며, 위협적인 속성을 지닌다.

또한 위기의 유형을 홍수·산사태·폭설 등의 자연재해(Natural Disasters), 화재·군사적 충돌·해킹 등의 인위적 재난(Man-made Disasters), 개인정보 유출·IT 전산 시스템 장애·대규모 산업재해 등의 운영상의 위기(Operational Crises), 산업스파이·임직원의 횡령이나 배임·기업자산의 절도 등 불법 부정행위(Fraudulent Activities), 고객에 의한 소송·정부의 감사·제품리콜 등 법적 위기(Legal Crises), 소비자의 불매운동·판매 및 영업 방해 행위·부정적 언론보도 등 신뢰도 문제(Publicity Issues), 국가 간 갈등이나 종교적 분쟁 등을 기타 위기(Others)로 나누기도 한다.[141]

앞에서 살펴본 위기의 유형은 자연재해 등과 같이 예측이나 통제가 불가능한 위기와 인간의 부주의나 실수 또는 고의에 의해 발생하는 예측이나 통제가 가능한 위기로 나눌 수 있다. 따라서 정부, 기업 또는 개인 등은 위기에 적절히 대응하기 위한 여러 가지 대응방안을 미리 마련하고 준비하는데 이것이 위기관리(Crisis Management)의 중요한 개념이다.

이와 유사한 개념으로 '재난'을 들 수 있는데,「재난 및 안전관리 기본법」에서는 '재난'이란 국민의 생명·신체·재산과 국가에 피해를 주거나 줄 수 있는 것으로서 태풍, 홍수, 호우 등 자연재난과 화재·붕괴·폭발·교통사고 등 사회재난으로 구분하여 정의하고 있다. 따라서 위기는 재난을 포함한 개념이라고 볼 수 있다.

---

141 「기업 위기관리(Crisis Management) 전략에 관한 연구: 해외 Pandemic Planning 사례를 중심으로」, 최진혁, 기업경영연구, 2010, 17, p.152

2. 위기관리(Crisis Management)

위기관리(Crisis Management)는 위기의 발생을 예방하고, 위기가 발생했을 경우 그 위기상황을 계속 통제하면서 그로 인한 피해의 범위를 최소화하기 위한 제도적 장치나 절차[142]라고 정의한다. 철도 분야의 위기대응 매뉴얼 중 하나인 '고속철도 대형사고 위기대응 매뉴얼'에는 위기관리에 대해 '국가 위기를 효과적으로 예방·대비하고 대응·복구하기 위하여 국가가 자원을 기획·조직·집행·조정·통제하는 제반활동'이라고 정의하고 있다. 위기관리에 대한 정의를 좀 더 알아보면 다음과 같다.

- ◆ 돌발적인 위기상황에서 생명과 재산을 보호하기 위하여 위험을 피하고 대처하기 위한 정책과 사업계획을 개발·집행하는 과정[Gigler, 1998]
- ◆ 인간의 건강과 안전에 대한 위협을 감소시키고, 대중과 조직의 재산 손실을 막고, 정상적인 조직의 활동에 미치는 영향을 최소화하기 위해서 현재의 운영환경을 신속하고, 능률적이며, 효과적으로 다룰 수 있는 조직의 능력[Gigliotti & Ronald, 1991]
- ◆ 위기의 시작으로부터 종결에 이르기까지 위기의 가속화를 방지하거나 혹은 위기를 감소시키는 데 도움을 주는 것[Brecher & James, 1988]
- ◆ 바람직하지 않은 사건의 통제에 대한 좀 더 넓은 접근방법을 의미하는 것으로 민간부문에서 위기관리의 목적은 순수 손실의 최소화를 의미하는 것으로 인식하고 있으나 공공부문에서의 위기관리는 돌발적으로 발생하여 사회에 악영향을 줄 수 있는 자연적, 인위적 사건의 위험을 인지하고 통제하는 것으로 이해된다.(김보현, 박동균, 1995)

위에서 살펴본 바와 같이 위기관리의 목적은 '예측하기 어려운 위기로 인한 피해를 감소시키기 위한 제반 활동'이라고 정의할 수 있다.

---

142   국방과학기술 용어사전, 2011

2.1 위기관리의 발전배경

국가는 재난 등에 대비하여 국민의 생명과 재산을 보호해야 할 의무가 있다. 대한민국 「재난 및 안전관리 기본법」 제4조에는 '국가와 지방자치단체는 재난이나 그 밖의 각종 사고로부터 국민의 생명·신체 및 재산을 보호할 책무를 지고, 재난이나 그 밖의 각종 사고를 예방하고 피해를 줄이기 위하여 노력하여야 하며, 발생한 피해를 신속히 대응·복구하기 위한 계획을 수립·시행하여야 한다'라고 명시되어 있다.

그에 따라 정부는 위기로부터 국민의 생명·신체 및 재산을 보호하기 위하여 재난 및 안전관리체제를 확립하고, 재난의 예방·대비·대응·복구 및 안전관리에 필요한 사항을 규정하기 위해 국가 위기관리를 시행하고 있다. 특히, 범정부 차원의 위기관리를 위해 1995년부터 재난대책편람을 운영하였다.

김대중 정부에서는 대통령 직속 국가안전보장회의(NSC)[143]를 외교·국방·통일 정책의 통합적 운영을 위한 정책기구로 재출범시켰다. 이후 노무현 정부에서는 국가안전보장회의의 위상을 더욱 강화하였고, 국가안전보장회의 사무처는 2004년 10월 정부 수립 이후 처음으로 국가위기의 예방과 함께 위기 발생 시 국가의 역량을 효율적으로 발휘토록 하기 위해 「국가위기관리 기본지침」을 제정하였다.

---

143 국가안전 보장에 관련되는 대외정책·군사정책의 수립에 관하여 국무회의 심의에 앞서 대통령의 자문에 응하기 위해 설치된 기구로, 1962년 박정희 대통령 시설 안보 관련 현안문제를 논의하기 위한 목적으로 설립되었으나, 대통령이 자문을 거치지 않고 바로 국무회의 심의에 붙인 경우에도 효력에는 영향이 없어 오랫동안 사실상 사문화되었다.

이 지침은 국가위기를 포괄적 안보개념을 적용하여 전통안보, 재난, 국가핵심 기반 등 세 가지로 구분하고 있다. 유형별로 전통적 안보 분야의 경우 서해 NLL 우발사태 등 군사 분야 3개, 남북 교류협력 분야 4개, 테러 등 사회·치안분야 4개 등 총 13개로 구성된다.

재난 분야와 관련해서는 태풍, 지진, 산불, 고속철도 대형사고, 다중밀집시설 대형사고, 대규모 환경오염, 화학유해물질 유출사고, 지하철 대형화재사고, 공동구 화재사고, 전염병 분야, 가축질병 분야 등 총 11개 위기 유형이며, 국가핵심기반 분야는 식·용수 분야, 보건의료 분야, 전력수급, 원유수급, 원전안전 분야, 육상 화물운송 분야, 금융전산 분야, 사이버안전 분야 등 9개로 구성된다.

이에 따라 군사·외교 등 전통적 안보 13개, 자연·인적 재난 11개, 국가 핵심 기반 마비 관련 9개의 총 33개의 국가 위기를 규정하고 표준매뉴얼을 제작하였다. 이러한 33개의 표준매뉴얼은 각각 8~9개의 부처나 기관이 관여하며, 각 담당자와 담당 부서가 무엇을 하는지 구체적으로 작성한 276권의 위기대응 실무매뉴얼을 제작했다. 다시 여기에서 실제 현장에 출동하는 지역 경찰서·소방서·지방자치단체 등의 행동지침을 담은 '현장조치 행동매뉴얼' 2,400여 권을 제작하였다. 또한, 선박사고 등 대규모 인명피해에 대응할 수 있는 8권의 '주요상황 대응매뉴얼'도 따로 제작하였다.

이후 국가안전보장회의 사무처에서 관리하던 위기대응 매뉴얼 33개 유형 중 안보 분야를 제외한 20개 유형, 2,600여 권의 매뉴얼이 대통령실을 거쳐 현재 행정안전부에서 관리 중에 있다.

전 세계적으로 위기관리는 국가 안보 중심의 개념에서 자연재난, 사회재난 등 모든 재난을 포괄하는 개념으로 확대되고 있다. 이것은 냉전 해체 이후 기후 변화에 따른 기상이변, 테러 위협의 증대, 신종 바이러스 출현 등 자연재난 및 사회재난이 급증하게 되면서 국가의 역할과 책임이 강조되었기 때문이다.

2.2 위기관리의 필요성

위기는 사회의 모든 분야에서 발생할 수 있기 때문에 정부나 기업, 또는 개인도 위기에서 자유롭지 못하다. 위기발생의 원인이 개인이나 기업의 실수나 부주의에 있다고 할지라도 그 영향이 지역사회나 국가, 국제사회에 미칠 수 있기 때문에 국가뿐만 아니라 기업과 개인도 위기관리에 대한 책임이 있다. 더욱이 오늘날의 사회는 그 일부 기능의 마비가 사회 전체적인 기능마비를 초래할 수 있기 때문에 보다 국가, 기업 그리고 개인에게 위기관리에 대한 요구는 늘어나고 있는 실정이다.

따라서 정부는 경제와 사회, 국방, 에너지, 교통 분야 등에 대한 위기관리를 위해 국가위기관리 기본지침과 같은 법령을 마련하고, 그에 따른 매뉴얼을 작성·관리하고 있으며, 기업도 최근에는 재해·재난·테러 등 예상하지 못한 위기의 발생으로 인한 업무중단 위험에 대비해 비즈니스 연속성 관리(Business Continuity Management)라는 국제인증에 따른 경영기법 등을 도입하고 있다. 개인의 경우에는 사고로 인한 금전적 손실이나 향후 이익감소 등에 대비하여 가입하는 보험이 위기관리의 한 사례라고 할 수 있을 것이다.

위기관리의 필요성을 말해 주는 사례로 2015년 발생한 '메르스(MERS, 중동호흡기증후군)' 사태를 들 수 있다. 정부의 초기대응실패, 허술한 방역망 관리, 컨트롤 타워의 부재, 사태발생 초기 정보 미공개에 따른 국민 불안 가중 등으로 우리 사회가 입은 피해는 막대하였다. 질병확산과 감염을 우려한 소비와 대외활동의 위축, 외국인 관광객 감소 등 금전적으로 환산할 수 없는 피해를 입었다고 하니 위기관리의 필요성은 아무리 강조해도 지나치지 않을 것이다.[144]

---

144 「위기관리의 이해」, 유재웅, 컴북스, 2015

2.3. 위기관리의 기본이론

위기관리의 단계는 미국 연방재난관리청(FEMA[145])에서 채택하고 있는 4단계 모형인 경감(Mitigation), 대비(Preparedness), 대응(Response), 복구(Recovery)를 근간으로 하는 것이 일반적이다. 우리나라도「재난 및 안전관리 기본법」에서 재난관리의 단계를 재난 발생 시점에 따라 예방, 대비, 대응, 복구의 4단계로 나누고 있다. 이러한 4단계 모형에 사고 발생시점을 대입해 보면 예방과 대비는 사전적인 안전활동에 해당하며, 대응 및 복구는 사고가 발생한 이후 시행하는 사후적인 활동에 해당하는 것을 알 수 있다. 이 내용을 그림으로 도시하면 다음과 같다.

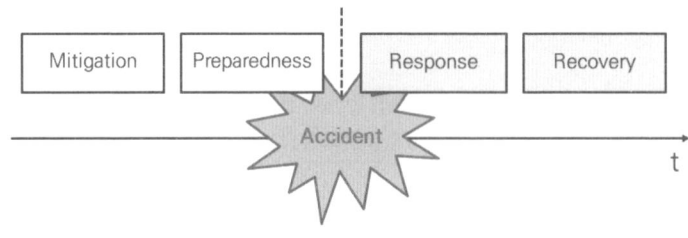

[그림 6-2] 위기관리의 4단계

2.3.1 경감(Mitigation) 또는 예방

경감(Mitigation) 단계란 위기요인을 사전에 제거하거나 감소시킴으로써 위기의 발

---

[145] 미국연방재난관리청(Federal Emergency Management Agency, FEMA)은 미국 국토안보부의 기관으로, 1978년 만들어졌다. 지방 정부나 주 정부만으로는 처리하기 힘든 재난에 대응하는 것이 주목적이다. 푸에르토리코와 같은 미국의 해외영토에 대해서도 서비스를 제공한다. 주지사의 비상사태 선언이 있어야만 개입하나, 1995년의 오클라호마 폭탄 테러나 2003년의 컬럼비아 우주왕복선 공중분해 사고와 같은 연방 재산이나 자산에 대한 응급 상황이나 재난에도 대응하고 있다. 재난복구를 위한 현장 지원이 주 역할이지만, 주 정부와 지방 정부에 전문가를 지원하고, 복구와 구호를 위한 자금을 모금하기도 한다.

생 자체를 억제하거나 방지하기 위한 일련의 활동을 말한다. 위기관리의 예방에 해당되는 가장 중요한 단계로서 해당 조직 내 위험요인을 정확히 지정하고 평가해서 통제방안 및 피해를 최소화할 수 있는 경감 방안까지 도출한다. 또한 조직 내 업무의 중요순위를 결정하고 업무별 복구 목표시간과 복구 목표시점을 정의한 후 규명된 위험 발생 시 업무에 미치는 영향을 분석하여 설정된 복구 목표시간과 지점에 준해서 복구할 수 있는 토대를 마련한다.

행정안전부에서는 재난관리책임기관[146] 의장이 수행해야 하는 예방단계의 조치사항을 다음과 같이 정하고 있다.

① 재난에 대응할 조직의 구성 및 정비
② 재난의 예측과 정보 전달체계의 구축
③ 재난발생에 대비한 교육훈련과 재난관리예방에 관한 홍보
④ 재난이 발생할 위험이 높은 분야에 대한 안전관리체계의 구축 및 안전관리규정의 제정
⑤ 지정된 국가기반시설의 관리
⑥ 특정관리대상시설 등에 관한 조치
⑦ 재난방지시설의 점검 · 관리
⑧ 재난관리자원의 비축 및 장비 · 인력의 지정
⑨ 그 밖에 재난을 예방하기 위하여 필요한 사항
⑩ 상기 재난예방조치를 효율적으로 시행하기 위한 필요 사업비 확보
⑪ 재난관리책임기관장 중 행정기관장은 대통령령으로 정한 시설 및 지역에 재난이 발생할 우려가 있는 등 긴급사유 발생 시 소속 공무원으로 하여금 긴급안전점검 지시

위기요인을 사전에 제거하거나 억제하기 위해서는 우리에게 닥쳐올 위기가 어떤 종류가 있으며 그 피해가 어떠할지 알아야 한다. 다시 말해 위기요인을 사전에 제거하거나 억제하기 위해서는 우리가 처한 상황 또는 우리가 관리하고 있는 시스템이 가지고 있는 불안전한 요소와 그로 인한 피해를 파악해야 한다.

---

146 중앙행정기관 및 지방자치단체, 지방행정기관 · 공공기관 · 공공단체 및 재난관리의 대상이 되는 중요시설의 관리기관 등으로서 대통령령으로 정하는 기관으로 한국철도공사 등 철도운영기관이 포함된다.

경감 단계는 내포된 위험 요인을 평가하고 줄이려 한다는 측면에서 위험도 평가와 동일하다. 위험도 평가는 위험한 것을 미리 찾아내어 사전에 어느 정도 위험한 것인가 평가하고, 그 평가의 크기에 따라 예방대책을 수립하는 것이다.[147] 위험도 평가를 위해서는 해당 시스템 운영자, 사고조사 전문가, 시스템 설계자 등이 협업하여 최대한 많은 위험요소를 발굴하는 것이 중요하다. 마찬가지로 위기대응에서 완벽한 경감 단계를 준비하기 위해서는 해당 분야의 전문가들이 모여 예측 가능한 모든 상황을 고려해야 한다.

2.3.2 대비(Preparedness)

대비 단계란 위기 상황이 발생한 경우 수행해야 할 제반 사항을 사전에 계획, 준비, 교육, 훈련함으로써 위기대응능력을 제고하고 위기발생 시 즉각적으로 대응할 수 있도록 태세를 강화시켜 나가는 일련의 활동을 말한다.

위기관리 1단계인 경감 단계의 산출된 내용을 바탕으로 위험이 발생되었을 때 조직이 위기를 어떻게 관리해 나갈 것인가에 관한 방향을 설정하며 구체화된 계획을 수립한다. 그리고 계획한 내용을 숙지할 수 있도록 교육과 훈련을 실시한다. 대비 단계는 위기의 종류와 영향 등을 평가하여 이러한 위기상황을 가장 신속하게 처리하기 위해 필요한 자원, 인력, 방법 등을 사전에 검토하고 준비해 놓아야 한다.

대비 단계의 예로 다음과 같은 여러 가지 복잡한 상황을 고려할 필요가 있다. '우리 회사에서 보관하거나 관리하고 있는 위험물이 있는데 이 위험물이 모두 폭발했을 때 과연 얼마나 피해가 일어날까? 이 폭발로 인한 피해규모는 얼마이고 어디까지 피해가 미칠까? 죽거나 다치는 사람이 얼마나 발생할까? 그래서 구급차는 몇 대가 필요할까? 위험물이 폭발해서 화재가 발생했을 때 과연 소방차는 얼마나 필요할까? 만약 이런 폭발상황을 복구하기 위해서는 누가 복구할 것이며 시간은 얼마나 걸릴까? 우리 회사의 브랜드 이미지 제고를 위해 언론에는 누가·어떻게 대응해야 할까? 사고 복구를 하는 사람들에게 물

---

147 철도 위험도 평가 가이드라인, 한국교통안전공단

과 식사는 어떻게 제공할까? 사고 복구를 위한 예산은 편성되어 있을까?'

다시 말하면 대비 단계는 재난 발생 시 즉각 사용할 수 있도록 재난 수습활동에 필요한 장비물자 및 자재 비축·관리, 재난현장 긴급통신수단 마련, 기능별 재난대응 활동 계획 작성, 재난분야 위기관리 매뉴얼 작성, 재난대비훈련 실시 등 실질적인 재난대비를 위한 활동이라고 할 수 있다.[148]

「철도안전법」은 철도안전관리체계 기술기준에서 철도운영기관 및 철도시설관리자의 비상대응 훈련에 관한 세부내용을 정하고 있다. 철도운영기관 및 철도시설관리자는 비상대응을 위한 훈련 계획을 수립하고, 훈련을 위한 시나리오를 선정해야 한다. 이때 철도 비상사태의 유형별로 시나리오를 작성해야 하며 표준운영절차에 따라 비상대응 훈련 절차를 작성해야 한다. 이런 준비가 끝나면 비상대응 훈련을 시행하는데 비상대응 훈련은 다음 기준에 맞추어 시행해야 한다.

◆ 종합연습·훈련: 본사 주관으로 유관기관과 함께 매년 1회 이상 실시한다. 단, 「재난 및 안전관리 기본법」에 따른 재난대비 연습·훈련이 제5조의 표준운영절차에 따른 철도비상사태 유형을 대상으로 시행한 경우에는 종합연습·훈련을 시행한 것으로 본다.
◆ 부분연습·훈련: 분야별로 반기별 1회 이상 실시한다. 부분연습·훈련은 관련된 분야별로 통합하여 실시하거나 가상모의 연습·훈련프로그램을 활용하여 실시할 수 있다.

철도사고 현장은 사고의 여파, 언론 취재, 사고복구반 등으로 인해 매우 복잡하며 많은 변수가 존재한다. 사고 현장에서 적절한 통제가 이루어지지 않으면 복구가 지연되고 복구 과정에서 2차 피해가 발생할 수 있다. 따라서 평상시 사고 대응을 위한 지속적인 훈련은 반드시 필요하다.

---

148 「국가재난안전관리의 시스템 혁신방안 연구」, 이상대, 박사학위 논문, 2020

2.3.3 대응(Response)

위기발생 시 국가의 자원과 역량을 효율적으로 활용하고 신속하게 대처함으로써 피해를 최소화하고 2차 위기 발생 가능성을 감소시키는 일련의 활동을 말한다. 대응단계의 활동은 초기 대응 조직 및 비상대책기구의 가동, 응급 대응 및 공조체제 유지 등으로 이루어진다. 대응은 재난발생 직전과 직후 또는 재난이 진행되고 있는 동안에 취해지는 인명구조, 재산손실의 경감 긴급복구 활동을 총칭하는 개념이다. 일단 재난이 발생한 경우 신속한 대응활동을 통하여 재난으로 인한 인명 및 재산피해를 최소화하고, 재난의 확산을 방지하며, 순조롭게 복구가 이루어질 수 있도록 활동하는 단계이다.

국가나 철도운영자 등은 사고 발생 저감을 위해 무척이나 많은 노력을 들이고 있음에도 사고의 발생확률을 없애기는 불가능하다. 따라서 사고나 장애가 발생하였을 때 2차 피해를 방지하거나 피해를 최소화하기 위한 것이 필요한데 이것이 대응 단계라고 할 수 있다.

발생하는 위기에 대한 긴급으로 대처하는 긴급대응 프로세스의 핵심은 재난상황 관리이며, 업무 연속성에 초점을 맞추는 위기대응 프로세스로 나눈다. 이 두 프로세스는 위기 커뮤니케이션 프로세스와 상호 긴밀한 관련성을 갖게 된다.

위기관리의 핵심은 대응 단계이다. 위기관리 기관은 위기의 규모 및 연속성 등에 따라 효율적으로 대응해야 한다. 위기의 규모가 작은데도 대응이 지나치면 외부에서는 더 큰 무엇인가 있을 거라고 의심할 수 있다. 그리고 위기 상황은 가급적 빠르게 처리하고 일상으로 복귀해야 한다. 마냥 사고현장에서 사고의 원인만 찾고 있을 수도 없다. 다만 전 세계적인 팬데믹(pandemic)을 몰고 온 코로나 19처럼 위기 상황이 수년간 지속되는 경우도 있으니 이런 상황도 고려할 필요가 있다.

2.3.4 복구(Recovery)

위기로 인해 발생한 피해를 위기 이전의 상태로 회복시키고, 평가 등에 의한 제도개선과 운영체계 보완을 통해 재발을 방지하고 위기관리 능력을 향상시키고자 하는 일련의 활동을 말한다.

[그림 6-3] 철도 위기대응 훈련

업무 및 서비스 우선순위에 따라 복구 및 운영방안을 도출하고, 조직에서 수행하는 모든 업무 및 외부에 제공하는 서비스를 정상화한다. 또한 재난으로 말미암아 조직의 모든 자원에 피해를 유발하였던 내용을 조사하고, 평가를 한 결과를 바탕으로 정의된 복구계획 절차에 따라 복구계획을 세운다.

복구단계에서 중요한 것은 위기 상황이 종료된 이후 관련 위기에 대한 준비와 대응이 제대로 이루어졌는지 종합적으로 진단하고 평가하는 일이다. 진단과 평가는 위기관리체계를 운영하면서 관련 부서 간 협조체계, 매뉴얼 적용 등 위기관리 활동이 적절하였는지 고려해야 한다.

「재난 및 안전관리 기본법」에서 정하고 있는 복구단계 중앙부처의 조치사항으로는 특별재난지역 선포 건의 및 선포, 재난복구계획 수립 및 시행, 재난복구 사업의 체계적 관리 등이 있다.

3. 해외 사례 및 타 분야 현황

3.1 해외 사례

3.1.1 미국

미국의 재난관리 근거 법령은 1803년도부터 시작되었다. 당시 뉴햄프셔주 포츠머스(Portsmouth New Hampshire)에서 발생한 대형화재로 많은 사상자가 발생하면서 의회에서 처음으로 연방정부가 주 정부와 지방 정부를 지원하도록 하는 최초의 재난 관련 법안인 「의회법」(The Congressional Act of 1803)을 통과시키면서 비롯되었다. 이후 발생한 지진, 홍수 및 기타 재해발생지역에 대한 많은 지원의 근거가 되었고 1803년부터 1950년 사이에 100개 이상의 각종 재해가 이 법령에 의해 연방정부의 지원을 받게 되었다. 이후 1917년 「미시시피강과 새트라멘토 강의 홍수 통제와 기타 목적을 위한 법」이 제정되었고 이후 이 법을 보완하여 1923년 「홍수통제법」(Flood Control Act)이 제정되었다. 그리고 1950년에 홍수에 대한 시민의 안전을 보장할 수 있도록 연방정부 위기관리 프로그램을 지원하기 위하여 「연방재난법」(Feder Disaster Act)이 제정되었다.

이후 연방정부 주택도시 내에 대규모의 재해 발생 시 연방정부의 대응 및 복구 업무를 수행하도록 하기 위해 연방정부 재해지원국(FDAA)이 설립되었다. 그리고 재난관리를 담당하는 여러 부처와 위원회가 법률, 조직 개편 등에 따라 수시로 창설되고 개편되면서 1970년대 중반까지 분산 관리되다가 1979년 카터 대통령이 총괄 재난관리 개념을 도입하여 분산된 권한과 인원을 한데 모아 연방재난관리청(FEMA: Federal Emergency Management Agency)을 창설하였다.

2001년 9.11 테러 이후 2002년 11월 25일 부시 대통령이 「국토안보법」을 제정하였다. 「국토안보법」은 여러 연방정부기관의 조직개편을 허가하였으며 국토안보부를 설립토록 하였다. 국토안보부의 설립과 함께 「국토안보법」에 따라 기존의 연방정부 프로그램을 변경하고 새로운 프로그램을 만들었다.

연방재난관리청은 국가재난 대응체계 프로그램을 운영하고 국토안보부는 테러의 예방, 대응기술 개발 및 향상을 위한 R&D 프로그램을 운영한다. 지방자치단체인 시 정부 등이 주 재난안전책임기관이고 주 정부는 이를 지원하는 체제로 운영되고 있다. 미국의 재난대응체계는 한마디로 통합적 재난대응시스템이라고 할 수 있다.[149]

3.1.2 프랑스

프랑스의 국가 위기관리 법령으로 「시민안전 현대화에 관한 법률」이 있으며 이를 근거로 시민방어안전총국에서 국가비상계획인 '오르색'(Plan ORSEC), 기초자치단체 수준에서의 위기안전관리 계획인 '기초단위 비상계획'(Plan Communal de Sauvegarde), 공공시설 분야별 '특별비상계획'(Plan Specifique)의 3개 주요 시행령을 만들어 관리하고 있다.

프랑스의 재난 안전법 체계는 1개 기본법과 1개 국가비상계획 체계로 통합하여 실효성을 높인 비상대응태세를 갖추고 있다.

프랑스는 2001년 미국에서 발생한 9.11 테러사건을 계기로 1987년 만들어진 비상계획체제를 시대적 변화와 환경을 고려하여 전면 개편하였다. 프랑스의 재난대응 기본원칙은 ▲단일 지휘 체제하에서 독립적인 임무를 수행하며 ▲어떤 종류의 재난도 동일한 방식으로 대응할 수 있도록 하며 ▲대응 전문인력 중심의 상시 대비체제를 유지하도록 하는 것이다. 프랑스 정부는 현장에서 발생한 위기상황에 대한 관리 및 대응을 신속하게 하기 위한 종합적인 대응작전 지휘 및 명령체계를 구축, 운영하고 있다.[150]

프랑스 역시 미국과 마찬가지로 중앙정부 주관의 대응체계나 기초자치단체 수준에서 발생한 위기상황(1단계)에 대해서는 기초자치단체장이 총괄책임을 맡도록 규정되어 있으며, 기초단위의 규모를 넘어설 경우(2단계) 도 수준에서 도지사가 총괄적으로 지휘

---

149 「국가 위기관리체계의 비교 연구」, 전미희, 박사학위 논문, 2013
150 「국가 위기관리체계의 비교 연구」, 전미희, 박사학위 논문, 2013

하여 현장대응을 하도록 하고 있다. 이것보다 규모가 커질 경우(3단계)에는 국가의 방어권을 8개 지역으로 구분하고 방어권 책임 임명 도지사가 위기대응에 대한 총괄책임자로 지정된다. 국가적 차원에서 대응이 필요한 경우(4단계)에는 내무부장관이 총괄하고 시민안전 총국장이 이를 관리하며 최종적으로는 행정부의 수반인 수상에게 이를 보고하여 처리한다.

3.1.3 위기관리 조직 및 기능

우리나라는 중앙 중심의 위기관리 조직이 아닌 중앙과 지방이 구분된 위기관리 조직을 운영하고 있다. 다음 [표 6-1]은 대한민국과 미국, 프랑스의 위기관리 조직 및 기능을 나타낸다.

[표 6-1] 대한민국 등의 위기관리 조직 및 기능

국가	조직	기능
대한민국	중앙	* 국무총리실 　- 국가 재난안전 정책 기획 및 사회위험 갈등 관리 등 * 행정안전부 　- 재난 및 안전관리 정책 총괄 관리 및 조정 　- 사회적 재난(국가기반체제 및 전염병 등)는 직접 관리 * 각 해당부처 　- 소속 업무에 대한 재난 발생 시 사고수습본부 설치 등 직접 관리 * 소방방재청 　- 자연재난 및 인위재난, 소방, 민방위 업무의 예방, 대비, 대응 등
	지방	* 해당 업무 관리부서 　- 평상시 예방업무를 시행하고 재난이 발생하면 사고수습본부 및 긴급구조 통제단 설치 * 재난관리과 　- 재난 발생 시 재해대책본부 설치 운영 * 소방부서 　- 재난 현장에서 긴급구조통제관으로서 현장 대응

국가	조직	기능
미국	연방	* 국토안보부(DHS) − 국가적 재난안전관리를 총괄하나 실제로 테러 예방과 대응에 집중 * 연방재난관리청(FEMA) − 국토안보부의 하부 조직이나 자연, 인위재난을 포함한 비상사태 시 인명과 재산 피해를 최소화하기 위한 재난관리 전담 기관 * 소방청(US Fire Administration) − 연방재난관리청 소속으로 소방행정과 관련하여 독립적으로 수행 ※ 중앙단위에서 위기관리 계획 수립, 부처 간 조정, 대응팀 파견
	주	* 재난관리국 * 지방정부 위기 관리국 − 자치단체인 시 정부는 주 재난안전책임기관이고 주 정부는 이를 지원하는 체제로 운영
프랑스	중앙	* 국가시민방어 안전총국 − 국가의 위기관리 및 자연재해 등에 관한 총괄조정 및 대응 업무를 담당하며 재난 발생 시 현장 업무의 중추적인 활동은 소방방재 구호국에서 시행
	지방	* 국가도청 − 각 재난관리국, 소방구조국에서 담당

3.2 비즈니스 연속성 관리(Business Continuity Management)

앞에서 설명한 위기대응 절차 및 방법이 국가와 정부 차원의 대응체계라고 한다면 일반 기업의 위기대응 방법론을 제시한 것이 비즈니스 연속성 관리(Business Continuity Management)라고 할 수 있다.

비즈니스 연속성 관리(Business Continuity Management)는 '조직의 주요 이해관계자들의 이익, 평판, 브랜드뿐만 아니라 가치창출 활동을 보호하기 위해 예상치 못한 비즈니스 중단에 대응할 수 있는 역량과 복원능력을 확보하기 위해 조직을 위협하는 잠재적 영향을 식별하는 전사적인 관리방법'이다. 비즈니스를 중단할 수 있는 리스크는 자연재해, 전쟁, 테러와 같은 극단적인 상황만 해당하는 것이 아니라, 어떤 요인으로 인해 기업의 핵심 비즈니스가 중단되어 손실을 초래한다면 이 모든 상황을 재해나 위기상황으로 규정한다.

21세기 산업 발달로 전 세계의 국가와 국가, 기업과 기업이 실시간으로 복잡하게 연결되면서 여러 변수 간 상호 의존성과 복잡성이 커지게 되고 일반 기업 역시 사업을 수행하면서 의도하지 않는 수많은 외부 영향을 받게 된다. 아무리 사업을 안정적으로 수행하려고 해도 전쟁이나 테러, 오일(Oil) 파동, 금융위기, 자연재해 등은 기업의 의도와는 상관없이 직간접적으로 치명적인 영향을 끼칠 수 있다. 특히 정규분포 곡선으로는 설명이 되지 않는 1987년 10월 뉴욕증시 폭락, 1997년 우리나라의 IMF 사태, 2001년 9월 9.11 테러 등 극단적인 상황은 미래의 상황을 더욱 예측하기 어렵게 만들고 있다.[151] 이러한 파급효과가 큰 위기상황을 잘 관리하기 위해 미리 준비하고 대응하려는 것이 비즈니스 연속성 관리의 기본방향이라고 할 수 있다.

BCM은 조직의 복원력을 향상시키는 것을 가장 큰 목표로 하고 있다. BCM은 비즈니스를 갑작스럽게 중단시키는 다양한 종류의 잠재적 영향을 사전에 감지함으로써 보안, 시설관리, IT 시스템과 같은 각각의 전문 영역에서 복원력을 확보하려는 노력에 대해서 우선순위를 정한다.

기업의 생존을 위협하는 주요한 비즈니스 중단에 대한 대응체계를 갖추고 복원력을 확보하는 그 자체로도 훌륭한 가치가 있지만, 기업의 일상적인 경영관리의 일환으로 BCM을 터득함으로써 이를 도입하는 기업이나 조직은 보다 큰 이익과 기대효과를 얻을 수 있다. BCM의 중요한 요소 중 하나인 작업자 안전(Employee Safety)에 대한 세심한 배려와 관심은 궁극적으로 직원사기 및 생산성 향상을 가져오는 등 BCM의 기대효과는 다양한 가치창출에 기여하고 있다.

---

151   나심 니콜라스 탈레브는 『블랙스완』이라는 책에서 검은 백조라는 극단값을 통해 세상은 극단적이며, 미지의 것이나 개연성이 희박한 것에 의해 지배를 받으며, 익히 알려지거나 반복되는 것에 초점을 맞추고 있다면 패자가 될 것이라고 주장했다. 예를 들어 운동장 안에 1,000명을 세워 놓고 여기에 지구상에서 가장 부유한 사람을 추가한다면 단 하나의 관측값이 평균값을 좌우해 버리는 극단적인 상황이 된다고 설명했다. 이 극단의 왕국은 추론이 불가능하고 자가증식하며 승자가 파이 전부를 차지하는 불평등한 세계라고 주장했다.

3.2.1 BCM 도입사례

2006년 11월 영국 금융감독원에서 발표한 Business Continuity Management Practice Guide에서는 60개의 영국 금융회사를 대상으로 수행된 BCM 운영에 대해 약 1,000개가 넘는 질문에 대한 답변을 취합, 분석하여 ▲ 연속성(Corporate Continuity) ▲ 위기관리 관련(Corporate Crisis Management) ▲ IT 시스템 관련(Corporate Systems) ▲ 시설 관련(Corporate Facilities) ▲ 임직원 관련(Corporate People)의 5가지 주제로 정리하였으며 세부 내용은 다음 [표 6-2]와 같다.

[표 6-2] BCM 운영을 위한 세부항목표

주제	대항목	소항목
A. 연속성 (Corporate Continuity)	Business continuity planning (비즈니스 연속성 계획 활동)	Risk assessment(위험평가)
		BCP strategy(비즈니스 연속성 전략)
	BCP design (비즈니스 연속성 계획 설계)	Critical suppliers(주요 공급업체 관리)
		Responding to requests for BCP information from third party organizations(제3자(협력업체, 서비스제공자 등)로부터 비즈니스 연속성 계획에 대한 자료요청 응대)
		Outsourcing contract providers(아웃소싱)
		Critical paper assets(중요자료 기록)
	Resources (복구자원)	BCP team(비즈니스 연속성 계획 팀)
		Staff and BCP(직원과 비즈니스 연속성 계획)
		Third parties and BCP(제3자와 비즈니스 연속성 계획)
	Plan review (계획서 검토)	BCP audit(비즈니스 연속성 계획 감사)
		BCP changes(변경관리)
		Testing(모의훈련)
		Documentation(문서화)

주제	대항목	소항목
A. 연속성 (Corporate Continuity)	Plan review (계획서 검토)	Recovery service providers(복구 서비스 제공업체)
	Recovery times for critical functions (핵심 비즈니스 복구 목표시간)	Trade clearing(어음교환–금융업무 중 일부)
		Settlement(결산–금융업무 중 일부)
		Wholesale payments(거액결재–금융업무 중 일부)
B. 위기관리 관련 (Corporate Crisis Management)	Culture (위기관리 문화)	Strategy(전략)
		Audit and review(감사 및 검토)
		Accessibility(계획서의 열람·입수가능 정도)
		Senior management(경영진 조직, 역할)
	Team (위기관리팀)	Crisis management team(위기관리팀)
		Team activation(팀 편성)
		Team attributes(팀 특성–위기 시)
		Team support(타부서·팀 지원 관련)
		Facilities(시설·장비 관련)
	Communications (위기 커뮤니케이션)	Communication Strategy(전략)
		Internal and external communication(내·외부 커뮤니케이션)
C. IT 시스템 관련 (Corporate Systems)	Information Technology (정보 시스템)	Identification of risks(위험 식별)
		Identification of critical IT(IT 주요시스템 식별)
		Recovery(복구)
		Providers(복구서비스 제공업체)
		Network resilience(네트워크 복원력)
		IT resilience(정보시스템 복원력)
		Data(데이터)
		Security(보안)
		Site(시설, 물리적 공간)
		Alternate site(대체사업장소)
		Review, audit and changes(검토, 감사 및 변경관리)

주제	대항목	소항목
C. IT 시스템 관련 (Corporate Systems)	Information Technology (정보 시스템)	Testing(모의훈련)
	Telephony (전화통신)	Recovery(복구)
		Site(시설, 물리적 공간)
		Testing(모의훈련)
D. 시설관련 (Corporate Facilities)	Planning (계획)	Planning(계획수립)
		Energy(전원, 연료)
		Water(용수)
		Security(보안)
		Evacuation(대피)
		Emergency services(긴급 비상서비스)
		Testing(모의훈련)
E. 임직원 관련 (Corporate People)	Staff (직원)	BCP awareness(비즈니스 연속성 계획 인지)
		Training(교육훈련)
		Staff planning(직원근무계획)
		Key staff(주요 직원 보호·관리)
		Checks(신원·배경 확인)
		Testing(모의훈련)
	Crisis management (위기관리)	Contacting staff(직원 비상연락)
		Staff welfare(직원 복지)

3.2.2 BCM 방법론

BCM을 구현하는 방법으로는 전사적 차원에서 조직이 어떤 부분에서 취약점을 가지고 있는지 현황평가를 통해 조직을 진단하고 BCM 구현 시 반영한다. BCM 구현은 BCM Life Cycle에 따라 6가지 논리적 수행단계로 나누어져 있다. BCM Life Cycle에 따라 6가지 논리적 수행단계에 따른 세부 내용은 다음과 같다.

1. BCM 정책 및 프로그램 관리(BCM Policy and Programme Management)
2. 조직에 대한 이해(Understanding the Organization)
3. BCM 전략수립(Determining BCM Strategy)
4. BCM 대응체계 수립 및 구현: 계획 작성(Developing and Implementing BCM Response)
5. BCM 테스트, 유지보수 및 검토(Exercising, Maintaining & Reviewing BCM Arrangements)
6. 조직문화에 BCM 융합(Embedding BCM in the Organization's Culture)

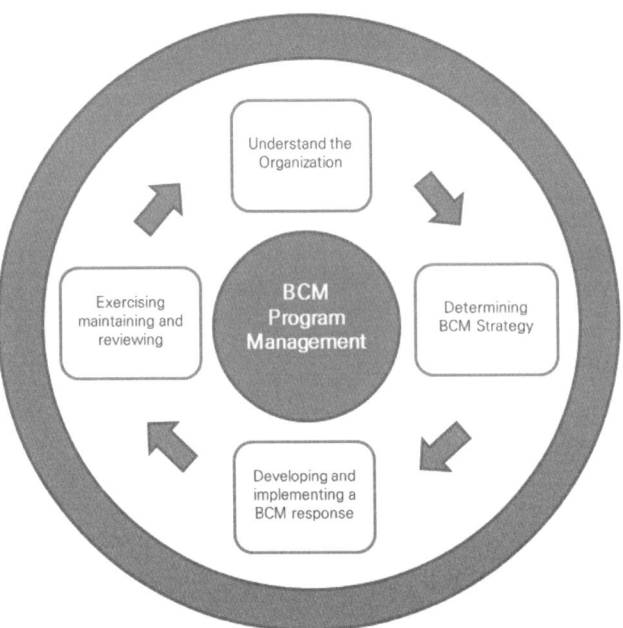

[그림 6-4] BCM 수행단계

1. BCM 정책 및 프로그램 관리(BCM Policy and Programme Management)
   BCM 정책은 BCM 프로그램 범위와 지배구조를 정하는 주요 문서이다. 이 정책문서는 BCM 팀이 조직의 비즈니스 연속성 확보를 위해 필요한 역량을 구현하는 근거와 배경을 제공해 준다.
2. 조직에 대한 이해(Understanding the Organization)
   회사는 BCM이 전체 회사를 대상으로 할 것인지 특정 제품이나 서비스를 대상으로 할 것인지 확실히 정의하여야 하는데 이때 가장 필요한 것이 조직에 대한 이해이다.
3. BCM 전략수립(Determining BCM Strategy)
   BCM 프로그램 내에서 제품이나 서비스 제공의 연속성을 위한 개별활동, 기능의 연속성 확보를 위해 사용가능한 세부적 전략들에 대해 설명한다.
4. BCM 대응체계 수립 및 구현: 계획 작성(Developing and Implementing BCM Response)
   조직이 업무중단에 대응하는 데 필요한 자원과 조치를 파악하는 것이다. 효과적인 대응을 위한 핵심요건은 사고에 대한 명확한 보고, 대응, 통제절차와 이해관계자와의 의사소통, 중단된 활동들을 재개하기 위한 계획 등이다.
5. BCM 테스트, 유지보수 및 검토(Exercising, Maintaining & Reviewing BCM Arrangements)
   모의훈련은 다양한 형태로 시행 가능하며, 기술적인 테스트, 실제 기동 모의훈련 등이 포함될 수 있다.
6. 조직문화에 BCM 융합(Embedding BCM in the Organization's Culture)
   BCM 문화는 조직의 BCM 프로그램을 보다 효율적으로 개발할 수 있게 해 주고 업무중단, 위기 상황에 대해 관리능력이 확보되어 있다는 것을 고객, 임직원 등에게 확신을 주는 역할을 한다.

자세히 살펴보면 BCM의 수행절차가 일반적인 정부 또는 공공기관이 시행하는 위기대응 절차와 거의 유사한 것을 알 수 있다. BCM은 기업이 예기치 못한 재난이나 기타 사업을 유지하지 못하게 하는 여러 가지 상황으로부터 기업의 이익을 연속하기 위해 '자발적으로' 시행한다는 점에서 법적인 구속력을 가진 철도 분야 비상대응과 차이점을 가진다.

철도 분야 등 타 분야에서는 시스템 운영 중 발생하는 크고 작은 사고로 인해 '실제상황'이 종종 발생하는 데 비해 BCM의 경우 재해, 재난 등의 대형사고는 비교적 나타나지 않기 때문에, 필요성이나 상황발생 시 부여받은 임무에 대한 중요성에 대해 소속된 직원의 인식을 개선하는 것이 가장 중요한 과제라고 할 것이다.

그럼에도 불구하고 최근의 상황은 불안정한 국제정세 등으로 누구도 안정적인 사업 환경을 확답하지 못하는 상황이다. 국내의 경제는 그동안 외력에 의한 많은 위기를 겪으며 위기대응의 필요성을 절감하기 시작했다. 특히 아무도 예상하지 못한 2020년 코로나 19

감염병 사태는 BCM과 같은 대응체계를 반드시 갖추어 폭발적인 외란에 대비해야 한다는 중요한 교훈을 주고 있는 것이다.

다음 [표 6-3]은 BCM과 위기대응을 간단히 비교한 것이다. 가장 큰 차이점은 기업이 지속적인 이익을 발생시키기 위해 사업이 연속적으로 이루어질 수 있도록 대비한다는 점일 것이다.

[표 6-3] BCM과 위기대응의 비교표

구분	BCM	위기대응
목적	사업의 연속성 확보를 통한 이익의 극대화	사고수습을 통한 피해 최소화
절차	정책수립→조직분석→전략수립 →대응체계 마련→테스트→조직문화 조성	위기대응계획 수립→훈련→평가→개선
참여범위	회사 전체의 전사적 참여를 권장	복구 및 사고대응 부서 위주
태도	능동적	수동적(법적인 구속)

4. 철도 위기관리 체계

원자력, 항공, 철도 등 국가 기간산업은 국민생활과 밀접한 연관이 있는 대형시스템으로, 만약 사고 등이 발생하면 큰 피해와 함께 엄청난 파급효과를 유발한다는 특징을 가지고 있다.

「국가위기관리 기본지침」은 국가에서 발생할 수 있는 분야별, 기관별 위기관리 활동의 방향과 기준을 제시하는 기본적인 문서이다. 이 지침에는 국가위기와 위기관리에 대한 개념, 국가위기의 분류 및 유형, 국가위기관리 활동, 국가위기관리의 분야별 의사결정기구, 위기관리의 기본방침과 유형별 관리지침, 교육·훈련·평가 및 조사에 관한 사항이 포함된다. 이 지침에 따른 위기 매뉴얼은 '위기관리 표준매뉴얼', '위기대응 실무매뉴얼',

'현장조치 행동매뉴얼' 및 '주요사항 대응매뉴얼'로 구성된다.

위 지침에 따라 철도 분야에서는 지하철 대형사고 위기대응매뉴얼과 고속철도 대형사고 위기대응매뉴얼의 2가지를 제정하여 관리하고 있다. 위기관리의 주관기관인 국토교통부는 위기관리 표준매뉴얼과 실무매뉴얼을 작성하여 관리하고 있으며, 각 철도운영기관은 본사에서는 위기대응 실무매뉴얼을, 지역본부나 역은 현장조치 행동매뉴얼을 작성하여 관리한다.

[그림 6-5] 한국철도공사 위기대응 훈련

또한 「철도안전법」의 제정과 함께 철도운영자와 철도시설관리자는 안전관리계획과 비상대응계획을 작성하여 정부로부터 승인받아야 하며, 그에 따른 비상대응 현장매뉴얼을 작성·관리하도록 하고 있다. 2014년 철도안전관리체계의 도입에 따라 비상대응계획은 안전관리체계의 일부로 편입되었다. 관련 법에 따른 매뉴얼의 구성 및 적용범위 등은 다음 [표 6-4]와 같다.

[표 6-4] 철도 매뉴얼의 구성 및 적용범위 등

구분	고속철도 대형사고	지하철 대형사고	비상대응계획
1. 목적	철도 이용 승객 및 관련 종사자의 안전도모 및 피해 최소화		
2. 법적근거	국가위기관리기본지침(대통령훈령 제285호) 재난 및 안전관리 기본법 등		철도안전법 철도안전관리체계 기술기준
3. 사전대비	위기(비상)발생 상황을 고려한 예방 · 대비 · 대응 · 복구체계 운영		
4. 위기대응	범정부적 대응		운영기관 자체대응
5. 구성	주관기관: 위기관리 표준매뉴얼 (국토부) 위기대응 실무매뉴얼 실무기관: 위기대응 실무매뉴얼(본사) (운영기관) 현장조치 행동매뉴얼(지사, 역) ※ 역, 사업소는 작업매뉴얼 운용(철도공사)		본사: 비상대응계획 역: 현장조치 매뉴얼
6. 사고유형	고속열차 충돌 · 탈선 · 화재 · 폭발 등	역사 · 환승역 · 열차 화재 등	열차충돌 · 탈선 · 화재 · 폭발, 정전, 장애 등
7. 적용범위	– 사망 10명 이상 – 24시간 이상 열차운행중단	– 인명피해 사망 5명 이상이거나 사상자 10명 이상 발생 – 재산피해 50억 원 이상 추정되는 화재	열차사고(충돌 · 탈선 · 화재 · 폭발), 사상사고, 운행장애, 자연재해, 정전, 테러 ※ 범정부적 대응이 필요한 사고는 위기대응 매뉴얼로 전환
8. 경보발령	철도 대형사고 위기평가위원회를 개최, 심각단계 경보발령 ※ 대통령실(국가위기관리실), 행안부와 사전협의		운영기관별 사규로 경보 발령
9. 교육훈련 평가 등	교육: 중앙 · 지자체장은 소속 공무원에게 교육 실시토록 규정 연습 · 훈련: 토의형 · 도상형 · 현장훈련형 및 혼합형으로 실시토록 규정 평가: 행안부가 실시하고 기관평가에 반영(매년) 조사: 원인규명과 예방적 차원의 권고표명을 위해 범정부 차원의 전문적 조사		종합훈련: 1회/년 이상, 부분 · 도상훈련: 1회/6월 이상 ※ 추진계획 및 실적 제출 평가: 훈련에 대한 자체평가를 실시하고 미비점 등 시정 · 보완

5. 철도 위기관리 매뉴얼의 구성

5.1 위기관리 표준매뉴얼

「위기관리 표준매뉴얼」은 「재난 및 안전관리 기본법」 제34조의5 및 「국가위기관리기본지침(대통령 훈령 제388호)」을 근거로 국가적 차원에서 관리가 필요한 고속철도 대형사고에 대한 대응지침을 제공하는 문서이다. 이 매뉴얼은 고속철도 대형사고의 유형별 위기관리 체계 및 관련 기관의 임무와 역할, 위기유형에 대한 예방·대비·대응·복구 활동의 방향, 범정부적 차원의 종합 관리체계, 정부부처 및 기관별 책임과 역할, 협조관계 등에 관한 사항을 포함한다. 이 매뉴얼은 해당 사고의 주관 부처인 국토교통부가 가지고 있다.

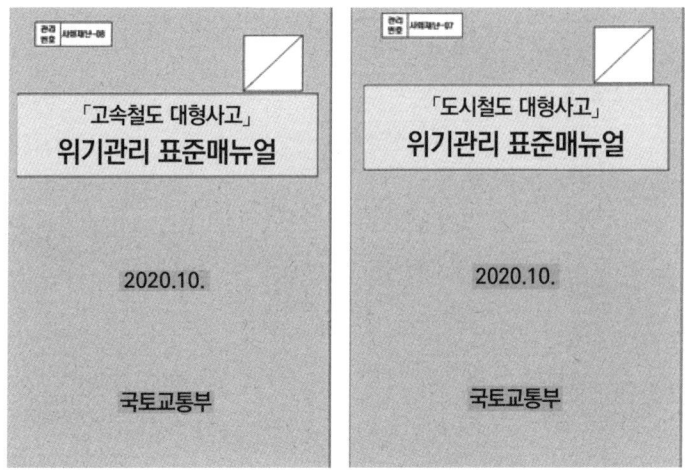

[그림 6-6] 위기관리 표준 매뉴얼

관련 기관은 이 매뉴얼에서 규정한 기능과 역할에 따라 고속철도 대형사고 발생 시 실제 적용하고 시행해야 할 조치사항과 절차를 수록한 위기대응 실무 매뉴얼을 작성해야 한다.

5.2 위기대응 실무매뉴얼

정부의 위기관리 표준매뉴얼에 따라 위기 발생 시 관계 기관이 규정된 기능과 역할에 따라 시행해야 할 조치사항과 절차를 수록한 문서가 위기대응 실무매뉴얼이다. 이 매뉴얼은 위기상황을 상정하고 상황인지 및 보고·전파, 상황분석·평가·판단, 조치사항 등 위기에 적절히 대응하기 위한 절차나 요령 등을 포함한다. 또한 위기관리의 주관기관은 필요시 소관분야의 위기와 관련된 민간기관이나 단체에 위기대응 실무매뉴얼에 상응하는 자체 위기대응계획을 수립토록 지도하여야 한다.

위기대응 실무매뉴얼은 표준매뉴얼에 따라 해당 유형의 위기관리 기관인 국토교통부와 한국철도공사가 보유하고 있다. 고속철도 대형사고 위기대응 실무매뉴얼에는 위기 유형을 ▲열차 충돌 ▲열차 탈선 ▲열차 및 열차 화재 ▲열차 폭발 ▲ 역사, 터널, 교량 등 철도시설에서 탈선·화재·충돌·테러 등 복합적 재난상황 5개로 정의하고 있다.

위기대응 매뉴얼에서 가장 중요한 것은 각 기관별 임무를 나타낸 것으로 다음은 실무매뉴얼에서 정하고 있는 국토교통부의 역할을 나타내고 있다.

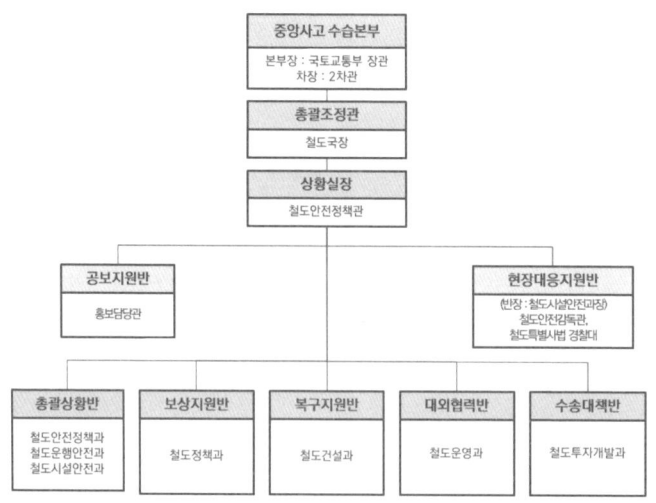

[그림 6-7] 중앙사고 수습본부 구성도

5.3 현장조치 행동매뉴얼

현장조치 행동매뉴얼은 위기 발생 시 위기 현장에서 임무를 직접 수행하는 기관의 행동조치 절차를 구체적으로 수록한 문서로서 현장에서 임무 수행기관의 구체적인 임무와 행동절차, 안전수칙, 장비 등에 관한 내용을 포함한다.

다음 [그림 6-8]은 한국철도공사가 보유하고 있는 고속철도 대형사고 현장조치 행동매뉴얼을 나타낸다. 현장조치 행동매뉴얼은 중앙사고수습본부를 운영하는 국토교통부와 긴밀하게 사고복구 등을 수행하기 위한 한국철도공사의 역할을 명시하고 있으며 각 위기유형에 따른 철도공사의 역할을 정하고 있다. 한국철도공사는 본사에 지역사고 수습본부를 구성하고 사고현장에는 현장사고 수습본부장을 구성하여 대응한다. 지역사고 수습본부 본부장은 한국철도공사 사장이며, 현장사고 수습본부장은 일반적으로 기술본부장이 된다.

이 매뉴얼에는 사고급보 체계, 사고복구 담당구간, 초기 대응팀의 구성과 운영에 관한 사항, 비상연락망, 재난대응 절차 및 프로세스, 재난대응 단계별 행동요령, 재난 대응 협업체계 등으로 구성된다.

다음 [그림 6-9] 및 [그림 6-10]은 한국철도공사의 지역사고 수습본부 및 현장사고 수습본부 구성도를 나타낸다.

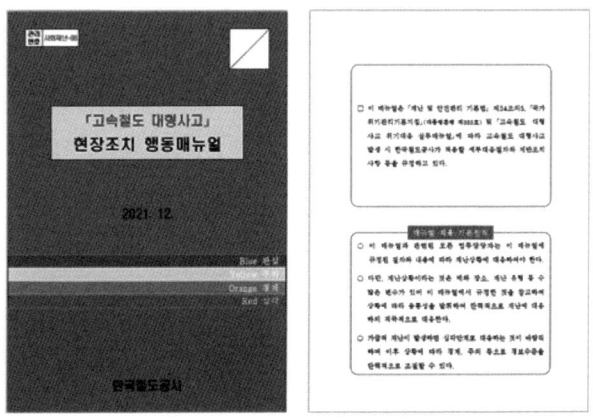

[그림 6-8] 고속철도 대형사고 현장조치 행동매뉴얼(한국철도공사)

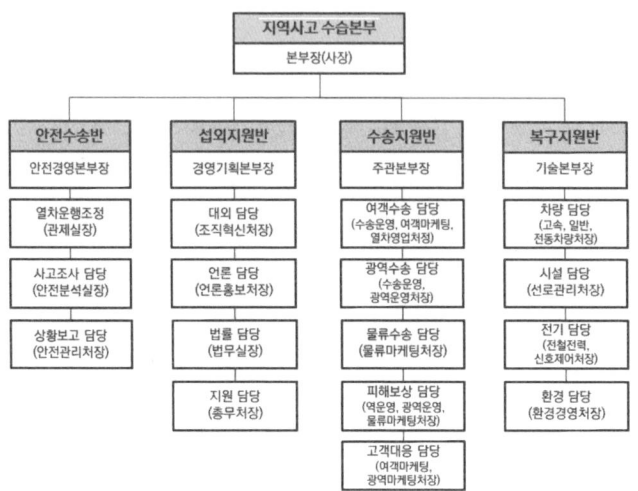

[그림 6-9] 한국철도공사 지역사고 수습본부(고속철도 대형사고)

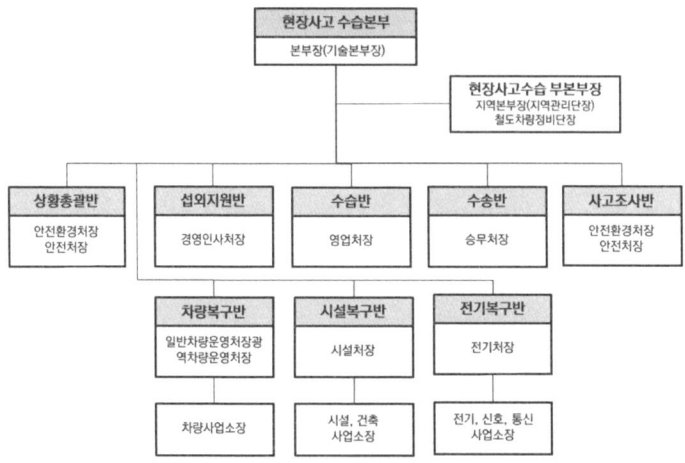

[그림 6-10] 한국철도공사 현장사고 수습본부(고속철도 대형사고)

5.4 주요상황 대응매뉴얼

국가 차원의 위기로 취급해야 할 사안은 아니나, 범정부적 대응이 필요한 사안에 대해 대응방향과 절차, 관련 부처의 조치사항 등을 수록한 문서이다. 상황대응체계, 상황전파·협조·대응활동·사후관리 등의 세부 활동내용, 관련 기관의 임무와 역할 등에 관한 사항을 규정한다.

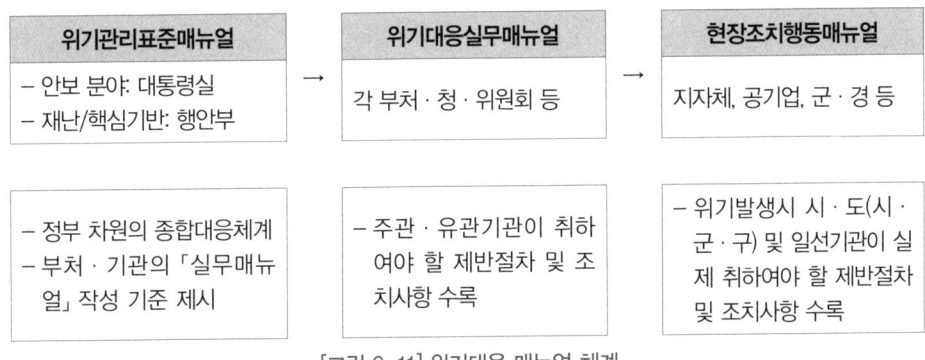

[그림 6-11] 위기대응 매뉴얼 체계

6. 국내 철도 위기대응 훈련의 성과 및 개선방안

6.1 위기대응 훈련

국내 철도운영기관은 철도안전관리체계의 비상대응계획 수립에 관한 지침에 따라 매년 정기적인 훈련을 시행하고 있으며, 국토교통부 주관으로 비상대응 불시훈련 등도 시행하고 있다. 우리나라 철도는 대구지하철 화재사고 등 대형사고의 여파로 타 분야에 비해 상당히 비상대응체계가 잘 갖추어진 편에 속한다. 특히 2016년부터 국토교통부에서는 다양한 위기상황을 가정하여 철도운영기관을 상대로 불시에 상황을 부여하고 훈련을 시행하도록 하여 상당한 성과를 올리고 있다.

종전 철도운영기관은 관련 규정에 따라 경찰서, 소방서 등이 참가하는 위기대응 종합훈련과 각 소속별 위기대응 부분훈련을 시행하였으나, 위기대응 종합훈련은 미리 시나리오와 임무, 역할 등을 부여하고 사전 예행연습을 실시하여 가장 잘하는 사람만 훈련에 참여하고 나머지는 대부분 훈련에 참관하는 '보여 주기 식' 훈련을 시행하였다. 그리고 부분훈련은 소속장 주관의 초기 대응 중심의 훈련으로 사고 발생 시 상황전파, 대응요령 등 부족한 부분이 많았다. 특히 철도사고나 장애가 발생하지 않는 기관은 위기대응 매뉴얼에 따라 훈련을 한 적이 없으며 간부들이 본인의 역할을 모르거나 현장사고 수습본부장의 복구 지휘 역량이 부족한 경우도 있었다.[152]

[그림 6-12] 위기대응 종합훈련

[그림 6-13] 위기대응 부분훈련

국토교통부의 위기대응 불시훈련은 훈련일시, 장소, 사고상황 등을 사전 통보하지 않고 현장 상황에 맞게 다양한 훈련상황을 부여하였다. 특히 사고 상황을 가정하여 사장이 참여하는 지역사고 수습본부와 본부장 주관의 현장사고 수습본부를 직접 가동하게 함으로써 훈련의 참여와 관심을 높였다. 그리고 역사 화재사고의 경우 현장에서 역무원→역장→관리역장→현장사고 수습본부장으로 사고수습 권한이 제대로 이양되는지 확인하였다.[153] 또한 훈련 중 10여 차례 상황메시지를 부여함으로써 지속적인 대응체계와 정확하

---

152 다년간 위기대응 훈련훈련을 시행한 결과 사고현장에서 가장 중요한 것은 현장사고 수습본부장의 역량인 것으로 드러났다. 현장사고 수습본부장이 얼마나 지휘를 하느냐에 따라 상황전파, 사고현장 지휘, 복구시간 등이 달라진다.

153 이 훈련을 시행하면서 국토부 담당관, 철도안전감독관 등은 지역사고 수습본부, 관제실, 현장사고 수습본부, 사고현장에 배치되어 상황부여 메시지가 정확하게 전달되는지 확인하고 평가하여 우수한 운영기관에는 장관표창을 수여하고 있다.

게 상황을 전파하고 확인하는 방식을 점검하였다.

이러한 훈련을 통해 철도운영기관은 이런 훈련방식을 활용한 자체 불시훈련을 시행하고, 지역사고 수습본부에서 현장의 상황을 보다 정확하게 파악하기 위해 카메라 등을 활용한 시스템을 구축하는 등 많은 개선이 이루어졌다. 다음 [그림 6-14]는 신분당선에서 구축한 재난발생 현장상황 실시간 모니터링 시스템이다. 신분당선에서는 재난상황에 대비해 현장상황을 실시간으로 지역사고 수습본부에 전송할 수 있는 시스템을 구축하고 훈련 시 활용하고 있다.

[그림 6-14] 재난발생 현장상황 실시간 모니터링 시스템(신분당선)

6.2 철도 위기대응 역량 강화를 위한 개선 필요사항

앞에서도 언급한 것처럼 철도는 위기대응체계가 잘 갖춰져 있다. 대부분의 직원이 위기 발생 시 수행해야 하는 업무를 부여받고 정기적인 훈련을 시행하고 있다. 역무원의 경우 「소방관리법」에 따라 자위소방대에 편입되어 지속적으로 훈련하고 있으며 자위소방대는 사회복무요원과 입점상가 직원도 포함되어 관계 법령에 따라 지속적인 훈련을 실시하고 있다.[154] 차량 정비 분야 및 전기, 신호 유지보수 인력은 철도운영기관의 비상대응계획에 따라 차량 복구, 전차선 복구 등의 훈련을 정기적으로 시행하고 있다.

다음은 그동안 여러 철도운영기관의 훈련을 참관하고, 직접 비상대응훈련을 시행하면

---

154 그러나 철도나 지하철 역사에 입점해 있는 입점상가 직원의 비상대응 훈련에 대한 관심과 참여는 지속적으로 높여 나가야 한다.

서 느꼈던 철도운영기관의 개선 필요사항 몇 가지를 제시하고자 한다.

6.2.1 정보의 전달

(1) 피해상황 보고

위기대응 매뉴얼에 따르면 정부에서는 현장에서 위기가 발생한 경우 또는 발생이 예상되는 경우 그 위험의 수준을 평가하기 위한 철도 대형사고 위기평가 회의를 운영한다. 위기평가 회의는 상황의 심각성, 시급성, 확대 가능성, 전개속도, 지속시간, 파급시간, 국내외 여론, 정부 대응능력 등을 고려하여 평가를 한다. 결국 위기평가 회의는 매뉴얼의 보고체계에 따라 현장에서 보고된 자료, 즉 주로 문자 메시지 등을 통해 위기경보 수준을 어떻게 정하고, 어떻게 대응할지 평가하게 된다.

그러나 현재 우리 철도운영기관에서 보내오는 초동 보고에는 사고의 상황, 예를 들면 열차 탈선, 충돌 등에 대한 내용만을 포함하고 정작 중요한 피해상황은 누락되는 경우가 종종 있다. 피해상황이란 사고로 인해 얼마나 많이 다치고 시설물 등에 대한 피해가 얼마나 발생했는지에 대한 내용이다. 물론 중요한 사고가 발생한 것에 대해 신속히 보고하는 것은 매우 중요하나, 피해상황이 누락되면 정부에서는 어떻게 대응해야 할지 방향을 잡기 어려워진다. 예를 들어 'ㅇㅇ선 ㅇㅇ역 인근 열차 탈선'이라는 문자로 보고를 받았다고 한다면 정부에서는 피해상황이 얼마인지 다시 한번 해당 기관에 전화를 해서 물어보아야 한다. 그러나 'ㅇㅇ선 ㅇㅇ역 인근 열차 탈선으로 인해 사망자 2명 발생'이라고 한다면 정부에서는 위기평가 회를 거쳐 신속하게 위기경보 수준을 '심각'으로 정하고 중앙사고 수습본부를 꾸릴 것이다. 따라서 현장의 초동보고에서 '피해상황에 대한 보고'는 매우 중요하다. 따라서 초기 현장상황에 대한 정보를 전달할 때는 이러한 내용을 고려하여 피해상황 등이 반드시 포함되도록 보고해야 한다.

[표 6-5] 고속철도 대형사고 위기경보 수준

구분	판단 기준	비고
관 심 (Blue)	* 철도차량 고장, 철도시설 장애 등 위기징후 활동이 비교적 활발하여 충돌·탈선·화재·폭발 등의 위기로 발전할 수 있는 경향이 나타나는 상태	징후 감시활동, 비상연락망 등 협조체계 점검
주 의 (Yellow)	* 고속열차사고 관련 위기징후 활동이 비교적 활발, 위기로 발전할 수 있는 경향이 나타나는 상태 ※ 고속열차가 운행 중 충돌·탈선·화재·폭발 등 사고로 2명 이하의 사망자가 발생하거나 5시간 이상의 열차 운행중단이 예상되는 경우	협조체계 가동 (철도재난안전 상황실 운영)
경 계 (Orange)	* 고속열차 운행 중 사고가 발생하여 대형사고 가능성이 농후할 때 ※ 고속열차가 운행 중 충돌·탈선·화재·폭발 사고로 4명 이하의 사망자가 발생하거나 12시간 이상의 열차운행중단이 예상되는 경우	대응태세 강화 (중앙사고수습본부 운영)
심 각 (Red)	* 고속열차가 운행 중 충돌·탈선·화재·폭발 사고로 5명 이상의 사망자가 발생하거나 24시간 이상의 열차운행중단이 예상되는 경우 * 기타 사고로 사회적 물의가 크게 예상되는 경우	총력대응 (중앙사고수습본부 운영)

(2) 정확한 상황 전달 방법

사고가 발생하면 현장의 관계자는 사고내용 보고, 초기 인명구조, 피해상황 파악, 사고 초동대응 등을 해야 하기 때문에 짧은 시간 동안 매우 많은 스트레스를 받는다. 이로 인해 중요한 메시지 전달 등이 누락되는 경우가 있다. 예를 들어 현장에서 관제로 현장 사고 상황에 대한 다급한 무전연락이 오면 관제사도 함께 흥분하여 현장의 정보를 제대로 듣지 않고 윗선에 전달만 하는 경우가 있다. 이런 경우는 대부분 중요한 정보가 누락되거나 틀린 정보가 전달되며, 바쁜 현장을 다시 한번 호출해야 하는 불편함이 따르게 된다.

그러나 다급한 상황일수록 보고받은 내용을 현장에 다시 한번 되물어 확인한 후 정확한 정보가 전달되도록 해야 한다.[155] 이것은 아무리 이론적으로 설명해도 잘 이루어지지 않으며 훈련을 통해 몸으로 익히는(體得) 수밖에 없다.

[현장 상황전달 방법]

① 잘못된 사례(실제로 이런 대화가 상당히 빈번히 일어난다.)
▶ (현장 보고자) 관제 나오세요. 여기 ㅇㅇㅇ역입니다. ㅇㅇㅇ역에서 원인 불상의 화재가 발생했습니다. 빨리 조치해 주시기 바랍니다.
▶ (관제사) 네 알겠습니다. 일단 초기진화 해 주시기 바랍니다.

② 잘된 사례
▶ (현장 보고자) 관제 나오세요. 여기는 ㅇㅇㅇ역입니다. 2022년 ㅇㅇ월 ㅇㅇ시 ㅇㅇ분 ㅇㅇㅇ역에서 방화로 추정되는 화재가 발생하여 10명의 사상자가 발생했습니다. 수신하셨습니까?
▶ (관제사) 네 수신했습니다. ㅇㅇㅇ역 방화로 추정되는 화재가 발생하여 10명의 사상자가 발생했다고 보고했습니다. 맞습니까?
▶ (현장 보고자) 네 맞습니다.
▶ (관제사) 네 알겠습니다. 일단 119가 도착할 때까지 사상자 구호 및 초기 화재진화에 최선을 다해 주시기 바랍니다. 그리고 현장 상황을 지속적으로 보고해 주시기 바랍니다.

6.2.2 현장 사고복구 책임자의 역량 강화

철도사고 현장은 사고 원인을 조사하는 사람과 복구하는 사람, 119 구급대, 경찰(철도경찰), 언론기관, 유관기관 등으로 매우 혼잡하다. 거기다가 실시간으로 현장의 상황을 파악하려 하는 지역 및 중앙사고 수습본부와의 전화로 북새통을 이룬다. 거기에 철도 고객 등을 위해 사고복구 예정 시간을 정확하게 예측해서 알려 주어야 한다.

---

[155] 필자가 감독관으로 재직하면서 매년 30회 이상의 비상대응 불시훈련을 시행하면서 살펴본 결과, 현장 종사자들은 급한 마음에 현장의 상황을 관제사가 듣든 말든 일방적으로 통보하고 무선통화를 종료하는 것을 많이 봐 왔다. 그러나 그중 노련한 관제사는 현장 종사자가 흥분을 가라앉히도록 유도하고 현장 상황을 한 번 더 되물어(환호응답) 정확한 현장 상황을 보고받는다.

사고복구 인력은 차량, 전기, 신호, 선로 등으로 구성되며 서로 저마다의 분야를 우선적으로 복구하려고 분주하다. 사고복구 인력은 현장에서 사고복구가 완료되는 순서에 따라 가장 먼저 차량을 복구하고, 선로와 신호장치를 복구하고 마지막으로 전차선을 복구한다. 그리고 사고복구를 위한 기중기를 사고현장까지 이동시켜야 하며 사고복구가 완료되면 시험운행을 위해 관제와 협의해야 한다.

이런 긴박하고 어수선한 사고현장은 현장 사고복구 책임자에게 정확한 판단력, 정확한 업무지시, 적절한 현장 통제 등을 요구한다. 그래서 현장 사고복구 책임자의 역할은 매우 중요하다. 물론 이것은 훈련을 할 때도 마찬가지이다. 「철도안전법」이 강화되기 이전에는 역무원은 단순한 부분훈련만[156]을 시행하였으며, 이렇게 관리자가 된 역장은 위기대응 훈련 시 자기가 무엇을 어떻게 해야 하는지 알지 못한다.[157]

우리에게 흔히 알려진 사고 발생 시 초기 10분에서 30분 이내를 사고의 골든타임이라고 한다. 이 골든타임에 사고를 저감하기 위해서는 역장 등 현장 인력의 역량이 매우 중요하며 이후 사고를 복구하는 과정에서 현장 사고복구 책임자의 역량은 두말할 나위가 없는 일이다.

6.2.3 최악의 상황을 고려한 준비태세 확립

위기관리 프로세스에 있어서 가장 중요한 것은 최악의 상황을 고려해야 한다는 것이다. 그래야 보다 적극적이며 체계적인 대비가 가능하다. 실제 철도사고가 발생한 사고복구 현장은 개통시간에 쫓기고 변수가 많으며 복잡하다. 특히 예상치 못한 상황에 처했을 때는 순발력과 빠른 판단력이 필요한 경우도 있다. 이를 위해서는 모든 예측 가능한 상황

---

156 역사에 화재상황을 부여하면 소화기를 들고 가서 끄는 시늉만 하고 보고서를 위한 사진을 찍는 것이 일반적인 부분훈련이었다.

157 우리나라 위기대응 매뉴얼에 따르면 역사 화재사고는 현장 사고수습본부가 꾸려지기 전까지 역장이 현장을 통제하고 지휘하며 이후 관리역장, 그리고 현장 사고복구 책임자가 현장을 지휘한다. 이 때 현장 사고복구 책임자는 대부분 기술본부장이 되며 일부 운영기관에서는 관리 역장이 사고복구 책임자를 맡기도 한다.

을 고려하여 철저한 준비가 필요하다.

앞에서 설명한 것처럼 우리나라의 철도운영기관은 모두 비상대응 매뉴얼을 갖추고 있다. 매뉴얼에는 부서별로 해야 할 업무를 구체적으로 정리하고 있으며 기관사, 관제사 등 철도종사자에게도 위기상황 발생 시 각자의 임무를 부여하고 있다. 그리고 사고 발생 상황에 따른 대응절차를 마련해 놓고 있는데, 여기에 한 가지 문제점이 있다. 사고 발생 시나리오에 비정상적인 상황을 고려하지 않고 있다는 것이다. 다시 말해 운행장애 또는 사고가 발생하고 이후 추가로 이어질 수 있는 상황을 너무 긍정적으로 기대하고 있다는 것이다.

예를 들어 철도차량의 고장으로 역과 역 사이에 멈춰 선 경우 대부분의 매뉴얼에는 우선 고장조치 이후 자력으로 운행이 불가능한 경우 구원운전의 절차를 따르도록 하고 있다. 이것이 위기대응의 정상적인 상황이라고 할 수 있다. 그러나 만약 철도차량의 구동기어가 고착되는 경우라면 이야기가 달라진다. 철도차량을 밀어서 움직일 수 없는 상황이기 때문이다. 이럴 경우 별도의 이송수단이 필요한데 일부 철도운영기관은 이런 내용을 매뉴얼에 포함하지 않고 있으며 이송수단(보조 트럭이라고도 한다)을 갖추지 않은 곳도 있다. 또한 대부분은 철도 관제실의 장비가 정상적으로 동작할 것이라는 전제하에서 모든 SOP를 구성하지만, 관제실 장비의 고장이 발생하는 경우에 대한 상세한 대응방안을 마련하지 않은 곳도 있는 것이 사실이다.

한 가지만 더 예를 들자면 열차에서 화재가 발생하는 경우 대부분의 운영기관에서는 가장 가까운 역으로 열차를 이동시키는 것이 위기대응 절차의 기본이지만 역 간 거리가 긴 경우 등 부득이한 경우 역과 역 사이에 정차할 수도 있다. 지하 역사의 경우 일반적으로 역과 역 사이에는 2~3개의 제배연 설비가 있는데 화재가 발생한 열차가 역과 역 사이에서 멈추는 경우 화재가 발생한 열차의 위치와 열차에서 내려서 역 방향으로 대피하는 승객의 방향에 따라 이 3개의 제배연 설비를 수동으로 동작시켜야 한다.[158] 이를 위해서는 우선 해당 노선의 역과 역 사이에 제배연 설비의 현황을 파악해야 한다. 역과 역 사

---

158 일반적으로 승객이 대피하는 방향의 제배연 설비는 급기로 하고 화재가 발생한 위치의 제배연 설비는 배기로 동작시켜야 한다.

이의 제배연 설비 설치 조건이 모두 다르기 때문이다. 따라서 해당 노선의 역과 역 사이에 제배연 설비 현황을 정리하고, 운전관제사와 함께 화재가 발생한 열차가 정지한 위치를 가정하여 가동훈련을 지속적으로 시행해야 한다. 설비(시설)관제는 열차의 위치를 파악할 수 없기 때문이다. 이처럼 위기대응과 관련된 준비는 모든 상황과 악조건을 가정하여야 한다. 이를 통해 가장 중요한 것이 무엇인지 파악하고 중점적으로 대비해야 한다. 철도종사자의 사소한 잘못 하나가 큰 인명피해로 이어질 수 있기 때문이다.

나심 탈레브가 그의 저서 『블랙스완』에서 지적한 것처럼 우리 인간은 인간이 가진 사고의 한계 때문에 '얼마나 큰' 일이 벌어질지 예견할 수 없다. 당장 내일 전쟁이 발생할 수 있으며, 지진이 발생해 도시 하나가 쑥밭이 될 수도 있다. 위기대응의 기본은 '이 정도면 되겠지…'가 아니라 '더 신속하게 복원하기 위해 필요한 것은 무엇인가?'를 항상 염두하고 준비하는 것이 중요하다.

7. 철도사고를 통해 살펴본 위기관리의 중요성

위기관리의 대표적인 사례는 우리나라에서 2003년에 발생한 대구지하철 화재사고를 들 수 있다. 2003년 2월 18일 대구의 중앙로역에서 발생한 지하철 화재사고는 철도 운영기관 등의 위기관리 시스템이 전혀 동작하지 않은 사례로 국가적인 참사로 이어졌다. 대구지하철 화재사고는 최근 20년간 전 세계 철도사고 중 가장 많은 인명피해를 유발한 최악의 철도사고 또는 방화사고로 인식되고 있다.

대구지하철 화재사고로 2003년에는 192명의 사망자와 다수의 부상자는 물론 막대한 물질적 피해와 운행중단이 있었다. 반면 대구지하철 화재 참사 이후 2년 후인 2005년 서울 도시철도 7호선에서 발생한 방화에서는 인적 피해는 없었으며, 차량 3량이 전소되는 물적 피해만 발생하였다. 차량 3량이 전소한 이유는 초기에 화재가 진압되자 신속하게 열차를 다시 운행하기 위해 불이 완전히 꺼진 것을 확인을 하지 않고 다시 운행하였기 때문이다. 화재를 진압한 후 다시 발화하여 열차에 불이 붙은 사고 역시 세계에서 유일한 사고였으며, 당시에도 위기관리가 제대로 되지 못하였다. 안전보다는 열차의 정시운행을 중시한 결과였다.

운행 중인 열차에 방화를 시도하는 사례는 매년 발생하고 있으며, 위의 사고를 통해 많은 철도종사자와 여객이 위기대응을 효과적으로 수행하여 이후에는 인적 피해나 물적 피해가 크게 발생하지 않고 있다. 물론 2003년과 2007년에 발생한 사고는 철도차량의 내장재가 가연성 소재로 되어 있어 큰 피해가 발생하였다. 이후 철도차량에 대한 안전기준이 강화되어 현재 국내의 모든 철도차량에는 불연성 내장재가 적용 중이다.

위의 사례는 많은 피해를 통한 시행착오에 기반한 위기대응 사례이다. 반면, 국내에는 발생하지 않았으나, 해외에서 발생하였거나 발생 가능성이 높은 다양한 종류의 철도사고로부터 국민과 종사자를 보호하기 위한 많은 내용이 위기대응에 포함되어 있다. 이로 인해 위기대응 매뉴얼에는 다양한 철도사고 시나리오가 수록되어 있다.

위기관리 시에는 국내의 특수한 상황을 고려해야 하는데, 이러한 상황은 사회적, 경제적 상황에 따라 지속적으로 변화하고 있어 위기대응 역시 지속적으로 변화하여야 한다. 예로서 과거에는 여객과 외부의 구조대와의 직접적인 통신 수단이 없었으나, 최근에는 대부분의 여객이 휴대전화를 보유하고 있어, 사고 시 철도운영기관을 통하지 않고 바로 구조대와 연락이 가능하다. 또한 비상시 랜턴으로 사용할 수 있는 기능이 포함되어 있다. 반면, 급격한 기후변화로 인해 중국에서는 운행 중인 지하철 침수로 인해 많은 인명피해가 발생하였으며, 국내에서도 유사한 위험사건이 발생하였다. 해당 사건은 비교적 고도가 높은 고지대에서 열차가 운행 중 발생하였는데, 철도운영기관에서 갑자기 너무 많은 비가 내려 열차운행을 중단하였으며, 열차운행중단 이후 5~10분 사이에 열차운행 선로와 터널이 모두 물에 잠겨 대형 참사로 연결될 뻔하였다. 이외에 구조물 붕괴, 테러, 위험물 누출 등 많은 철도사고의 위험이 있어 이에 대비한 훈련을 수행하고 있다.

〈부록〉
대한민국의 철도안전대책

부록 대한민국의 철도안전대책

    과거에는 국내의 철도사고 발생율이 높아 10년 주기로 대형철도참사가 발생하였다. 대형참사가 발생하면 사고 재발방지대책을 수립하는 경험에 기반한 안전관리를 수행해 왔다. 그러나 사고 재발에 초점을 둔 안전관리는 새로운 형태의 사고를 예방하기에 부족하며, 새로운 교통수단에서 발생하는 사고는 대응이 어렵다. 사고율이 높은 시기에는 단순한 안전대책만 시행하여도 효과적으로 사고를 줄일 수 있었다. 반면 사고율이 낮은 경우 단순한 안전대책으로는 사고를 줄이지 못하며, 안전대책의 부작용을 고려해야 한다. 대표적인 사례가 승강장 스크린도어이다. 승강장의 스크린도어 설치는 승강장에서 발생하는 여객의 추락이나 자살과 관련된 사고를 예방할 수 있으나, 승강장 스크린도어의 고장 시 유지보수 과정에서 작업자의 위험부담이 증가한다. 또한 기관사 입장에서는 정위치 정차를 위한 주의와 승강장 스크린도어와 열차 출입문 사이에 여객이 끼이지 않았는지 추가적인 확인이 필요하다. 초기에 설치된 승강장 스크린도어의 경우 신뢰성이 낮아 빈번하게 오작동되는 사례가 발견되어 기존의 설비를 철거하고 새로 설치하기도 하였다.

    경험에 의한 안전대책의 한계로 인해 국제적으로는 안전관리체계를 활용한 예방중심의 안전관리가 수행 중이다. 국내의 대형철도사고 발생 사례와 원인을 보면 사고 재발방지대책의 한계를 확인할 수 있다.

〈부록-1. 국내에서 발생한 대형철도 참사와 피해〉

발생	내용	피해
'03.2.18. 대구 지하철 중앙로역	객실 내 방화로 인해 인근에 정차한 열차와 역사로 화재가 확산된 사고	사망 192명 부상 151명
'93.3.28. 경부선 구포역 부근	선로 하부에서 전력설비공사 중(타 공사) 철도 노반함몰로 운행 중인 열차 탈선	사망 78명 부상 200명

발생	내용	피해
'81.5.14. 경부선 경산역	신호를 무시하고 역으로 진입한 열차가 후진 중이던 열차와 충돌	사망 57명 부상 243명
'77.11.11. 호남선 익산역(이리역)	화물 운송원이 켜 놓은 촛불이 위험물에 옮겨붙어 역사에 대기 중인 열차 폭발	사망 59명 부상 1,300명

    2019년 하반기부터 모든 유럽연합 국가에서는 자국의 철도안전과 관련된 법령을 안전관리체계 기반의 국제 철도안전법으로 전환하여 시행 중이다. 국내의 경우 2004년 제정된 「철도안전법」도 국제 철도안전법을 기반으로 하고 있다. 다만 국내는 국가 간의 열차 이동이 없어 일부 사항은 시행되지 않고 있다. 국내도 현재는 예방 중심의 안전관리를 수행 중이며, 현재 진행 중인 안전대책을 본 절에 기술하였다.

1. 정부의 철도안전 규제와 안전기준의 강화

    현재 국내의 철도차량 및 시설, 역사, 운영에 대한 기술기준은 국제적인 기준을 충족하고 있으나, 과거에 건설되어 운영 중인 노선과 강화된 안전기준이 정착되기 전에 개통한 경우가 많다. 이들 철도운영기관의 경우 강화된 기준에 따른 개량이 불가능한 경우가 발생하고 있다. 국내는 인구밀도가 세계 3위 수준으로 높으며, 도심지역이 많아 혼잡도가 높은 구간의 비중이 국외보다 높다. 이로 인해 비상시 여객의 대피와 관련된 기준을 충족하지 못하는 경우에는 여객대피를 위한 보조적인 안전대책을 적용하여 해결하였다. 예로서 무인운전 기준을 적용하여 개통한 국내의 일부 경전철 운영기관의 경우 특정 구간에 여객의 비상대피로를 확보하지 못하여 무인운전으로 설계되었음에도 열차 내에 기관사 면허를 소지한 안전요원이 탑승하여 비상시를 대비하여 운영하고 있다.

    이와 같이 새로운 기준이 시행되는 경우 국가철도나 지방자치단체 산하기관의 운영기관은 강화된 안전기준을 소급하여 적용하고 있다. 대표적인 안전대책이 승강장 스크린도어 설치, 교통약자 이동편의 설비 설치, 지하역사 화재안전 설비 설치, 석면 내장재 교체 등이다. 반면 민간 철도운영자의 경우 강화된 안전기준의 소급적용에 어려움이 발생하고 있다. 이로 인해 법령과 안전기준의 강화로는 모든 안전을 확보하기는 어려움이 있다. 이를 보완하기 위해 국내에서 시행 중인 안전대책을 본 부록에 정리하였다.

가. 철도안전투자 확대 유도를 위한 안전투자 공시제도

최근 15년 사이에 많은 신규철도 노선이 개통하였다. 일반적으로 철도 개통 이후 20년이 경과하면 철도시설, 차량, 전력, 신호, 통신 설비 등에 대한 전면적인 유지보수가 필요하여 막대한 비용이 필요하다. 정부에서는 철도운영자 등이 장기적인 안전투자 계획을 미리 수립하여 막대한 비용이 투입되는 철도차량의 교체, 시설물 개량 비용 등의 안전투자 예산을 확보할 수 있도록 안전투자 공시제도를 운영 중이다.

나. 공공기관 경영평가 지표 및 기관장 경영협약 개정

공공기관 경영평가의 안전평가 지표에 사고 규모 수준을 반영하여 기관장과 직원의 안전관리에 대한 노력을 확대하고, 안전관리 우수기관에 대한 가점을 부여하는 방안을 추진 중이다. 반면, 안전관리 소홀로 인해 대형철도사고 발생 시 기관장 해임을 건의할 수 있도록 기관장 경영협약 등에 책임 조항을 명시하는 대책이 추진 중이다.

공기업 예산 중 안전 관련 예산 기준과 과목을 신설하여 안전투자를 체계적으로 관리하고 중장기적 투자확대를 유도하고 있다. 안전투자를 위한 공기업 부채의 경우 일정기간 경영평가에서 제외 또는 비중축소 등을 검토 중이다. 특정기간에 집중적으로 발생하는 노후철도차량 교체비용, 노후시설 개량비용 등을 위한 공기업 투자부채에 대해 이자보전 방식으로 전환하여 경영평가 시 고려하고 있다.

다. 철도안전 의사결정체계 구축

현재는 법적인 의무사항을 중심으로 안전투자가 이루지고 있으나, 해당 안전투자가 마무리되는 2023년 이후에는 운영기관 자율적인 안전투자가 확대될 것으로 예상된다. 철도운영기관은 자율적으로 효과적인 안전투자 방안 마련을 위해 안전투자의 의사결정 기준을 마련하여 안전투자를 수행하도록 준비 중이다. 의사결정 기준은 철도안전관리체계에 포함되는 위험도 평가기법을 활용하고 있다. 이를 위해 철도안전에 대한 국내는 물론 국제적인 다양한 통계를 가공하여 국가에서 제공하고 있다. 또한 법령을 개정하여 철도사고로 연결되지는 않았으나, 사고로 연결될 수 있었던 위험한 상황(준사고)을 자율적으로 보고하도록 하고 있다. 이를 분석하여 예방중심의 안전관리를 수행하도록 하고 있다.

라. 지방자치단체의 안전관리 책임 강화

현재까지는 철도운영 전문성으로 인해 중앙정부와 철도운영기관이 안전관리를 전적으로 수행하고, 지방자치단체에서는 안전투자 예산을 지원하였다. 그러나 지방자치단체의 예산부족 등으로 안전관리가 소홀하거나, 안전에 대한 관심 부족으로 인한 사각지대가 발생할 경우 대형사고가 발생할 수 있다. 이를 예방하기 위해 지방자치단체의 안전관리 책임을 강화하여 시행 중이다. 지방자치단체 산하에 도시철도 운영기관이 있는 경우는 물론 일반철도가 운행되는 구간의 철도건널목 입체화 비용, 철도보호지구의 관리 등이 포함된다.

마. 철도안전관리 감독체계 강화

철도 현장에 대한 획일적인 관리감독으로는 현장 특성에 맞는 안전관리가 어렵고 현장 종사자의 이해와 참여가 낮아 안전관리체계 정착이 지연되고 있다. 과거 업무 관행에 기초하여 작성·운영 중인 안전수칙을 지속적으로 개선하고 있다. 안전관리 위반 시 부과되는 과징금·과태료도 사회경제적 수준, 철도운영자의 매출규모 등에 비해 적어 제재의 실효성이 낮은 문제를 해소하기 위해 30억 수준으로 최근 강화하였다. 안전감독 이력관리 시스템을 통해 기존의 안전관리 문제점을 지속적으로 고민하여 해소방안을 마련하기 위해 노력 중이다.

바. 철도사고 및 장애에 대한 철도운영자 책임의 강화

국가철도의 경우, 「철도사업법」에 대형 철도사고(10명 이상 사망) 시 운행정지, 과징금 부과(상한 1억 원) 등이 규정되어 있고, 대형 철도사고 시 면허취소, 6개월 이내의 사업정지, 노선운행중지·운행제한·감차 등을 명할 수 있으며(제16조), 1억 원 이하의 과징금 부과 가능(제17조)하다. 반면 도시철도의 경우, 「도시철도법」에 해당 지자체가 면허취소를 할 수 있는 규정은 있으나, 대형 철도사고에 대한 구체적 규정은 미흡하여 처벌을 강화하는 방안이 추진 중이다.

사. 철도운영 조직 간 안전관리 사각지대 해소

2004년 철도청이 국가철도공단과 한국철도공사로 분리된 이후 철도의 건설, 운영, 유지보수, 관제 간 업무분장이 명확히 분리되지 않았다. 동일한 노선에 다수의 열차운영자가 운영하는 경우 조직 간 안전관리 사각지대 해소를 위한 기관 간 긴밀한 협력을 통해 안전관리 사각지대를 해소하기 위한 대책이 추진 중이다. 이를 통해 상호 안전성을 검증하고 사고 발생 시 관련 기관이 서로 명확한 책임을 구분할 수 있도록 노력 중이다. 도시철도의 경우 철도차량의 유지보수와 운영, 위탁업무에 대한 책임과 역할을 구분하는 사항이 포함되어 있다.

아. 불법행위에 대한 처벌 강화

국내는 물론 국제적으로 철도사고 발생 원인 중 가장 큰 부분은 외부요인으로 철도건 널목에서 도로차량의 신호위반, 선로의 무단횡단이다. 국내에서는 이들 사고로 전체 사망자의 90%가 발생하고 있다. 운행 중인 열차 안전설비를 임의로 작동하거나 직원에 대한 폭언 등 이들 외부요인으로 인한 사고는 철도운영자의 노력으로 예방이 어려워 정부 차원에서 불법행위 처벌을 위한 제도마련과 홍보활동을 통해 사고를 예방하고 있다. 종사자 측면에서는 근무 중 음주나 약물복용 및 개인의 일탈에 대한 처벌과 고의적인 규정 위반으로 철도사고나 장애를 유발한 경우 대한 처벌이 포함된다.

자. 철도사고 원인조사 분석 강화

철도는 다양한 기술이 적용되어 차량 및 시설의 오류 및 인적 과실(Human Error) 등 다양한 요인으로 사고가 발생하고 있다. 증가하고 있는 기관사, 관제사 및 역무원 등의 인적과실에 대한 책임규명 및 안전의식 강화 환경조성을 위해 차량운행기록장치 분석 및 운전실 내 영상기록장치(CCTV) 설치를 통해 사고 원인분석을 강화하려 추진 중이다. 또한 안전운행을 보조하기 위하여 운행지점, 선로전환 구간 및 제한속도 등을 표시하는 기관사용 내비게이션(GPS 등 활용) 확대설치 중이다. 차량과 시설에 대해서는 유지보수 이력과 작업자의 전문성 강화를 위한 자격관리를 추진 중이다.

차. 철도운영기관의 자율적 안전활동

본 절의 많은 안전대책은 정부 차원의 제도와 규제가 포함되어 있다. 이들 대책이 현장에서 적용되기 위해서는 철도운영기관의 회사규정에 반영되어야 한다. 이를 위해 철도운영기관 자체 특성을 반영한 사규 개정이 진행 중이다. 한국철도공사의 경우 화물운송에 따른 위험물 운송에 대한 안전관리, 화물열차 안전관리 등이 별도로 추진 중이다.

2. 철도종사자의 안전역량 강화

철도차량이나 시설 등과 같은 H/W에 문제가 발생한 경우 H/W 교체나 개선으로 문제를 해소하고 있다. 반면, 종사자의 과실로 인해 문제가 발생한 경우 종사자의 과실을 막을 수 있는 완벽한 대책은 어디에도 없다. 이로 인해 철도사고율이 낮은 운영기관에서는 종사자의 인적과실 예방을 위해 노력 중이다.

철도안전을 확보하기 위해 철도운영기관에서는 철도안전 전문조직을 운영 중이다. 또한 기관사, 관제사, 유지보수 인력에 대한 자격제도를 운영하고 있으며, 안전과 관련된 교육훈련을 지속적으로 수행 중이다. 그러나 「철도안전법」이 지속적으로 강화되고 전장에서 기술한 안전제도가 강화되고 있어 안전관리 전담부서의 역할이 급격히 증가하여 철도운영기관의 안전관리 전담부서가 기피업무로 인식되는 기관이 증가하였다. 또한 사고 시 기관사, 관제사, 역무원, 유지보수 작업자에 대한 처벌이 강화되어 종사자의 안전역량이 주요한 과제로 부각되었다. 본 절에서는 종사자의 안전역량을 향상하기 위한 주요 대책을 기술하였다.

가. 철도운영기관 안전관리 조직 전문성 향상

철도시설관리자 및 운영자별 안전관리 전담인력의 경력, 근무 연속성 확보 및 현장 전문기술·신기술 체험 교육 수행을 확대하고, 운영자별 주 52시간 시행에 따른 근무체계 변화, 비상대비 인력 확보를 통해 안전과 관련된 적정인력을 확보하도록 하고 있다.

국내는 물론 국제적으로도 수행 중인 종사자에 대한 신체검사·적성검사·자격제도 등을 운영 중이다. 운영기관 중 전문교육훈련 조직이 없는 기관을 위한 종사자 안전교육 교재, 교육장 등 교육여건 개선이 추진 중이다. 교육장을 개선하고 교육 프로그램과 교재 등을 지속적으로 개발하는 한편, 기관 간 교재 및 강사 등을 교류하도록 하고 있다.

나. 기관사, 관제사, 정비사 등 전문자격제도의 운영

기관사 면허제도, 관제사 자격증명, 철도차량 유지보수 인증 등 철도기술 발전에 따른 신규면허 제도 운영과 개선 업무가 진행 중이다. 관제사의 경우 철도관제와 도시철도 관제 면허로 세분화를 검토 중에 있으며, 철도차량 정비사는 교육훈련기관이 지정되어 정비사에 대한 정기 교육훈련을 시행하고 있다.

다. 철도종사자의 안전확보 방안

국내의 철도안전 수준 중에 가장 취약한 분야가 종사자의 작업 중 높은 사고율이다. 이는 국내가 세계에서 가장 높은 열차운행 밀도를 가지고 있어 발생하고 있다. 높은 열차운행 밀도로 인해 빈번한 유지보수가 필요한 반면 유지보수를 위한 작업시간은 부족하여 발생하고 있다.

근본적인 대책은 유지보수 시간을 확보하기 위해 열차운행을 감소하여야 하나 국내 선로 특성상 우회선로가 없고, 여객밀도가 높아 대체 교통수단 확보가 어려운 상황이다. 이로 인해 종사자의 안전확보가 어려운 상황이다. 이를 해소하기 위해 선로 작업시간 확보, 열차운행통제 절차 개정, 선로 작업 시 열차감시자 의무화, 작업책임자 배치 등을 시행 중이나, 장기적으로는 우회선로 확보와 열차운행 시간 단축이 필요한 상황이다.

라. 철도종사자의 비상대응 능력 향상

도시철도 운행 중인 열차 방화 시도는 현재에도 빈번하게 발생하고 있다. 2003년 대구지하철 화재 참사 시에는 효과적인 대응을 하지 못해 대형참사로 연결되었으나, 최근에는 철도차량의 내장재교체, 비상시 여객 대응에 대한 홍보와 함께 종사자의 신속한 대응으로 인해 열차 내 방화로 인한 피해는 크게 감소하였다.

철도종사자에 대한 다양한 사고 시 대응훈련과 시뮬레이터를 활용한 교육과 평가 등을 통해 사고 발생 시 피해를 최소화하는 대책이 추진 중이다. 예로서 ① 비상시 통신, 원격지원, 자동 보고 등 기술적 도구 활용 확대, ② 비상시 열차방호, 비상통신, 비상탈출, 여객안내 자동화 방안 마련, ③ 비상대응에 필요한 장비와 인력, 자격(경력) 기준 마련 검토, ④ 비상상황을 모사할 수 있도록 시뮬레이터 S/W 개선 등이 추진되고 있다.

3. 철도차량 관리 체계화

현재 국내는 국제기준이 반영된 철도차량 형식승인 제도를 운영 중이다. 그러나 현재 운행 중인 차량의 다수가 형식승인 제도가 시행되기 이전에 제작되어 강화된 기준이 적용되지 않은 차량이 다수이다.

고속운행 중 차륜이 파손되거나 차축에 문제가 발생한 경우 대형사고로 연결될 수 있다. 도시철도의 경우 철도차량에 문제가 발생한 경우 운행을 중단하면 사고로 연결되지는 않으나, 국내는 우회선로가 없는 구간이 많고 탑승여객 수가 많아서 신속한 조치를 통해서 열차운행을 재개해야 하는 상황이 대부분이다. 열차운행이 불가능한 경우 운행을 중단하고 대체 교통수단을 안내하거나 제공하는 경우도 있다.

본 절의 철도차량 관련 안전대책은 대부분 철도운영기관에서 자체적으로 수행하는 사항이다. 정부에서 수행하는 대책은 철도차량 형식승인 제도, 제작자 검사, 완성검사 제도에 포함되어 있다. 해당 사항은 현행 「철도안전법」에 포함되어 시행 중으로 본 설명에서는 제외하였다.

가. 주요핵심부품 및 고장빈발부품 관리 강화

주요핵심부품 및 고장빈발부품을 선정하고 교체주기를 설정하는 등 부품단위 예방정비체계 구축이 진행 중이다. 주요핵심부품은 추진장치, 제동장치 및 신호장치 등 철도안전과 직결되는 부품이다. 고장빈발부품은 출입문, 냉방장치 등 잦은 고장으로 이용객 불편 유발 부품이다. 이들 부품에 대해서는 운행여건, 고장이력 등의 Big Data를 분석하여 부품단위 교체주기를 설정하는 신뢰성분석기법을 적용하고 있다.

나. 주요 부품의 신뢰성 향상방안 마련

철도사고 및 운행장애와 관련된 주요부품의 신뢰성 확보를 통해 운행 중 고장을 최소화하고 있다. 실시간 차량상태를 측정해 고장징후 발견·조치하는 상태기반 유지보수(CBM, Condition Based Maintenance)를 확대 중이다. 이를 통해 부품별 검사·교환 기준과 교체주기, 유지보수 및 정비 기준을 개선하고 있다.

다. 부품공급망 구축

영세부품업체의 육성을 위해 적정 대가 지급이 가능하도록 조달방식을 최저가 입찰제도에서 최적가 입찰제도로 변경하는 방안이 추진 중이다. 부품을 공급하는 회사가 없는 경우 장기적인 단종 부품 수급 계획을 마련하고 차량 제작사(공급사)가 일정기간 동안 부품을 의무적으로 공급하도록 제도화하였다.

라. 철도차량의 선진정비 체계 수립 및 시행

철도차량 정비 실명제 도입과 막대한 비용이 필요한 철도차량의 유지보수 장비 현대화 및 검수시설 보강도 진행 중이다. 유지보수에 대한 이력관리를 전산화하여 철도차량에 대한 점검·정비 누락이 없도록 확인하고 있다.

마. 노후 철도차량 관리 강화

20년이 경과한 장기사용 철도차량의 급격한 증가에 대비한 안전관리 강화내용으로 가장 많은 노후 차량을 보유한 철도공사는 물론 서울 교통공사 등의 철도차량 교체를 위한 재원 마련이 포함되어 있다. 재원 마련은 철도차량 형식승인에 소요되는 시간을 고려하여 철도차량 교체계획을 사전에 수립하도록 하고 있다. 신규도입과 별도로 노후된 철도차량을 지속사용 할 경우를 위해 노후차량 정밀안전진단 제도 개선과 기관의 확대가 추진되었다.

바. 철도차량 내 안전설비 개선

철도차량 안전감시 및 방호장치 확대설치를 통해 사고 시 신속한 대응이 가능하도록 하였다. 비상시 여객안내와 방호장치 작동을 위한 열차운전실 상시 전원공급장치, 승무원을 위한 휴대용 무전기 등 비상통신과 열차방호 설비가 설치 중이다.

사고 시 피해 확대를 위한 다자간 철도통합무선통신망 구축과 열차 내 안전운행 보조장치 설치가 진행 중이다. 여기에는 운전실 내 사고대응을 위한 CCTV 설치 확대, 비상통신 기능 확보장치 설치, 사고 시 여객 안내시스템 개선(자동 안내시스템 설치 등)이 포함된다.

사. 화물차량, 특수차량 안전성 향상

화물차량은 국제적으로도 여객열차에 비해 완화된 안전기준이 적용 중이다. 국내는 화물열차 운행 중 사고나 운행중단이 발생할 경우 여객열차 운행중단으로 연결되어 사고율이 높은 화물차량이나 공사열차, 선로점검 및 보수를 위한 특수차량의 안전성 향상이 필요하여 해당 특수차량, 화물차량에 대한 안전대책이 추진 중이다. 주요대책은 차량점검, 정비주기 단축, 점검 항목 개선, 검사장비 확보, 교체 주기 단축 등이다.

4. 철도시설 및 안전설비의 확충과 개량

　가장 많은 안전대책과 안전예산이 투입되는 분야가 철도시설 분야이다. 철도차량의 경우 정비장소가 국한되어 있으나, 철도시설의 경우 노선 전체에 분포하고 있고 시설에 문제가 발생한 경우 장시간의 운행중단이 발생한다. 본 절에 기술된 안전대책은 철도가 운영되고 난 이후 지속적으로 추진되는 대책이 대부분이다.

가. 철도건널목 입체화 및 안전설비 설치 확대

　사고 위험성이 높은 건널목에 대해서는 입체화가 필요하나, 철도건널목의 입체화에는 많은 시간과 비용이 소요된다. 이러한 경우 건널목 안전설비 설치와 대국민 홍보를 통해 보완하고 있다. 여기서 건널목 안전설비는 건널목에 지장물이 설치된 경우 지장물을 감지하여 열차를 정지시키는 장치를 말한다.

나. 선로 변 불법침입 사고 예방

　선로 변 안전펜스 설치를 통해 일반인의 선로 침입으로 인한 사상사고를 예방하고 있으며, 선로 침입이 빈번한 장소에는 보행자 통로(지하터널 혹은 육교설치)를 확보하고 있다. 철도건널목 사고 예방대책과 마찬가지로 대국민 홍보 활동도 포함되어 있다.

다. 철도역사 내 안전사고 예방

　대표적인 안전대책은 승강장 스크린도어 설치이며, 2021년 3월까지 대한민국의 모든 도시철도역사에는 승강장 스크린도어 설치가 완료되었다. 현재는 설치된 스크린도어의 안정적인 유지보수와 고장이 빈발하는 스크린도어의 교체 설치가 추진 중이다. 교통약자 이동편의 증진법에 따라 설치된 역사 내 승강기와 에스컬레이터에서 발생하는 안전사고 예방대책이 추진 중이다.

라. 철도시설물에 대한 유지보수

노후된 철도시설물(선로, 침목, 터널 등)에 대한 개량 및 보수, 사고 위험이 높은 선로 전환기의 교체, 재난(홍수, 지진, 폭염, 강풍 등)에 대비한 주요 계측장비의 설치와 경보시스템의 운영 등 철도운영에 필수적인 사항이 추진 중이다. 본 대책은 과거부터 지속적으로 추진하는 대책이며, 향후에도 지속적으로 추진이 필요한 대책이다. 위의 시설물 유지보수 활동에 대한 자동화, 효율화를 위한 유지보수 기법과 유지보수 장비의 확보가 포함된다.

마. 지하 및 터널구간 화재안전성 확보

2003년 대구지하철 화재 참사 이후 추진된 많은 화재안전대책 중 사후관리가 필요한 사항이 포함되어 있다. 화재안전설비의 지속적인 유지관리와 노후된 설비의 교체가 포함된다. 화재 시 신속한 대응을 위한 종사자의 교육, 비상대응체계의 경우 종사자의 안전대책과 연계하여 추진 중이다.

바. 안전성이 높은 신호시스템으로 개량

한국철도공사가 운행하는 노선은 빈번한 선로의 유지보수가 발생하고 있으며, 선로의 유지보수가 진행되는 경우 정상적인 신호시스템이 작동하지 않는 경우가 많다. 또한 과거에 설치된 안전성이 낮은 ATS 기반의 신호시스템이 운영 중인 구간을 안전성이 높은 신호시스템을 개량 중이다. 이들 신호시스템 개량과 함께 양방향 신호체계를 동시에 고려하고 있다. 도시철도 운영기관은 노후된 신호시스템의 개량이 포함되어 있다.

사. 철도시설물 안전성 검증 강화

주요 철도시설물에 대한 철도시설의 생애주기(Life-Cycle)별 통합적 관리, 시설물의 위치정보, 고장정보 등 전체 시설물에 대한 실시간 이력관리시스템이 구축 중이다. 이를 통해 실시간으로 상태를 측정하고 고장징후 발견 시 조치하는 상태기반 유지보수(CBM, Condition Based Maintenance)를 확대할 계획이다. 신규로 건설되거나 설치되는 시설물은 설계단계부터 운영·유지보수를 고려하도록 하고 있다. 시공단계에서 품질관리계획을 수립하여 시공토록 하고, 설계도서 등 유지관리 관련 자료·매뉴얼 제출 의무화(시공자→유지보수자)하여 향후 안전성 검증이 가능하도록 하였다. 주요 철도시설물 용품에 대해서는 용품에 대한 형식승인을 적용하고 승인된 용품 사용을 확대하고 있다.

아. 안전핵심 S/W 안전성과 보안성 강화

열차운행을 위한 철도차량과 시설물, 관제설비에는 다양한 센서 및 내장형 S/W가 사용 중이며, 해당 S/W의 오작동은 사전에 확인이 어렵다. S/W 오작동 시 열차운행중단 및 사고로 연결될 가능성이 높고, 오류가 발생한 조건을 재현하기도 어려워 정확한 원인 파악이 어려운 문제를 해소하기 위해 S/W에 대한 국제기준을 적용한 전 수명주기별 안전성 검증방안 마련, 안전핵심 시설물·용품의 안전인증 확대 및 신기술 적용 시설물·제품의 안전성 검증이 추진 중이다.

5. 철도안전 국제협력 및 연구개발

국제적으로 철도사고는 크게 감소하고 있는 추세이나, 고속화 대량수송 특징으로 선진국에서도 대형참사가 발생하고 있다. 이를 해소하기 위해 국제적으로 철도안전 전문가들이 모여 공통의 노력이 진행 중이며, 국내도 많은 활동을 하고 있다. 전 세계적으로 새로운 형태의 철도사고가 발생한 경우 사고의 원인을 공유하고, 안전대책을 공유하고 있다. 철도산업에서 부족한 철도종사자의 인적오류 예방대책 마련을 위한 논의, 철도차량 및 시설의 안전성 검증 표준의 제정, 철도사고 정보의 표준화와 국가 간 공유, 국가 간 안전성 인증, 국가 간 열차운행을 위한 상호 인증 등 다양한 활동이 진행 중이다. 그러나 이러한 활동은 대부분 유럽연합이 주도하고 있어, 국내를 비롯한 일본, 중국 등 많은 국가는 국제협력에서 불리한 위치에 있다. 이를 극복하기 위한 기술개발과 안전에 대한 규제기술 개발, 안전기준에 대한 개선을 위한 연구개발이 진행 중이다.

6. 국내에서 추진되는 안전대책에 대한 요약

본 절에서 기술한 철도안전대책은 국가 차원에서 추진하는 안전대책을 중심으로 기술하였다. 철도운영기관별로는 운영 특성을 고려하여 별도의 계획을 수립하여 추진 중에 있다. 예로서 무인운전으로 설계된 경전철 운영기관의 경우 위에 기술된 많은 안전대책 중 극히 일부만 해당되며, 노후된 철도시설물이나 차량이 없는 기관의 경우에도 마찬가지이다. 관련된 세부적인 안전대책은 철도운영기관의 철도안전종합시행계획을 통해서 확인이 가능하다.

참고문헌

[01] 『철도 사고 Zero를 위한 철도 안전관리 시스템』, 곽상록, 지식과감성, 2018

[02] 『안전 패러다임의 전환 Ⅰ, Ⅱ, Ⅲ』, 에릭 홀나겔, 세진사, 2016

[03] 『핵심 안전공학』, 권영국, 김찬오 외 1명, 형설출판사, 2015

[04] 『안전인간공학의 이론과 기술』, 고마츠바라 아키노리, 세진사, 2018

[05] 『안전공학 개론』, 심창섭 외 7명, 동화기술, 2015

[06] 『휴먼에러의 예방과 관리』, 이관석, 임현교, 신승헌, 장성록, 김유창, 이동경, 이광원, 한솔아카데미, 2011, pp.20-23

[07] 『휴먼에러(사람은 왜 에러를 범할 수밖에 없는가?)』, 제임스 리즌, YOUNG, 2016

[08] 『위기관리의 이해』, 유재웅, 컴북스, 2015

[09] 『철도차량정비기술자 교육교재(철도안전법령 및 철도차량기술기준)』, 박재홍, (사)한국철도차량기술사회, 2020

[10] 『철도안전전문기술자 교육교재(철도안전법령 및 철도차량기술기준)』, 박재홍, (사)한국철도차량기술사회, 2020

[11] 『지적 대화를 위한 넓고 얕은 지식(역사, 경제, 정치, 사회, 윤리 편)』, 채사장, 한빛비즈, 2017

[12] 『철도사고 왜 일어나는가?』, 야마 노우치 슈우이치로, 논형출판사, 2004

[13] 『블랙 스완』, 나심 니콜라스 탈레브, 동녘사이언스, 2008

[14] 항공정비 일반(General for AMEs) 11, 인적요인

[15] 철도업무 편람(2020), 국토교통부

[16] 제3차 철도안전종합계획, 국토교통부

[17] 제4차 국가철도망 구축계획, 국토교통부

[18] 제1차 국토교통과학기술 연구개발 종합계획(2018~2027), 국토교통부

[19] 제8차 교통안전 기본계획(2016), 국토교통부

[20] 「위기관리 커뮤니케이션 매뉴얼 연구」, 유재웅 등, 을지대학교, 2017.9.

[21] 철도통계연보(2020), 국토교통부

[22] 철도안전법

[23] 재난 및 안전관리 기본법

[24] 항공정비 교육자료 Part 11, 국토교통부

[25] 철도건설규칙, 국토교통부/국가철도공단

[26] 철도차량 기술기준, 국토교통부 고시

[27] 고속철도 대형사고 위기관리 표준(실무) 매뉴얼, 국토교통부

[28] 도시철도 대형사고 위기관리 표준(실무) 매뉴얼, 국토교통부

[29] 원자력 안전연감, 2015

[30] 제1차 국토교통과학기술 연구개발 종합계획(2018~2027), 국토교통부

[31] 철도 위험도 평가 가이드라인, 한국교통안전공단

[32] 「철도기관사의 인적오류 원인분석과 개선방안에 관한 연구(서울도시철도를 중심으로)」, 이용만, 학위 논문, 2014.8.

[33] 「해외 철도산업의 인적 오류 저감기법 동향(철도 자원관리기법 중심으로)」, 변승남, 철도저널, 2009

[34] 「기업 위기관리(Crisis Management) 전략에 관한 연구: 해외 Pandemic Planning 사례를 중심으로」, 최진혁, 기업경영연구, 2010, 17, p.152

[35] 「비즈니스 연속성 관리시스템이 통합된 안전보건경영시스템에 관한 연구」, 오세중, 서울과학기술대학교, 2013

[36] 「한국과 일본의 원자력 안전관리시스템에 관한 실증적 비교 연구 : 후쿠시마 원전 사고 이후를 중심으로」, 박성하, 2019, 박사학위 논문

[37] 「산업안전보건법의 보호대상과 책임주체에 관한 연구」, 나민오, 박사학위 논문

[38] 「국내 헬리콥터 사고의 인적오류 분석 기법 및 예방에 관한 연구」, 유태정, 한국항공대학교 박사논문, 2020

[39] 「항공사 안전관리시스템이 안전의식과 안전행동에 미치는 영향」, 김규형, 경기대학교 박사학위 논문, 2015

[40] 「ISO 45001 제정동향과 대응방안」, 정진우, 한국산업보건학회 동계학술대회, 2017

[41] 네이버 지식백과

[42] 토목용어사전, 1997. 2. 1., 토목관련 용어편찬위원회

[43] 국방과학기술 용어사전, 2011

[44] British Defense Standards 영국 국방 규격

[45] 원자력 산업의 인적요인 관리, 구인수, 2011

[46] Cox, S. & Cox, T. (1991) The structure of employee attitudes to safety – a European example Work and Stress

[47] 「[특별기고] 철도안전 정책에 대한 고찰」, 한국교통안전공단 엄득종 수석위원, 철도경제신문, 2021.9.27.

[48] 「유럽과 미국에서의 철도안전 활동에 관한 동향」, 서사범, 철도저널, 2010

[49] 네이버 블로그, http://blog.naver.com/cnc9778

[50] 네이버 블로그, https://blog.naver.com/yk60park/221615354704

[51] 산업안전보건공단 블로그, https://blog.naver.com/koshablog/222060441638

[52] 은아빠의 블로그 2, https://blog.naver.com/optimum75/222680836694

[53] 강길현, 『고속철도차량 유지보수론』, (사)한국철도차량엔지니어링, 2014